装配式建筑工程安全监督管理体系

主编 熊付刚 陈 伟

参编 王伟震 熊 威 杨 劼 温道云
周捍东 汪仁平 许 鹏 牛 力
李海军 杨道合 张开蓝 邓 聪
甘春华 王三元 刘洋涛 肖 涛
李祥林 唐祥忠 胡韫频 陈 曦
杨主张 谢 欣 孙翔君 方林瑜
武亚帅 王 凡 郑景元 杨 瑜
张 超

武汉理工大学出版社
· 武汉 ·

内 容 提 要

本书以建设工程安全监督管理适应建筑产业现代化发展为导向,对装配式建筑工程安全监督管理体系进行研究,主要内容包括:安全管理政策,分为国家层面与地方层面;技术标准,分为国家标准、行业标准与地方标准;队伍建设,分为预制部品部件生产企业、预制部品部件运输企业与施工企业的队伍建设。本书还介绍了相关法律法规、标准规范,力求学以致用,解决实际问题。

本书适用于装配式建筑工程建设主管部门和有关企业组织开展的针对管理人员的培训工作,旨在使相关人员了解安全监督管理控制的重难点,强化落实各项措施,提高风险控制能力,提高装配式建筑工程安全监督管理水平。

图书在版编目(CIP)数据

装配式建筑工程安全监督管理体系/熊付刚,陈伟主编.—武汉:武汉理工大学出版社,2019.3

ISBN 978-7-5629-5995-3

Ⅰ.①装… Ⅱ.①熊… ②陈… Ⅲ.①建筑工程-安全监察 Ⅳ.①TU714

中国版本图书馆 CIP 数据核字(2019)第 042319 号

项目负责人:王兆国			责任编辑:雷红娟	
责任校对:黄玲玲			封面设计:匠心文化	

出 版 发 行:武汉理工大学出版社

社　　　　址:武汉市洪山区珞狮路 122 号

邮　　　　编:430070

网　　　　址:http://www.wutp.com.cn

经　　　　销:各地新华书店

印　　　　刷:武汉中远印务有限公司

开　　　　本:787×1092　1/16

印　　　　张:12.5

字　　　　数:320 千字

版　　　　次:2019 年 3 月第 1 版

印　　　　次:2019 年 3 月第 1 次印刷

定　　　　价:89.00 元

前　　言

　　装配式建筑工程在提高施工质量、节省劳动力、保护环境等方面相比传统建筑工程具有明显优势，但由于其在构件生产、物流运输、现场装配等多维作业空间并行施工，容易叠加安全风险。现阶段又缺乏技术熟练的施工人员来满足大量新型施工技术工艺的需要，极易引发施工安全事故。2016年2月6日公布的《中共中央国务院关于进一步加强城市规划建设管理工作的若干意见》中明确指出："力争用10年左右时间，使装配式建筑占新建建筑的比例达到30％"。该政策的实施将使装配式建筑工程建设规模急剧扩大，在安全管理措施储备不足的情况下，安全施工形势将面临严峻挑战。

　　如何针对装配式建筑工程安全管理，改革创新建设安全监管机制及措施，是建筑行业面临的具有重要意义的研究课题。

　　目前，全国各地在装配式建筑工程安全管理中积累了合适的各具特色的安全管理经验，绝大部分城市根据安全管理制度文件制定了安全管理体系并展开了相应工作，但因建设规模、建设管理模式和工程建设安全风险管理开展程度等的不同，各地在安全管理组织机构、管理模式、管理内容、体系文件形式、系统性程度和运行效果等方面存在较大差异。

　　为规范武汉市装配式建筑工程安全监督管理工作，并为建立健全适宜、有效和可操作的安全监督管理体系提供普适性依据，有效推动城市装配式建筑工程安全监督管理工作，武汉市城乡建设委员会根据行业发展需要，组织武汉市建设工程安全监督站及武汉理工大学土木工程与建筑学院等单位，在充分调研和总结各个地方经验的基础上，编写了这本基础性、普及性用书。希望本书对广大建筑行业单位及其工程技术人员、管理人员在理论学习与工程实践中有所启发和帮助，对装配式建筑工程的安全监督管理部门、工程各参建方履职尽责起到督促作用。

　　本书在编写过程中得到了各地建设主管部门、建设单位及施工单位和许多专家、学者的支持、指导和帮助，在此表示诚挚谢意！

　　由于时间仓促，书籍中难免存在一些疏漏，真诚希望读者提出宝贵意见。

编　者

2018 年 12 月

目　　录

1　装配式建筑工程安全管理体系概述 …………………………………………… (1)

1.1　装配式建筑工程安全管理现状 ………………………………………… (1)

1.2　安全管理体系含义、内容……………………………………………… (1)

　1.2.1　安全管理政策体系 …………………………………………… (2)

　1.2.2　技术标准体系 ………………………………………………… (2)

　1.2.3　队伍及制度建设体系 ………………………………………… (2)

1.3　安全管理体系的建立原则 ……………………………………………… (3)

1.4　装配式建筑工程安全管理体系的作用 ………………………………… (3)

1.5　基于 WSR 的装配式建筑工程安全管理体系分析 ……………………… (4)

2　装配式建筑工程安全管理政策体系 ……………………………………………… (6)

2.1　国家层面 …………………………………………………………………… (6)

2.2　地方层面………………………………………………………………… (18)

3　装配式建筑工程技术标准体系…………………………………………………… (42)

3.1　国家标准…………………………………………………………………… (42)

3.2　行业标准…………………………………………………………………… (64)

3.3　地方标准……………………………………………………………… (100)

　3.3.1　湖北省地方标准 …………………………………………… (101)

　3.3.2　北京市地方标准 …………………………………………… (125)

　3.3.3　上海市地方标准 …………………………………………… (135)

4　装配式建筑工程安全管理队伍及制度建设体系 ……………………………… (142)

4.1　总体思路 ……………………………………………………………… (142)

4.2　安全监管 ……………………………………………………………… (142)

　4.2.1　监管主体 …………………………………………………… (142)

　4.2.2　监管范围和手段 …………………………………………… (143)

　4.2.3　监管制度的趋势 …………………………………………… (143)

4.3　预制部品部件生产企业 ……………………………………………… (143)

　4.3.1　主要问题 …………………………………………………… (144)

　4.3.2　安全责任体系 ……………………………………………… (144)

   4.3.3 生产企业安全生产管理 ……………………………………… (152)

  4.4 预制部品部件运输企业 …………………………………………… (160)

   4.4.1 主要问题 …………………………………………………… (161)

   4.4.2 安全责任体系 ……………………………………………… (161)

   4.4.3 运输企业安全运输管理 …………………………………… (166)

  4.5 施工企业 …………………………………………………………… (175)

   4.5.1 主要问题 …………………………………………………… (175)

   4.5.2 安全责任体系 ……………………………………………… (177)

   4.5.3 施工企业安全施工管理 …………………………………… (180)

   4.5.4 装配式建筑工程施工的安全隐患与管理措施 …………… (191)

参考文献 ……………………………………………………………………… (193)

1 装配式建筑工程安全管理体系概述

1.1 装配式建筑工程安全管理现状

大力发展装配式建筑,是落实中央城市工作会议精神,推进建筑业转型发展的重要途径。2016 年 2 月 6 日公布的《中共中央国务院关于进一步加强城市规划建设管理工作的若干意见》中明确提出,力争在 10 年内完成装配式建筑面积占新建建筑面积的 30%的战略目标。为贯彻落实《中共中央国务院关于进一步加强城市规划建设管理工作的若干意见》(中发〔2016〕6号)、《国务院办公厅关于大力发展装配式建筑的指导意见》(国办发〔2016〕71 号)、《省人民政府关于加快推进装配式建筑产业现代化发展的意见》(鄂政发〔2016〕7 号)等文件精神,进一步加快武汉市装配式建筑发展,武汉市人民政府《关于进一步加快发展装配式建筑的通知》(武政规〔2017〕8 号)明确规定,到 2020 年底,新建装配式房屋建筑面积占当年新建建筑面积的比例不低于 40%。由此可以预见,未来装配式建筑的建设规模将呈急剧增长趋势。

装配式建筑工程建设规模的急剧增长,带来了安全管理不规范的问题。相比于传统建筑,装配式建筑具有设计标准化、生产工业化、施工装配化、装修一体化与管理信息化的特点,对于参与单位的要求更高。现有的传统建筑工程的管理模式,难以有效管理具有制造业特点的装配式建筑工程。在装配式建筑工程施工过程中,由于存在多维作业空间并行施工的需要,除了现场装配的管理,还要注意对预制部品部件生产及物流运输的安全管理,因此,亟须建立合理的装配式建筑工程安全管理体系,从整体化、系统化的角度,实现对装配式建筑工程的全方位管理,以提高安全监督的力度,从而减少安全事故的发生。

1.2 安全管理体系含义、内容

安全管理体系是指建立系统的管理方式,以实现安全管理。装配式建筑安全管理体系是面向装配式建筑工程建设项目建立的,该体系主要立足于装配式建筑工程建设项目的工程安全风险管理,通过规范和加强各参建单位安全风险管理工作的联动和协同,解决工程建设中的安全风险控制问题。

装配式建筑工程安全管理体系的建立,是一个系统、动态并且需要多方参与的过程。在本书中,从宏观到微观的角度,从安全管理政策体系、技术标准以及队伍及制度建设三个方面,对我国装配式建筑工程安全管理体系的建立进行梳理,为相关从业人员提供参考与借鉴。

1.2.1　安全管理政策体系

政策体系是指由我国国家机关、政党组织在一定的时期内为完成奋斗目标而出台的一系列需要遵循的行动原则、完成的明确任务、实施的工作方式、采取的一般步骤和具体措施。装配式建筑安全管理的发展必须得到国家的大力支持,即通过及时颁布相关的政策,为行业打下坚实的基础,树立行动方向。

因装配式建筑还处于前期发展阶段,受到成本、技术、人才等各方面的影响,暂时难以形成良性的发展机制,有关装配式建筑安全管理的政策体系还不太完善。但装配式建筑安全管理的良性发展离不开政府从制度层面的支持,完善安全管理政策体系能够有效加快企业的转型发展,加大装配式建筑的发展力度。

1.2.2　技术标准体系

相较于传统的现浇建筑,装配式建筑在施工工艺上有了较大的改变,原有技术标准已难以满足要求。装配式建筑集成化设计、工业化生产、装配化施工、一体化装修的特点,意味着专业化的技术标准、规范化的施工工艺是装配式建筑的重要组成部分,一方面可以提高装配式建筑的品质和施工效率,另一方面也是对施工安全的保障。

技术标准可以分为国家标准、行业标准以及地方标准,不同类型的标准其制定颁布的机构不同,其要求范围、效力也有差别。通过逐级梳理国家标准、行业标准和地方标准,可以清晰地展现出装配式建筑的技术标准,便于体系的建立以及从业人员的学习。

1.2.3　队伍及制度建设体系

装配式建筑工程安全管理体系的应用,最终要落实到队伍建设上来,要结合装配式建筑的特点,发挥安全管理体系的作用。装配式建筑安全问题易发生在预制部品部件生产阶段、物流运输阶段以及现场装配阶段,针对每个阶段,制定不同的管理制度,可以有效提高安全管理的效率。

(1)预制部品部件生产阶段

工厂化生产是装配式建筑的特点,大量的施工作业在此阶段进行,切实有效的安全管理规程,可以规范作业,有效降低安全事故的发生率。

(2)物流运输阶段

物流运输阶段即为预制部品部件从预制工厂运送到装配现场的过程,由于部品部件具有体积大、重量大、形状不规则的特点,在运输过程中容易产生安全事故。因此,为降低安全隐患,制定专业的安全管理规章制度必不可少。

(3)现场装配阶段

现场装配阶段为安全事故的多发阶段,完善针对此阶段的安全管理,能够有效抑制安全风险,保障安全生产。

1.3 安全管理体系的建立原则

体系建立的原则主要有系统性原则、全员参与原则、事故预先控制原则、区域性原则和持续改进原则等。

(1)系统性原则

系统性原则也称为整体性原则,需要将决策对象视为一个系统,以系统整体目标的优化为准绳,协调各分系统的相互关系,使系统完整、平衡。因此,在决策时,将各个小系统的特性放到大系统的整体中去权衡,以整体系统的总目标来协调各个小系统目标。

(2)全员参与原则

在装配式建筑过程中任何参与人员都属于组织中的一部分,只有充分参与,才能使他们为组织利益发挥其才干。体系的运行是通过各级人员的相关参与过程得以实现的,过程的有效性以及体系运行的有效性取决于各层次人员的意识、工作能力和积极性。只有当每个人的能力、才干得到充分发挥时,组织才会获得最大的收益。一方面,员工本身应具有强烈的参与意识,发挥自己的才智,尽职尽责,在工作实践中不断地完善自己;另一方面,也需要组织识别个人发展要求,将个人愿望与组织愿望结合起来,为其创造机会,给予其充分的自主权和体现自己价值的环境。

(3)事故预先控制原则

相关研究表明,装配式建筑工程安全事故主要是由人员安全意识培训不足、在设备或装置上缺乏安全技术措施、治理上有缺陷等较多方面的原因引起的。因此,必须从技术、教育、治理三方面采取措施,将三者有机结合,综合利用,才能有效地预防安全事故的发生。

(4)区域性原则

不同的区域之间系统结构都是大致相同的,但是具体应根据每个区域的特点进行适用性改进。不同区域之间在时间、空间上都具有较大的差异性,地域性较为明显。本书主要是针对湖北省的装配式建筑工程安全管理体系,地方区域特性较为明显。

(5)持续改进原则

持续改进是一个组织积极寻找改进的机会,努力提高有效性和效率的重要手段,确保不断增强组织的竞争力,使顾客满意。这是组织的各级管理者的永恒目标,也是组织的永恒话题。

1.4 装配式建筑工程安全管理体系的作用

建立安全管理体系的目的,是从根本上保护广大劳动者的安全,防止事故的发生,降低事故的危害。该体系能够对行业、企业的安全管理和发展起到巨大作用:

(1)有助于指导系统的安全管理工作;

(2)是贯彻落实"安全第一、预防为主、综合治理"方针的基本举措;

(3)有助于推进企业改进管理模式,提高工作效率;

(4)有助于合理统筹资源,推动技术进步;

(5)有效防止伤亡事故和职业危害。

1.5　基于 WSR 的装配式建筑工程安全管理体系分析

物理-事理-人理系统方法论(Wuli-Shili-Renli System Approach,简称 WSR 方法论)是一种东方系统方法论,它是顾基发于 1994 年在英国 Hull 大学时与英国学者朱志昌共同提出的,在国内外已经得到公认,并成为系统科学、评价领域、管理科学等 24 个领域中解决复杂问题的有效工具。WSR 在观察和分析问题,尤其是观察分析具有复杂特性的系统时,体现其独特性,具有中国传统的哲学思辨特征。

WSR 方法论,其核心是在处理复杂系统问题时既要考虑对象的物的方面(物理 W),又要考虑这些物如何被优化运用的事的方面(事理 S),同时,还要突出人的作用(人理 R),达到知物理、明事理、通人理,从而系统、完整、分层次地来对复杂问题进行研究。在应用中需要根据研究对象本身的特征对 WSR 的具体内容进行界定。

装配式建筑工程安全管理事故的发生通常是由两个或多个要素交叉耦合作用导致的。客观存在的相互关系构成系统,当系统处于"临界状态",却没有采取措施缓解或抑制潜在危机,那么装配式建筑工程安全管理事故就在所难免。故而,"安全"的本质是客观存在相互作用机制导致的一种稳定状态。

立足于系统工程的角度,装配式建筑工程安全管理体系主要包括安全管理政策体系、技术标准体系、队伍及制度建设体系三个方面,这与 WSR 方法论中的物理、事理与人理一一对应。基于此,构建了装配式建筑工程安全管理体系的 WSR 模型,如图 1.1 所示。

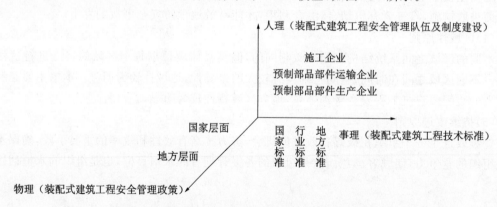

图 1.1　装配式建筑工程安全管理体系的 WSR 模型

装配式建筑工程安全管理体系"物理"维度指装配式建筑工程安全管理政策体系,分为国家层面与地方层面。国家层面已颁布如《建筑法》、《安全生产法》等法律文件,针对建设工程安全管理内容、责任主体等都做出了详细的规定,但目前国家层面尚无专门针对装配式建筑工程的法律法规。近几年,相关部门还出台了多部有关装配式建筑发展与安全管理的政府规范性文件。地方层面,北京、上海、深圳等地发展装配式建筑工程较为完善,相关规范较为系统,可以为湖北省装配式建筑提供借鉴。

装配式建筑工程安全管理体系"事理"维度指装配式建筑工程技术标准体系,分为国家标准、行业标准与地方标准。国家标准选取近几年国家发布的关于装配式建筑工程与传统建筑工程方面的技术标准文件,如《装配式混凝土建筑技术标准》中关于设计、生产运输、施工安装、质量验收等方面的内容;行业标准关于装配式建筑工程结构方面的技术规程较多,如《装配式劲性柱混合梁框架结构技术规程》中关于装配式劲性柱混合梁框架结构安全控制方面的相关条文;地方标准选取发展较好的城市,如北京市、上海市,借鉴其发布的装配式建筑工程技术文件,如上海市《装配整体式混凝土结构工程施工安全管理规定》,为加强装配式整体式混凝土结构工程施工安全管理,防范事故发生,保障人民群众生命财产安全,规定各单位各司其职。

装配式建筑工程安全管理体系"人理"维度指装配式建筑工程安全管理队伍及制度建设体系,从预制部品部件生产企业、预制部品部件运输企业与施工企业三方面分析。装配式建筑工程安全管理队伍及制度建设应涵盖各个参与主体,保证全员参与,贯穿工程建设的全过程和各个环节,以预防与控制为主,同时包含过程控制、动态和闭合管理等内容。有关装配式建筑安全管理队伍及制度建设的依据主要来自两方面:一是现行法规政策文件和相关技术标准的规定或要求;二是各个单位安全管理的管控经验和优秀做法,其中重点以全国成熟地区的管理经验为基础,构建适合于当地的装配式建筑安全管理队伍建设的体系。

2 装配式建筑工程安全管理政策体系

我国针对装配式建筑工程的安全管理越来越重视,在住房城乡建设部最新出台的《危险性较大的分部分项工程安全管理规定》中增加了装配式建筑工程混凝土预制构件安装工程的内容。但是目前颁布的政策主要侧重于装配式建筑工程的推广发展与管理方向,如《中共中央国务院关于进一步加强城市规划建设管理工作的若干意见》、《国务院办公厅关于大力发展装配式建筑的指导意见》中有关大力推广装配式建筑的内容;《装配式建筑示范城市管理办法》、《装配式建筑产业基地管理办法》主要是针对装配式建筑工程建设城市做出的一系列规定。针对传统建筑安全管理的政策可以作为装配式建筑工程安全管理的参考,如《建设工程质量管理条例》不是针对装配式建筑工程管理的文件,但对于装配式建筑工程安全管理也有着较为重要的影响。在全国各个省市,关于装配式建筑工程的文件也日益增加,但仍稍显不足。

2.1 国 家 层 面

现行相关法律法规对工程建设安全作了严格的规定,如《建筑法》、《安全生产法》、《建设工程安全生产管理条例》等,对于建设工程安全管理内容、责任主体等都做出了详细的规定。但目前国家层面尚无专门针对装配式建筑的相关法律法规。近几年,相关部门还是出台了多个关于装配式建筑发展与安全管理的政府规范性文件,见表2.1。

表 2.1　装配式建筑发展与安全管理相关文件

序号	名称
1	中共中央国务院关于进一步加强城市规划建设管理工作的若干意见
2	国务院办公厅关于促进建筑业持续健康发展的意见(国办发〔2017〕19 号)
3	国务院办公厅关于大力发展装配式建筑的指导意见(国办发〔2016〕71 号)
4	"十三五"装配式建筑行动方案(建科〔2017〕77 号)
5	建设工程质量管理条例(国务院令第 279 号)
6	建筑业发展"十三五"规划(建市〔2017〕98 号)
7	工程质量安全提升行动方案(建质〔2017〕57 号)
8	装配式建筑示范城市管理办法(建科〔2017〕77 号)
9	装配式建筑产业基地管理办法(建科〔2017〕77 号)
10	"十三五"节能减排综合工作方案(国发〔2016〕74 号)

其中,《中共中央国务院关于进一步加强城市规划建设管理工作的若干意见》中有关装配式建筑以及建筑工程安全方面指出:

(九)落实工程质量责任。完善工程质量安全管理制度,落实建设单位、勘察单位、设计单位、施工单位和工程监理单位等五方主体质量安全责任。强化政府对工程建设全过程的质量监管,特别是强化对工程监理的监管,充分发挥质监站的作用。加强职业道德规范和技能培训,提高从业人员素质。深化建设项目组织实施方式改革,推广工程总承包制,加强建筑市场监管,严厉查处转包和违法分包等行为,推进建筑市场诚信体系建设。实行施工企业银行保函和工程质量责任保险制度。建立大型工程技术风险控制机制,鼓励大型公共建筑、地铁等按市场化原则向保险公司投保重大工程保险。

(十)加强建筑安全监管。实施工程全生命周期风险管理,重点抓好房屋建筑、城市桥梁、建筑幕墙、斜坡(高切坡)、隧道(地铁)、地下管线等工程运行使用的安全监管,做好质量安全鉴定和抗震加固管理,建立安全预警及应急控制机制。加强对既有建筑改扩建、装饰装修、工程加固的质量安全监管。全面排查城市老旧建筑安全隐患,采取有力措施限期整改,严防发生垮塌等重大事故,保障人民群众生命财产安全。

(十一)发展新型建造方式。大力推广装配式建筑,减少建筑垃圾和扬尘污染,缩短建造工期,提升工程质量。制定装配式建筑设计、施工和验收规范。完善部品部件标准,实现建筑部品部件工厂化生产。鼓励建筑企业装配式施工,现场装配。建设国家级装配式建筑生产基地。加大政策支持力度,力争用10年左右时间,使装配式建筑占新建建筑的比例达到30%。积极稳妥推广钢结构建筑。在具备条件的地方,倡导发展现代木结构建筑。

《国务院办公厅关于促进建筑业持续健康发展的意见》(国办发〔2017〕19号)关于加强工程质量安全管理、推进建筑产业现代化的有关规定如下:

(五)严格落实工程质量责任。全面落实各方主体的工程质量责任,特别要强化建设单位的首要责任和勘察、设计、施工单位的主体责任。严格执行工程质量终身责任制,在建筑物明显部位设置永久性标牌,公示质量责任主体和主要责任人。对违反有关规定、造成工程质量事故的,依法给予责任单位停业整顿、降低资质等级、吊销资质证书等行政处罚并通过国家企业信用信息公示系统予以公示,给予注册执业人员暂停执业、吊销资格证书、一定时间直至终身不得进入行业等处罚。对发生工程质量事故造成损失的,要依法追究经济赔偿责任,情节严重的要追究有关单位和人员的法律责任。参与房地产开发的建筑业企业应依法合规经营,提高住宅品质。

(六)加强安全生产管理。全面落实安全生产责任,加强施工现场安全防护,特别要强化对深基坑、高支模、起重机械等危险性较大的分部分项工程的管理,以及对不良地质地区重大工程项目的风险评估或论证。推进信息技术与安全生产深度融合,加快建设建筑施工安全监管信息系统,通过信息化手段加强安全生产管理。建立健全全覆盖、多层次、经常性的安全生产培训制度,提升从业人员安全素质以及各方主体的本质安全水平。

(七)全面提高监管水平。完善工程质量安全法律法规和管理制度,健全企业负责、政府监管、社会监督的工程质量安全保障体系。强化政府对工程质量的监管,明确监管范围,落实监管责任,加大抽查抽测力度,重点加强对涉及公共安全的工程地基基础、主体结构等部位和竣工验收等环节的监督检查。加强工程质量监督队伍建设,监督机构履行职能所需经费由同级财政预算全额保障。政府可采取购买服务的方式,委托具备条件的社会力量进行工程质量监督检查。推进工程质量安全标准化管理，督促各方主体健全质量安全管控机制。强化对工程监理的监管，选择部分地区开展监理单位向政府报告质量监理情况的试点。加强工程质量检测机构管理，严厉打击出具虚假报告等行为。推动发展工程质量保险。

······

（十四）推广智能和装配式建筑。坚持标准化设计、工厂化生产、装配化施工、一体化装修、信息化管理、智能化应用，推动建造方式创新，大力发展装配式混凝土和钢结构建筑，在具备条件的地方倡导发展现代木结构建筑，不断提高装配式建筑在新建建筑中的比例。力争用10年左右的时间，使装配式建筑占新建建筑面积的比例达到30%。在新建建筑和既有建筑改造中推广普及智能化应用，完善智能化系统运行维护机制，实现建筑舒适安全、节能高效。

（十五）提升建筑设计水平。建筑设计应体现地域特征、民族特点和时代风貌，突出建筑使用功能及节能、节水、节地、节材和环保等要求，提供功能适用、经济合理、安全可靠、技术先进、环境协调的建筑设计产品。健全适应建筑设计特点的招标投标制度，推行设计团队招标、设计方案招标等方式。促进国内外建筑设计企业公平竞争，培育有国际竞争力的建筑设计队伍。倡导开展建筑评论，促进建筑设计理念的融合和升华。

（十六）加强技术研发应用。加快先进建造设备、智能设备的研发、制造和推广应用，提升各类施工机具的性能和效率，提高机械化施工程度。限制和淘汰落后、危险工艺工法，保障生产施工安全。积极支持建筑业科研工作，大幅提高技术创新对产业发展的贡献率。加快推进建筑信息模型（BIM）技术在规划、勘察、设计、施工和运营维护全过程的集成应用，实现工程建设项目全生命周期数据共享和信息化管理，为项目方案优化和科学决策提供依据，促进建筑业提质增效。

（十七）完善工程建设标准。整合精简强制性标准，适度提高安全、质量、性能、健康、节能等强制性指标要求，逐步提高标准水平。积极培育团体标准，鼓励具备相应能力的行业协会、产业联盟等主体共同制定满足市场和创新需要的标准，建立强制性标准与团体标准相结合的标准供给体制，增加标准有效供给。及时开展标准复审，加快标准修订，提高标准的时效性。加强科技研发与标准制定的信息沟通，建立全国工程建设标准专家委员会，为工程建设标准化工作提供技术支撑，提高标准的质量和水平。

《国务院办公厅关于大力发展装配式建筑的指导意见》（国办发〔2016〕71号）相关内容如下：

各省、自治区、直辖市人民政府，国务院各部委、各直属机构：

装配式建筑是用预制部品部件在工地装配而成的建筑。发展装配式建筑是建造方式的重大变革，是推进供给侧结构性改革和新型城镇化发展的重要举措，有利于节约资源能源、减少施工污染、提升劳动生产效率和质量安全水平，有利于促进建筑业与信息化工业化深度融合、培育新产业新动能、推动化解过剩产能。近年来，我国积极探索发展装配式建筑，但建造方式大多仍以现场浇筑为主，装配式建筑比例和规模化程度较低，与发展绿色建筑的有关要求以及先进建造方式相比还有很大差距。为贯彻落实《中共中央国务院关于进一步加强城市规划建设管理工作的若干意见》和《政府工作报告》部署，大力发展装配式建筑，经国务院同意，现提出以下意见。

一、总体要求

（一）指导思想。全面贯彻党的十八大和十八届三中、四中、五中全会以及中央城镇化工作会议、中央城市工作会议精神,认真落实党中央、国务院决策部署,按照"五位一体"总体布局和"四个全面"战略布局,牢固树立和贯彻落实创新、协调、绿色、开放、共享的发展理念,按照适用、经济、安全、绿色、美观的要求,推动建造方式创新,大力发展装配式混凝土建筑和钢结构建筑,在具备条件的地方倡导发展现代木结构建筑,不断提高装配式建筑在新建建筑中的比例。坚持标准化设计、工厂化生产、装配化施工、一体化装修、信息化管理、智能化应用,提高技术水平和工程质量,促进建筑产业转型升级。

(二)基本原则。坚持市场主导、政府推动。适应市场需求,充分发挥市场在资源配置中的决定性作用,更好发挥政府规划引导和政策支持作用,形成有利的体制机制和市场环境,促进市场主体积极参与、协同配合,有序发展装配式建筑。

坚持分区推进、逐步推广。根据不同地区的经济社会发展状况和产业技术条件,划分重点推进地区、积极推进地区和鼓励推进地区,因地制宜、循序渐进,以点带面、试点先行,及时总结经验,形成局部带动整体的工作格局。

坚持顶层设计、协调发展。把协同推进标准、设计、生产、施工、使用维护等作为发展装配式建筑的有效抓手,推动各个环节有机结合,以建造方式变革促进工程建设全过程提质增效,带动建筑业整体水平的提升。

(三)工作目标。以京津冀、长三角、珠三角三大城市群为重点推进地区,常住人口超过300万的其他城市为积极推进地区,其余城市为鼓励推进地区,因地制宜发展装配式混凝土结构、钢结构和现代木结构等装配式建筑。力争用10年左右的时间,使装配式建筑占新建建筑面积的比例达到30%。同时,逐步完善法律法规、技术标准和监管体系,推动形成一批设计、施工、部品部件规模化生产企业,具有现代装配建造水平的工程总承包企业以及与之相适应的专业化技能队伍。

二、重点任务

(四)健全标准规范体系。加快编制装配式建筑国家标准、行业标准和地方标准,支持企业编制标准、加强技术创新,鼓励社会组织编制团体标准,促进关键技术和成套技术研究成果转化为标准规范。强化建筑材料标准、部品部件标准、工程标准之间的衔接。制修订装配式建筑工程定额等计价依据。完善装配式建筑防火抗震防灾标准。研究建立装配式建筑评价标准和方法。逐步建立完善覆盖设计、生产、施工和使用维护全过程的装配式建筑标准规范体系。

(五)创新装配式建筑设计。统筹建筑结构、机电设备、部品部件、装配施工、装饰装修,推行装配式建筑一体化集成设计。推广通用化、模数化、标准化设计方式,积极应用建筑信息模型技术,提高建筑领域各专业协同设计能力,加强对装配式建筑建设全过程的指导和服务。鼓励设计单位与科研院所、高校等联合开发装配式建筑设计技术和通用设计软件。

(六)优化部品部件生产。引导建筑行业部品部件生产企业合理布局,提高产业聚集度,培育一批技术先进、专业配套、管理规范的骨干企业和生产基地。支持部品部件生产企业完善产品品种和规格,促进专业化、标准化、规模化、信息化生产,优化物流管理,合理组织配送。积极引导设备制造企业研发部品部件生产装备机具,提高自动化和柔性加工技术水平。建立部品部件质量验收机制,确保产品质量。

(七)提升装配施工水平。引导企业研发应用与装配式施工相适应的技术、设备和机具,提高部品部件的装配施工连接质量和建筑安全性能。鼓励企业创新施工组织方式,推行绿色施工,应用结构工程与分部分项工程协同施工新模式。支持施工企业总结编制施工工法,提高装配施工技能，实现技术工艺、组织管理、技能队伍的转变，打造一批具有较高装配施工技术水平的骨干企业。

（八）推进建筑全装修。实行装配式建筑装饰装修与主体结构、机电设备协同施工。积极推广标准化、集成化、模块化的装修模式，促进整体厨卫、轻质隔墙等材料、产品和设备管线集成化技术的应用，提高装配化装修水平。倡导菜单式全装修，满足消费者个性化需求。

（九）推广绿色建材。提高绿色建材在装配式建筑中的应用比例。开发应用品质优良、节能环保、功能良好的新型建筑材料，并加快推进绿色建材评价。鼓励装饰与保温隔热材料一体化应用。推广应用高性能节能门窗。强制淘汰不符合节能环保要求、质量性能差的建筑材料，确保安全、绿色、环保。

（十）推行工程总承包。装配式建筑原则上应采用工程总承包模式，可按照技术复杂类工程项目招投标。工程总承包企业要对工程质量、安全、进度、造价负总责。要健全与装配式建筑总承包相适应的发包承包、施工许可、分包管理、工程造价、质量安全监管、竣工验收等制度，实现工程设计、部品部件生产、施工及采购的统一管理和深度融合，优化项目管理方式。鼓励建立装配式建筑产业技术创新联盟，加大研发投入，增强创新能力。支持大型设计、施工和部品部件生产企业通过调整组织架构、健全管理体系，向具有工程管理、设计、施工、生产、采购能力的工程总承包企业转型。

（十一）确保工程质量安全。完善装配式建筑工程质量安全管理制度，健全质量安全责任体系，落实各方主体质量安全责任。加强全过程监管，建设和监理等相关方可采用驻厂监造等方式加强部品部件生产质量管控；施工企业要加强施工过程质量安全控制和检验检测，完善装配施工质量保证体系；在建筑物明显部位设置永久性标牌，公示质量安全责任主体和主要责任人。加强行业监管，明确符合装配式建筑特点的施工图审查要求，建立全过程质量追溯制度，加大抽查抽测力度，严肃查处质量安全违法违规行为。

三、保障措施

（十二）加强组织领导。各地区要因地制宜研究提出发展装配式建筑的目标和任务，建立健全工作机制，完善配套政策，组织具体实施，确保各项任务落到实处。各有关部门要加大指导、协调和支持力度，将发展装配式建筑作为贯彻落实中央城市工作会议精神的重要工作，列入城市规划建设管理工作监督考核指标体系，定期通报考核结果。

（十三）加大政策支持。建立健全装配式建筑相关法律法规体系。结合节能减排、产业发展、科技创新、污染防治等方面政策，加大对装配式建筑的支持力度。支持符合高新技术企业条件的装配式建筑部品部件生产企业享受相关优惠政策。符合新型墙体材料目录的部品部件生产企业，可按规定享受增值税即征即退优惠政策。在土地供应中，可将发展装配式建筑的相关要求纳入供地方案，并落实到土地使用合同中。鼓励各地结合实际出台支持装配式建筑发展的规划审批、土地供应、基础设施配套、财政金融等相关政策措施。政府投资工程要带头发展装配式建筑，推动装配式建筑"走出去"。在中国人居环境奖评选、国家生态园林城市评估、绿色建筑评价等工作中增加装配式建筑方面的指标要求。

（十四）强化队伍建设。大力培养装配式建筑设计、生产、施工、管理等专业人才。鼓励高等学校、职业学校设置装配式建筑相关课程，推动装配式建筑企业开展校企合作，创新人才培养模式。在建筑行业专业技术人员继续教育中增加装配式建筑相关内容。加大职业技能培训资金投入，建立培训基地，加强岗位技能提升培训，促进建筑业农民工向技术工人转型。加强国际交流合作,积极引进海外专业人才参与装配式建筑的研发、生产和管理。

(十五)做好宣传引导。通过多种形式深入宣传发展装配式建筑的经济社会效益,广泛宣传装配式建筑基本知识,提高社会认知度,营造各方共同关注、支持装配式建筑发展的良好氛围,促进装配式建筑相关产业和市场发展。

《"十三五"装配式建筑行动方案》(建科〔2017〕77号)相关内容如下:

为深入贯彻《国务院办公厅关于大力发展装配式建筑的指导意见》(国办发〔2016〕71号)和《国务院办公厅关于促进建筑业持续健康发展的意见》(国办发〔2017〕19号),进一步明确阶段性工作目标,落实重点任务,强化保障措施,突出抓规划、抓标准、抓产业、抓队伍,促进装配式建筑全面发展,特制定本行动方案。

一、确定工作目标

到2020年,全国装配式建筑占新建建筑的比例达到15%以上,其中重点推进地区达到20%以上,积极推进地区达到15%以上,鼓励推进地区达到10%以上。鼓励各地制定更高的发展目标。建立健全装配式建筑政策体系、规划体系、标准体系、技术体系、产品体系和监管体系,形成一批装配式建筑设计、施工、部品部件规模化生产企业和工程总承包企业,形成装配式建筑专业化队伍,全面提升装配式建筑质量、效益和品质,实现装配式建筑全面发展。

到2020年,培育50个以上装配式建筑示范城市,200个以上装配式建筑产业基地,500个以上装配式建筑示范工程,建设30个以上装配式建筑科技创新基地,充分发挥示范引领和带动作用。

二、明确重点任务

(一)编制发展规划

各省(区、市)和重点城市住房城乡建设主管部门要抓紧编制完成装配式建筑发展规划,明确发展目标和主要任务,细化阶段性工作安排,提出保障措施。重点做好装配式建筑产业发展规划,合理布局产业基地,实现市场供需基本平衡。

制定全国木结构建筑发展规划,明确发展目标和任务,确定重点发展地区,开展试点示范。具备木结构建筑发展条件的地区可编制专项规划。

(二)健全标准体系

建立完善覆盖设计、生产、施工和使用维护全过程的装配式建筑标准规范体系。支持地方、社会团体和企业编制装配式建筑相关配套标准,促进关键技术和成套技术研究成果转化为标准规范。编制与装配式建筑相配套的标准图集、工法、手册、指南等。

强化建筑材料标准、部品部件标准、工程建设标准之间的衔接。建立统一的部品部件产品标准和认证、标识等体系,制定相关评价通则,健全部品部件设计、生产和施工工艺标准。严格执行《建筑模数协调标准》、部品部件公差标准,健全功能空间与部品部件之间的协调标准。

积极开展《装配式混凝土建筑技术标准》《装配式钢结构建筑技术标准》《装配式木结构建筑技术标准》以及《装配式建筑评价标准》宣传贯彻和培训交流活动。

(三)完善技术体系

建立装配式建筑技术体系和关键技术、配套部品部件评估机制,梳理先进成熟可靠的新技术、新产品、新工艺,定期发布装配式建筑技术和产品公告。

加大研发力度。研究装配率较高的多高层装配式混凝土建筑的基础理论、技术体系和施工工艺工法,研究高性能混凝土、高强钢筋和消能减震、预应力技术在装配式建筑中的应用。

突破钢结构建筑在围护体系、材料性能、连接工艺等方面的技术瓶颈。推进中国特色现代木结构建筑技术体系及中高层木结构建筑研究。推动"钢-混""钢-木""木-混"等装配式组合结构的研发应用。

（四）提高设计能力

全面提升装配式建筑设计水平。推行装配式建筑一体化集成设计，强化装配式建筑设计对部品部件生产、安装施工、装饰装修等环节的统筹。推进装配式建筑标准化设计，提高标准化部品部件的应用比例。装配式建筑设计深度要达到相关要求。

提升设计人员装配式建筑设计理论水平和全产业链统筹把握能力，发挥设计人员主导作用，为装配式建筑提供全过程指导。提倡装配式建筑在方案策划阶段进行专家论证和技术咨询，促进各参与主体形成协同合作机制。

建立适合建筑信息模型（BIM）技术应用的装配式建筑工程管理模式，推进 BIM 技术在装配式建筑规划、勘察、设计、生产、施工、装修、运行维护全过程的集成应用，实现工程建设项目全生命周期数据共享和信息化管理。

（五）增强产业配套能力

统筹发展装配式建筑设计、生产、施工及设备制造、运输、装修和运行维护等全产业链，增强产业配套能力。

建立装配式建筑部品部件库，编制装配式混凝土建筑、钢结构建筑、木结构建筑、装配化装修的标准化部品部件目录，促进部品部件社会化生产。采用植入芯片或标注二维码等方式，实现部品部件生产、安装、维护全过程质量可追溯。建立统一的部品部件标准、认证与标识信息平台，公开发布相关政策、标准、规则程序、认证结果及采信信息。建立部品部件质量验收机制，确保产品质量。

完善装配式建筑施工工艺和工法，研发与装配式建筑相适应的生产设备、施工设备、机具和配套产品，提高装配施工、安全防护、质量检验、组织管理的能力和水平，提升部品部件的施工质量和整体安全性能。

培育一批设计、生产、施工一体化的装配式建筑骨干企业，促进建筑企业转型发展。发挥装配式建筑产业技术创新联盟的作用，加强产学研用等各种市场主体的协同创新能力，促进新技术、新产品的研发与应用。

（六）推行工程总承包

各省（区、市）住房城乡建设主管部门要按照"装配式建筑原则上应采用工程总承包模式，可按照技术复杂类工程项目招投标"的要求，制定具体措施，加快推进装配式建筑项目采用工程总承包模式。工程总承包企业要对工程质量、安全、进度、造价负总责。

装配式建筑项目可采用"设计—采购—施工"（EPC）总承包或"设计—施工"（D—B）总承包等工程项目管理模式。政府投资工程应带头采用工程总承包模式。设计、施工、开发、生产企业可单独或组成联合体承接装配式建筑工程总承包项目，实施具体的设计、施工任务时应由有相应资质的单位承担。

（七）推进建筑全装修

推行装配式建筑全装修成品交房。各省（区、市）住房城乡建设主管部门要制定政策措施，明确装配式建筑全装修的目标和要求。推行装配式建筑全装修与主体结构、机电设备一体化设计和协同施工。全装修要提供大空间灵活分隔及不同档次和风格的菜单式装修方案,满足消费者个性化需求。完善《住宅质量保证书》和《住宅使用说明书》文本关于装修的相关内容。

加快推进装配化装修,提倡干法施工,减少现场湿作业。推广集成厨房和卫生间、预制隔墙、主体结构与管线相分离等技术体系。建设装配化装修试点示范工程,通过示范项目的现场观摩与交流培训等活动,不断提高全装修综合水平。

(八)促进绿色发展

积极推进绿色建材在装配式建筑中应用。编制装配式建筑绿色建材产品目录。推广绿色多功能复合材料,发展环保型木质复合、金属复合、优质化学建材及新型建筑陶瓷等绿色建材。到2020年,绿色建材在装配式建筑中的应用比例达到50%以上。

装配式建筑要与绿色建筑、超低能耗建筑等相结合,鼓励建设综合示范工程。装配式建筑要全面执行绿色建筑标准,并在绿色建筑评价中逐步加大装配式建筑的权重。推动太阳能光热光伏、地源热泵、空气源热泵等可再生能源与装配式建筑一体化应用。

(九)提高工程质量安全

加强装配式建筑工程质量安全监管,严格控制装配式建筑现场施工安全和工程质量,强化质量安全责任。

加强装配式建筑工程质量安全检查,重点检查连接节点施工质量、起重机械安全管理等,全面落实装配式建筑工程建设过程中各方责任主体履行责任情况。

加强工程质量安全监管人员业务培训,提升适应装配式建筑的质量安全监管能力。

(十)培育产业队伍

开展装配式建筑人才和产业队伍专题研究,摸清行业人才基数及需求规模,制定装配式建筑人才培育相关政策措施,明确目标任务,建立有利于装配式建筑人才培养和发展的长效机制。

加快培养与装配式建筑发展相适应的技术和管理人才,包括行业管理人才、企业领军人才、专业技术人员、经营管理人员和产业工人队伍。开展装配式建筑工人技能评价,引导装配式建筑相关企业培养自有专业人才队伍,促进建筑业农民工转化为技术工人。促进建筑劳务企业转型创新发展,建设专业化的装配式建筑技术工人队伍。

依托相关的院校、骨干企业、职业培训机构和公共实训基地,设置装配式建筑相关课程,建立若干装配式建筑人才教育培训基地。在建筑行业相关人才培养和继续教育中增加装配式建筑相关内容。推动装配式建筑企业开展企校合作,创新人才培养模式。

三、保障措施

(十一)落实支持政策

各省(区、市)住房城乡建设主管部门要制定贯彻国办发〔2016〕71号文件的实施方案,逐项提出落实政策和措施。鼓励各地创新支持政策,加强对供给侧和需求侧的双向支持力度,利用各种资源和渠道,支持装配式建筑的发展,特别是要积极协调国土部门在土地出让或划拨时,将装配式建筑作为建设条件内容,在土地出让合同或土地划拨决定书中明确具体要求。装配式建筑工程可参照重点工程报建流程纳入工程审批绿色通道。各地可将装配率水平作为支持鼓励政策的依据。

强化项目落地,要在政府投资和社会投资工程中落实装配式建筑要求,将装配式建筑工作细化为具体的工程项目,建立装配式建筑项目库,于每年第一季度向社会发布当年项目的名称、位置、类型、规模、开工竣工时间等信息。

在中国人居环境奖评选、国家生态园林城市评估、绿色建筑等工作中增加装配式建筑方面的指标要求,并不断完善。

(十二)创新工程管理

各级住房城乡建设主管部门要改革现行工程建设管理制度和模式,在招标投标、施工许可、部品部件生产、工程计价、质量监督和竣工验收等环节进行建设管理制度改革,促进装配式建筑发展。

建立装配式建筑全过程信息追溯机制,把生产、施工、装修、运行维护等全过程纳入信息化平台,实现数据即时上传、汇总、监测及电子归档管理等,增强行业监管能力。

(十三)建立统计上报制度

建立装配式建筑信息统计制度,搭建全国装配式建筑信息统计平台。要重点统计装配式建筑总体情况和项目进展、部品部件生产状况及其产能、市场供需情况、产业队伍等信息,并定期上报。按照《装配式建筑评价标准》规定,用装配率作为装配式建筑认定指标。

(十四)强化考核监督

住房城乡建设部每年4月底前对各地进行建筑节能与装配式建筑专项检查,重点检查各地装配式建筑发展目标完成情况、产业发展情况、政策出台情况、标准规范编制情况、质量安全情况等,并通报考核结果。

各省(区、市)住房城乡建设主管部门要将装配式建筑发展情况列入重点考核督查项目,作为住房城乡建设领域一项重要考核指标。

(十五)加强宣传推广

各省(区、市)住房城乡建设主管部门要积极行动,广泛宣传推广装配式建筑示范城市、产业基地、示范工程的经验。充分发挥相关企事业单位、行业协会的作用,开展装配式建筑的技术经济政策解读和宣传贯彻活动。鼓励各地举办或积极参加各种形式的装配式建筑展览会、交流会等活动,加强行业交流。

要通过电视、报刊、网络等多种媒体和售楼处等多种场所,以及宣传手册、专家解读文章、典型案例等各种形式普及装配式建筑相关知识,宣传发展装配式建筑的经济社会环境效益和装配式建筑的优越性,提高公众对装配式建筑的认知度,营造各方共同关注、支持装配式建筑发展的良好氛围。

各省(区、市)住房城乡建设主管部门要切实加强对装配式建筑工作的组织领导,建立健全工作和协商机制,落实责任分工,加强监督考核,扎实推进装配式建筑全面发展。

《建设工程质量管理条例》(国务院令第279号)有关建筑工程安全管理方面的条文如下:

第十一条　建设单位应当将施工图设计文件报县级以上人民政府建设行政主管部门或者其他有关部门审查。施工图设计文件审查的具体办法,由国务院建设行政主管部门、国务院其他有关部门制定。

施工图设计文件未经审查批准的,不得使用。

第十二条　实行监理的建设工程,建设单位应当委托具有相应资质等级的工程监理单位进行监理,也可以委托具有工程监理相应资质等级并与被监理工程的施工承包单位没有隶属关系或者其他利害关系的该工程的设计单位进行监理。

下列建设工程必须实行监理:

（一）国家重点建设工程；

（二）大中型公用事业工程；

（三）成片开发建设的住宅小区工程；

（四）利用外国政府或者国际组织贷款、援助资金的工程；

（五）国家规定必须实行监理的其他工程。

第十三条　建设单位在领取施工许可证或者开工报告前，应当按照国家有关规定办理工程质量监督手续。

第十四条　按照合同约定，由建设单位采购建筑材料、建筑构配件和设备的，建设单位应当保证建筑材料、建筑构配件和设备符合设计文件和合同要求。

建设单位不得明示或者暗示施工单位使用不合格的建筑材料、建筑构配件和设备。

……

第十九条　勘察、设计单位必须按照工程建设强制性标准进行勘察、设计，并对其勘察、设计的质量负责。

注册建筑师、注册结构工程师等注册执业人员应当在设计文件上签字，对设计文件负责。

……

第二十二条　设计单位在设计文件中选用的建筑材料、建筑构配件和设备，应当注明规格、型号、性能等技术指标，其质量要求必须符合国家规定的标准。

除有特殊要求的建筑材料、专用设备、工艺生产线等外，设计单位不得指定生产厂、供应商。

第二十三条　设计单位应当就审查合格的施工图设计文件向施工单位做出详细说明。

第二十四条　设计单位应当参与建设工程质量事故分析，并对因设计造成的质量事故，提出相应的技术处理方案。

……

第二十六条　施工单位对建设工程的施工质量负责。

施工单位应当建立质量责任制，确定工程项目的项目经理、技术负责人和施工管理负责人。

建设工程实行总承包的，总承包单位应当对全部建设工程质量负责；建设工程勘察、设计、施工、设备采购的一项或者多项实行总承包的，总承包单位应当对其承包的建设工程或者采购的设备的质量负责。

第二十七条　总承包单位依法将建设工程分包给其他单位的，分包单位应当按照分包合同的约定对其分包工程的质量向总承包单位负责，总承包单位与分包单位对分包工程的质量承担连带责任。

第二十八条　施工单位必须按照工程设计图纸和施工技术标准施工，不得擅自修改工程设计，不得偷工减料。

施工单位在施工过程中发现设计文件和图纸有差错的，应当及时提出意见和建议。

……

第三十五条　工程监理单位与被监理工程的施工承包单位以及建筑材料、建筑构配件和设备供应单位有隶属关系或者其他利害关系的，不得承担该项建设工程的监理业务。

第三十六条　工程监理单位应当依照法律、法规以及有关技术标准、设计文件和建设工程承包合同,代表建设单位对施工质量实施监理,并对施工质量承担监理责任。

第三十七条　工程监理单位应当选派具备相应资格的总监理工程师和监理工程师进驻施工现场。

未经监理工程师签字,建筑材料、建筑构配件和设备不得在工程上使用或者安装,施工单位不得进行下一道工序的施工。未经总监理工程师签字,建设单位不拨付工程款,不进行竣工验收。

……

第四十八条　县级以上人民政府建设行政主管部门和其他有关部门履行监督检查职责时,有权采取下列措施:

(一)要求被检查的单位提供有关工程质量的文件和资料;

(二)进入被检查单位的施工现场进行检查;

(三)发现有影响工程质量的问题时,责令改正。

《建筑业发展"十三五"规划》(建市〔2017〕98 号)中关于装配式建筑与建筑工程安全管理方面的条文如下:

(二)推动建筑产业现代化

推广智能和装配式建筑。加大政策支持力度,明确重点应用领域,建立与装配式建筑相适应的工程建设管理制度。鼓励企业进行工厂化制造、装配化施工、减少建筑垃圾,促进建筑垃圾资源化利用。建设装配式建筑产业基地,推动装配式混凝土结构、钢结构和现代木结构发展。大力发展钢结构建筑,引导新建公共建筑优先采用钢结构,积极稳妥推广钢结构住宅。在具备条件的地方倡导发展现代木结构,鼓励景区、农村建筑推广采用现代木结构。在新建建筑和既有建筑改造中推广普及智能化应用,完善智能化系统运行维护机制,逐步推广智能建筑。

强化技术标准引领保障作用。加强建筑产业现代化标准建设,构建技术创新与技术标准,制定快速转化机制,鼓励和支持社会组织、企业编制团体标准、企业标准,建立装配式建筑设计、部品部件生产、施工、质量检验检测、验收、评价等工程建设标准体系,完善模数协调、建筑部品协调等技术标准。强化标准的权威性、公正性、科学性。建立以标准为依据的认证机制,约束工程和产品严格执行相关标准。

加强关键技术研发支撑。完善政产学研用协同创新机制,着力优化新技术研发和应用环境,针对不同种类建筑产品,总结推广先进建筑技术体系。组织资源投入,并支持产业现代化基础研究,开展适用技术应用试点示范。培育国家和区域性研发中心、技术人员培训中心,鼓励建设、工程勘察设计、施工、构件生产和科研等单位建立产业联盟。加快推进建筑信息模型(BIM)技术在规划、工程勘察设计、施工和运营维护全过程的集成应用,支持基于具有自主知识产权三维图形平台的国产 BIM 软件的研发和推广使用。

……

全面提高质量监管水平。完善工程质量法律法规和管理制度,健全企业负责、政府监管、社会监督的工程质量保障体系。推进数字化审图,研究建立大型公共建筑后评估制度。强化政府对工程质量的监管,充分发挥工程质量监督机构作用,加强工程质量监督队伍建设,保障经费和人员,加大抽查抽测力度,重点加强对涉及公共安全的工程地基基础、主体结构等部位和竣工验收等环节的监督检查。探索推行政府以购买服务的方式,加强工程质量监督检查。加强工程质量检测机构管理,严厉打击出具虚假报告等行为,推动发展工程质量保险。

强化建筑施工安全监管。健全完善建筑安全生产相关法律法规、管理制度和责任体系。加强建筑施工安全监督队伍建设,推进建筑施工安全监管规范化,完善随机抽查和差别化监管机制,全面加强监督执法工作。完善对建筑施工企业和工程项目安全生产标准化考评机制,提升建筑施工安全管理水平。强化对深基坑、高支模、起重机械等危险性较大的分部分项工程的管理,以及对不良地质地区重大工程项目的风险评估或论证。建立完善轨道交通工程,建设全过程风险控制体系,确保质量安全水平。加快建设建筑施工安全监管信息系统,通过信息化手段加强安全生产管理。建立健全全覆盖、多层次、经常性的安全生产培训制度,提升从业人员安全素质以及各方主体的本质安全水平。

在《工程质量安全提升行动方案》(建质〔2017〕57号)中,有关质量安全相关规定如下:

(一)落实主体责任

1.严格落实工程建设参建各方主体责任。进一步完善工程质量安全管理制度和责任体系,全面落实各方主体的质量安全责任,特别是要强化建设单位的首要责任和勘察、设计、施工单位的主体责任。

2.严格落实项目负责人责任。严格执行建设、勘察、设计、施工、监理等五方主体项目负责人质量安全责任规定,强化项目负责人的质量安全责任。

3.严格落实从业人员责任。强化个人执业管理,落实注册执业人员的质量安全责任,规范从业行为,推动建立个人执业保险制度,加大执业责任追究力度。

4.严格落实工程质量终身责任。进一步完善工程质量终身责任制,严格执行工程质量终身责任书面承诺、永久性标牌、质量信息档案等制度,加大质量责任追究力度。

(二)提升项目管理水平

1.提升建筑设计水平。贯彻落实"适用、经济、绿色、美观"的新时期建筑方针,倡导开展建筑评论,促进建筑设计理念的融合和升华。探索建立大型公共建筑工程后评估制度。完善激励机制,引导激发优秀设计创作和建筑设计人才队伍建设。

2.推进工程质量管理标准化。完善工程质量管控体系,建立质量管理标准化制度和评价体系,推进质量行为管理标准化和工程实体质量控制标准化。开展工程质量管理标准化示范活动,实施样板引路制度。制定并推广应用简洁、适用、易执行的岗位标准化手册,将质量责任落实到人。

3.提升建筑施工本质安全水平。深入开展建筑施工企业和项目安全生产标准化考评,推动建筑施工企业实现安全行为规范化和安全管理标准化,提升施工人员的安全生产意识和安全技能。

4.提升城市轨道交通工程风险管控水平。建立施工关键节点风险控制制度,强化工程重要部位和关键环节施工安全条件审查。构建风险分级管控和隐患排查治理双重预防工作机制,落实企业质量安全风险自辨自控、隐患自查自治责任。

(三)提升技术创新能力

1.推进信息化技术应用。加快推进建筑信息模型(BIM)技术在规划、勘察、设计、施工和运营维护全过程的集成应用。推进勘察设计文件数字化交付、审查和存档工作。加强工程质量安全监管信息化建设,推行工程质量安全数字化监管。

2.推广工程建设新技术。加快先进建造设备、智能设备的推广应用,大力推广建筑业10项新技术和城市轨道交通工程关键技术等先进适用技术,推广应用工程建设专有技术和工法,以技术进步支撑装配式建筑、绿色建造等新型建造方式发展。

3.提升减隔震技术水平。推进减隔震技术应用,加强工程建设和使用维护管理,建立减隔震装置质量检测制度,提高减隔震工程质量。

(四)健全监督管理机制

1.加强政府监管。强化对工程建设全过程的质量安全监管,重点加强对涉及公共安全的工程地基基础、主体结构等部位和竣工验收等环节的监督检查。完善施工图设计文件审查制度,规范设计变更行为。开展监理单位向政府主管部门报告质量监理情况的试点,充分发挥监理单位在质量控制中的作用。加强工程质量检测管理,严厉打击出具虚假报告等行为。推进质量安全诚信体系建设,建立健全信用评价和惩戒机制,强化信用约束。推动发展工程质量保险。

2.加强监督检查。推行"双随机、一公开"检查方式,加大抽查抽测力度,加强工程质量安全监督执法检查。深入开展以深基坑、高支模、起重机械等危险性较大的分部分项工程为重点的建筑施工安全专项整治。加大对轨道交通工程新开工、风险事故频发以及发生较大事故城市的监督检查力度。组织开展新建工程抗震设防专项检查,重点检查超限高层建筑工程和减隔震工程。

3.加强队伍建设。加强监督队伍建设,保障监督机构人员和经费。开展对监督机构人员配置和经费保障情况的督查。推进监管体制机制创新,不断提高监管执法的标准化、规范化、信息化水平。鼓励采取政府购买服务的方式,委托具备条件的社会力量进行监督检查。完善监督层级考核机制,落实监管责任。

2.2　地方层面

目前,装配式建筑工程在我国发展较迅速,在各省市所发布的地方性安全管理政策中,北京、上海、深圳等地发展装配式建筑工程较为完善,相关规范较为系统,可以为湖北省装配式建筑提供借鉴。本书中主要梳理湖北省及发展较为良好的城市有关装配式建筑工程的相关政府安全管理文件,见表2.2。

表 2.2　地方性装配式建筑安全管理相关文件

地方	名称	文件号
湖北	湖北省人民政府关于加快推进建筑产业现代化发展的意见	鄂政发〔2016〕7号
	湖北省人民政府办公厅关于大力发展装配式建筑的实施意见	鄂政办发〔2017〕17号
	湖北省装配式建筑施工质量安全控制要点(试行)	鄂建办〔2018〕56号
	湖北省城市建设绿色发展三年行动方案	鄂政发〔2017〕67号
	省人民政府关于促进全省建筑业改革发展二十条意见	鄂政发〔2018〕14号
	湖北建筑业发展"十三五"规划纲要	鄂建〔2017〕6号

地方	名称	文件号
武汉	市人民政府关于加快推进建筑产业现代化发展的意见	武政规〔2015〕2 号
	市人民政府关于进一步加快发展装配式建筑的通知	武政规〔2017〕8 号
	市城建委关于武汉市建筑产业现代化建设工程项目招标投标工作的实施意见(试行)	武城建〔2015〕151 号
	市城建委关于加强装配式混凝土结构产业化建筑工程质量安全管理的通知	武城建〔2016〕52 号
	市城建委关于开展装配式建筑施工图设计文件技术审查的通知	武城建规〔2017〕5 号
	武汉市装配式建筑建设管理实施办法(试行)	武城建规〔2018〕2 号
	武汉市"十三五"建筑节能与绿色建筑发展规划	武城建〔2017〕124 号
	模块装配式钢结构建筑构件和部品制作与施工质量验收技术规定	武城建〔2016〕185 号
	关于开展武汉市装配式建筑部品部件信息发布的通知	武建节办〔2017〕10 号
北京	北京市人民政府办公厅关于加快发展装配式建筑的实施意见	京政办发〔2017〕8 号
	关于加强装配式混凝土建筑工程设计施工质量全过程管控的通知	京建法〔2018〕6 号
	关于在本市装配式建筑工程中实行工程总承包招投标的若干规定(试行)	京建法〔2017〕29 号
上海	关于推进上海装配式建筑发展的实施意见	沪建管联〔2014〕901 号
	装配整体式混凝土结构工程施工安全管理规定	沪建质安〔2017〕129 号
	装配式混凝土结构建筑施工质量安全监管要点(试行)	沪建安质〔2015〕8 号
	上海市装配整体式混凝土建筑工程施工图设计文件技术审查要点	沪建质安〔2017〕597 号
	上海市装配式建筑 2016—2020 年发展规划	沪建建材〔2016〕740 号
深圳	深圳市住房和建设局关于加快推进装配式建筑的通知	深建科工〔2016〕22 号
	深圳市装配式建筑住宅项目建筑面积奖励实施细则	深建规〔2017〕2 号
	深圳市住房和建设局关于装配式建筑项目设计阶段技术认定工作的通知	深建规〔2017〕3 号
沈阳	沈阳市大力发展装配式建筑工作方案	沈政办发〔2018〕28 号
浙江	浙江省人民政府办公厅关于推进绿色建筑和建筑工业化发展的实施意见	浙政办发〔2016〕111 号
	装配式混凝土结构施工质量安全控制要点(试行)	建建发〔2017〕454 号

目前湖北省在推广、发展装配式建筑工程过程中,主要文件如下。

《湖北省人民政府关于加快推进建筑产业现代化发展的意见》发布较早,率先推广、加快装配式建筑的发展,其相关内容如下:

一、总体要求

(一)指导思想。认真贯彻党的十八大和十八届三中、四中、五中全会及中央城市工作会议精神,落实国家生态文明建设战略部署,牢固树立绿色、循环、低碳发展理念,坚持规划引领、市场主导、创新驱动、标准先行,加快推进以"标准化设计、工厂化生产、装配化施工、成品化装修、信息化管理、智能化应用"为特征的建筑产业现代化,实现工程全寿命周期节能环保,促进产业发展和资源环境相协调，推动我省由建筑大省向建筑强省转变。

（二）发展目标

1.试点示范期（2016—2017年）。在武汉、襄阳、宜昌等地先行试点示范。到2017年，全省建成5个以上建筑产业现代化生产基地，培育一批优势企业；采用建筑产业现代化方式建造的项目建筑面积不少于200万平方米，项目预制率不低于20%；初步建立建筑产业现代化技术、标准、质量、计价体系。

2.推广发展期（2018—2020年）。在全省统筹规划建设建筑产业现代化基地，全面推进建筑产业现代化。到2020年，基本形成建筑产业现代化发展的市场环境；培育一批以优势企业为核心，全产业链协作的产业集群；全省采用建筑产业现代化方式建造的项目逐年提高5%以上，建筑面积不少于1000万平方米，项目预制率达到30%；形成较为完备的建筑产业现代化技术、标准、质量、计价体系。

3.普及应用期（2021—2025年）。自主创新能力增强，形成一批以骨干企业、技术研发中心、产业基地为依托，特色明显的产业聚集区。采用建筑产业现代化方式建造的新开工政府投资的公共建筑和保障性住房应用面积达到50%以上，新开工住宅应用面积达到30%以上；混凝土结构建筑项目预制率达到40%以上，钢结构、木结构建筑主体结构装配率达到80%以上。

二、重点任务

（一）提高科技创新能力。鼓励设计、开发、施工及部品构件生产企业与科研机构、高校院所合作，建立产、学、研、用相结合的协同技术创新体系，全面提升自主创新能力；积极引导建筑行业采用国内外先进的新技术、新工艺、新材料、新装备。加大装配式混凝土结构、钢结构、钢混结构等建筑结构体系研发力度，尽快形成标准设计、部品生产制造、装配施工、成品住房集成等一批拥有自主知识产权的核心技术。加大建筑信息模型（BIM）、智能化、虚拟仿真、信息系统等技术的研发、应用和推广力度，全面提高企业运营、管理效率。各级政府要将建筑产业现代化技术研究列为科技重点攻关方向，通过统筹整合财政科技资金，加大支持力度。优先推荐采用建筑产业现代化方式建造的工程项目以及项目各方主体参与"鲁班奖""全国优秀工程勘察设计奖""楚天杯"等评审。

（二）推动产业市场建设。加快培育集项目开发、施工及部品构件生产于一体、辐射带动作用较强的建筑产业现代化龙头企业，支持企业投资建设建筑产业现代化基地、申报国家级住宅产业化基地。鼓励传统建材企业大力发展新型绿色材料，向建筑产业现代化生产企业转型。支持开发、施工、制造、物流等企业和科研单位建立产业协作机制，推动建筑产业现代化园区建设，培育全产业链协作的产业集群。发挥政府引导作用，以政府投资工程为重点，先行开展建筑产业现代化项目试点示范。通过土地出让、容积率奖励等激励政策，积极引导房地产等社会投资项目采用建筑产业现代化方式建设。积极推行住宅全装修，鼓励新建住宅一次装修到位或菜单式装修，促进个性化装修和产业化装修相统一。组织开展建筑产业现代化城市示范和省级项目示范，鼓励和支持具备条件的城市申报国家和省级建筑产业现代化试点城市。

（三）建立完善标准体系。加快研究建筑产业现代化建筑结构体系、标准体系、计价依据，组织编制工程设计、部品生产和检验、装配施工、质量安全、工程验收标准、标准设计图集、工程计价定额。优先制定装配式建筑设计统一模数标准、构件部品与建筑结构相统一的模数标准，建立通用种类和标准规格的建筑部品、设施、构件体系，实现工程设计、生产和施工安装标准化。鼓励企业开发、引进、推广适合建筑产业现代化的技术、产品和装配施工标准，尽快形成一批先进适用的技术、产品标准和施工工法。对于没有国家、行业和地方技术标准的新技术、新工艺、新材料,相关企业标准在通过评审后可以暂时作为设计、施工、监理和监督依据。

(四)建立健全监管体系。改进招投标管理方式,鼓励采用设计、部品构件生产、土建施工、设备安装和建筑装修一体化的工程实施总承包(EPC)等模式招标。由省公共资源交易管理机构会同建设行政主管部门制定相关规定,建立全省统一的"建筑产业现代化方式的建设、施工、设计单位和构件供应商名录"。建立和完善建筑产业现代化产品质量监管体系,质量技术监督管理部门和建设行政主管部门,依法加强对建筑产业现代化预制构配件,建筑部品、部件生产过程和成品及设施设备的质量监管,把好进场检验关,强化装配式施工现场安全管理。建立建筑部品以及整体建筑性能评价体系,明确评价主体、标准和程序。强化成品住房质量验收,加强对起重机械安全管理,严格落实安装、拆卸、保养、运营管理安全主体责任。

(五)提升产业国际化水平。鼓励企业"走出去"开拓国际市场,提高国际竞争水平。通过"引进来"与"走出去"相结合,引进国际先进的技术装备和管理经验,并购国外先进建筑行业企业,整合国际相关要素资源,提升企业核心竞争力,推动省内大型成套设备、建材、国际物流等建筑相关产业发展。

三、政策措施

(一)强化用地保障。各地要优先保障建筑产业现代化生产和服务基地(园区)、项目建设用地。规划部门应根据建筑产业现代化发展规划,在出具土地利用规划条件时,明确建筑产业现代化项目应达到的预制装配率、成品住房比例。对符合建筑产业现代化要求的开发建设项目和新建住宅全装修工程,在办理规划审批时,其外墙装配式部分建筑面积(不超过规划总建筑面积的3%)可不计入成交地块的容积率核算;国土资源部门在土地出让合同或土地划拨决定书中要明确相关计算要求。

(二)加大金融支持。发挥湖北建筑业产业联盟作用,通过组织银企对接会、提供企业名录等多种形式向金融机构推介,对符合条件的企业积极开辟绿色通道、加大信贷支持力度,提升金融服务水平。住房公积金管理机构、金融机构对购买装配式商品住房和成品住房的,按照差别化住房信贷政策积极给予支持。鼓励社会资本发起组建促进建筑产业现代化发展的各类股权投资基金,引导各类社会资本参与建筑产业现代化发展。鼓励符合条件的建筑产业现代化优质诚信企业通过发行各类债券,积极拓宽融资渠道。

(三)实施财税优惠。各地对采用建筑产业现代化方式建造的项目,可按建筑面积给予一定的财政补贴。对投资建设建筑产业现代化基地(园区)的企业,符合条件的,认定为高新技术企业,享受相关政策。积极落实建筑产业现代化营改增税收优惠政策,企业为开发建筑产业现代化新技术、新产品、新工艺发生的研究开发费用,符合条件的除可以在税前列支外,并享受加计扣除政策。涉及建筑产业现代化的技术转让、开发、咨询、服务取得的收入,免征增值税。实施全装修的新建商品住宅项目房屋契税征收基数按购房合同总价款扣除全装修成本后计取。采用装配式建筑技术开发建设的项目,在符合相关政策规定范围内,可分期交纳土地出让金。符合新型墙体材料要求的,可按规定从新型墙体材料专项基金中给予技术研发资金补助。对建筑产业现代化工程项目的新型墙体材料专项基金和散装水泥专项资金,可即征即返。对采用建筑产业现代化方式的工程项目,在收取国家规定的各类保证金时,各地可实行相应的减免政策。

(四)创新服务机制。对采用建筑产业现代化方式建设的项目,通过绿色通道,依法提供审批、审核、审查等相关事项快捷服务。对参与建筑产业现代化项目建设的开发和施工单位，可优先办理资质升级、续期、预售许可等相关手续。投入开发建设的资金达到工程建设总投资的25％以上，并已确定施工进度和竣工交付日期的，即可向房地产管理部门办理预售登记，领取预售许可证。允许将装配式构件投资计入工程建设总投资额，纳入进度衡量。按照建筑产业现代化要求建设的商品住宅项目，其项目预售资金监管比例按照15％执行。公安、市政和交通运输管理部门对运输超大、超宽的预制混凝土构件、钢结构构件、钢筋加工制品等的运输车辆，在物流运输、交通畅通方面依法依规给予支持。

四、组织实施

（一）强化组织领导。将建筑产业现代化发展纳入《湖北省国民经济和社会发展第十三个五年规划》，统筹推进。省人民政府建立推进建筑产业现代化工作联席会议制度，统筹协调、指导推进建筑产业现代化工作，建立建筑产业现代化工作目标考核制度。省发展改革委、省经信委、省科技厅、省公安厅、省财政厅、省人社厅、省国土厅、省住建厅、省交通厅、省地税局、省质监局、省金融办、省公共资源交易管理局等部门要加强工作协调配合，认真研究落实相关政策支持。各市、州、县人民政府要将推进建筑产业现代化摆上重要议事日程，成立组织领导机构，明确责任分工，强化工作措施，统筹协调推进建筑产业现代化。

（二）强化队伍建设。加快培养、引进适应建筑产业现代化发展需求的技术和管理人才，通过校企合作等多种形式，开展多层次知识培训，提高企业负责人、专业技术人员、经营管理人员管理能力和技术水平，依托职业院校、职业培训机构和实训基地培育紧缺技能人才。建立有利于现代建筑产业工人队伍发展的长效机制，扶持建筑劳务基地发展，着力建设规模化、专业化的建筑产业工人队伍。

（三）强化社会推广。建立政府、媒体、企业与公众相结合的推广机制，让公众更全面了解建筑产业现代化对提升建筑品质、宜居水平、环境质量的作用，提高建筑产业现代化在社会中的认知度、认同度。通过举办全省建筑产业现代化产品博览会、施工现场观摩会，向社会推介诚信企业、先进技术、放心产品。加强国际合作和交流，不断提升建筑产业现代化建设水平。

《湖北省人民政府办公厅关于大力发展装配式建筑的实施意见》为深入贯彻《国务院办公厅关于大力发展装配式建筑的指导意见》（国办发〔2016〕71号）精神，大力发展装配式建筑，推进建筑业转型升级，提出如下实施意见：

一、发展目标

到2020年，武汉市装配式建筑面积占新建建筑面积比例达到35％以上，襄阳市、宜昌市和荆门市达到20％以上，其他设区城市、恩施州、直管市和神农架林区达到15％以上。到2025年，全省装配式建筑占新建建筑面积的比例达到30％以上。

二、主要任务

（一）合理确定实施范围。各地应明确装配式建筑的实施范围和标准，积极推进装配式建筑发展。武汉市、襄阳市、宜昌市和荆门市应在2017年6月底前明确重点实施范围和标准，孝感市、黄冈市和仙桃市应在2018年6月底前确定重点实施范围和标准，其他设区城市、恩施州、直管市和神农架林区应在2019年6月底前确定重点实施范围和标准。各地根据装配式建筑发展情况，可适时对实施区域、范围和标准进行动态调整。

（二）完善技术标准体系。省住建厅要加快编制湖北省装配式建筑标准规范和标准图集，支持企业编制标准、加强技术创新，鼓励社会组织编制团体标准，促进关键技术和成套技术研究成果转化。强化建筑材料标准、部品部件标准、工程建设标准之间的衔接。制订装配式建筑工程定额等计价依据。完善装配式建筑结构性能检测标准和方法。制定全省装配式建筑预制率、装配率计算规则。到2017年底,基本形成能覆盖装配式建筑设计、生产、施工、监管和验收等全过程的标准体系。

(三)创新装配式建筑设计。充分发挥设计先导作用,引导设计单位按照装配式建筑的设计规则进行建筑方案和施工图设计。加快推行装配式建筑一体化集成设计,制定施工图设计审查要点。推进建筑信息模型(BIM)技术应用,提高建筑、结构、设备和装修等专业协同设计能力,设计深度应符合工厂化生产、装配化施工、一体化装修的要求。完善设计单位施工图交底制度,设计单位应对部品部件生产、施工安装、装修全过程进行指导和服务。提高绿色建材在装配式建筑中的应用比例。

(四)优化部品部件生产。各地要统筹规划,合理布局优先保障一定规模的部品部件生产基地(园区)用地,提高产业聚集度。引导和培育省内外大型房地产开发企业、有实力的施工总承包企业和建材企业投资建设基地。支持生产企业依托自主知识产权的技术,申报高新技术企业。生产企业应实现标准化、规模化、绿色化生产,保证产品质量,积极配合建设和监理等相关方以驻厂监造等方式加强产品质量管控;建立生产、物流标准化体系,提高核心技术、新产品开发和专业服务能力。

(五)大力推行工程总承包。装配式建筑应优先采用设计、生产、采购、施工一体化的工程总承包(EPC)模式,工程总承包企业对工程质量、安全、进度、造价负总责。各地应结合建筑业改革发展需要,支持大型设计、施工和部品部件生产企业向工程总承包企业转型,推动实现工程设计、部品部件生产、施工及采购的统一管理和深度融合,优化项目管理方式。鼓励建筑设计、部品生产、施工企业组成联合体,共同参与装配式建筑工程总承包。

(六)提升装配施工水平。各地要通过落实相关政策措施,激发传统施工企业加快转型升级的内生动力,培育扶持一批创新和带动能力强的骨干企业。引导企业系统研究构件安装、节点连接及防水等核心技术,提升装配施工连接质量、建筑安全性能和整体施工效率。创新施工安装成套技术、安装防护技术、施工质量控制技术。支持企业总结施工工法,开发应用与装配施工相适应的设备、机具和配套产品,推行绿色施工,最大限度节约资源、保护环境,实现施工全过程"四节一环保"。

(七)积极推行建筑全装修。积极推行装配式建筑装饰装修与主体结构、设施设备一体设计、协同施工,推进整体厨卫的装修部品和设备系统的集成应用,鼓励装饰与保温隔热材料一体化应用。以推行住宅全装修为重点,全装修房屋内和公共部位的固定面、设备管线、开关插座、厨卫等应一体化安装完成。自2017年7月1日起,全省新建公共租赁住房实施全装修;到2020年,武汉市、襄阳市、宜昌市和荆门市新建住宅全面实现住宅全装修,其他设区城市、恩施州、直管市和神农架林区住宅全装修面积占新建住宅面积比例应达到50%。具体管理办法由各市州人民政府制定。

三、保障措施

(一)制定落实优惠支持政策。以装配式建筑项目落地为重点,在土地出让条件中要明确装配式建筑面积比例、装配率等指标要求。要落实配套资金补贴、容积率奖励、商品住宅预售许可、降低预售资金监管比例等激励政策措施。以重点项目带动,在城市中心区域和生态示范区及重点功能区全面推行装配式建筑。政府投资新建的公共建筑工程以及保障性住房项目、

"三旧"改造项目等,符合装配式建造技术条件和要求的,应采用装配式建筑,积极开展市政基础设施(包括综合管廊)工程装配式建造试点示范,形成有利于装配式建筑发展的体制机制和市场环境。

(二)加快建设产业队伍。各地应结合实际,编制与装配式建筑发展相适应的培训计划,组织企业技术、管理人员和建设主管部门工作人员的专项培训。鼓励和引导省内有关高等学校、职业学校开展校企合作,开设装配式建筑相关专业,培养专业技术人才。利用建筑工地农民工业余学校、实训园区(基地),加大产业工人技能培训,将装配式建筑专业工种纳入职业技能培训范围,促进农民工向专业技能工人转型。

(三)创新和完善监管体系。制定装配式建筑项目管理办法,按照装配式建筑评价标准组织开展项目评价。完善招投标、施工许可、分包管理、质量安全监管、竣工验收等工程建设全过程监管机制,建立健全部品部件生产、检验检测、装配施工及验收的全过程质量追溯保证体系。落实装配式建筑项目各方主体质量安全责任及项目负责人质量终身责任。

(四)强化工作保障机制。省推进建筑产业现代化工作联席会议定期研究装配式建筑发展的政策措施,协调解决工作推进中的重大问题,促进全省装配式建筑快速发展。各地应把发展装配式建筑作为深化建筑领域供给侧结构性改革和新型城镇化健康发展的重要举措,制定年度实施发展计划,分解工作目标,明确责任主体,把装配式建筑发展任务落到实处。

《湖北省装配式建筑施工质量安全控制要点(试行)》(鄂建办〔2018〕56号)适用于湖北省范围内新建、改建、扩建的混凝土结构和钢结构装配式建筑工程,是湖北省装配式建筑施工质量安全管理的指导性文件,也是对装配式建筑施工过程质量安全管理进行监督检查、巡查的依据。其中有关装配式安全方面的条例如下。

在基本规定中:

2.0.1　装配式建筑参建各方主体应增强质量安全意识,履行质量安全职责,规范质量安全行为,加强施工过程监控,确保质量安全和使用功能,依法承担工程质量终身责任。

2.0.2　建设单位应确定合理投资、造价和工期,严格遵守工程审批和报建的各项规定,委托具备相应资质的检测机构进行检测,工程完工后负责组织竣工验收,验收合格方可交付使用。

2.0.3　装配式建筑工程宜采用工程总承包模式。工程总承包单位应统筹设计、生产、施工各环节。

2.0.4　设计单位应严格审核施工过程中出现的设计变更,按标准规范规定参与质量验收。

2.0.5　预制构件生产单位应具备相应的生产工艺设施,并应有完善的质量安全管理体系和相应的实验检测设备。

2.0.6　预制构件生产单位应对所生产的构件质量负责,并提供相应质量证明文件。

2.0.7　监理单位应严格执行国家和湖北省相关标准规范,切实履行监理责任。根据委托合同,结合装配式建筑工程特点,派驻监理到生产工厂驻场监督。

2.0.8　监理单位应根据装配式建筑质量安全管理难点,制定监理规划和监理实施细则,重要部位和关键工序应实行旁站监理。上道工序质量验收不合格的,不得允许进入下道工序。

2.0.9　施工单位应确保质量安全管理体系有效运行,要结合装配式建筑特点制定质量安全防控措施,严格执行施工图设计文件和技术标准,对使用的材料、施工工艺严格管理,强化施工质量安全过程控制。

2.0.10 装配式建筑工程施工前,施工单位应按照装配式建筑施工特点和要求,编制施工组织设计和各专项施工方案及应急预案,对作业人员进行培训,并对作业人员进行技术、安全交底。必要时应进行应急预案的演练。

2.0.11 装配式建筑施工前,宜选择有代表性的单元进行预制构件试安装,并应根据试安装结果及时调整完善施工方案和施工工艺。

2.0.12 预制构件安装、钢结构吊装、机电设备安装应严格按照各项施工方案执行。各工序的施工,应在前一道工序质量验收合格后进行。预制构件节点区灌浆施工应有影像资料。

在装配式建筑施工安全控制要点中:

5.2 一般规定

5.2.1 构件的吊装安装应编制专项施工方案,经施工单位技术负责人审批、项目总监理工程师审核合格后实施。

5.2.2 施工单位在分派生产任务时,对相关的管理人员、作业人员进行书面安全技术交底。

5.2.3 施工单位应建立安全巡查制度,组织对现场的安全进行巡视,对事故隐患应及时定人、定时间、定措施进行整改。

5.2.4 雨季施工中,应经常检查起重设备、道路、构件堆场、临时用电等;冬季施工中,吊装作业面低于零摄氏度时不宜施工。

5.2.5 定期对进场的安装和吊装工人、设备操作人员、灌浆工等进行安全教育、考核。项目经理、专职安全员和特种作业人员应持证上岗。

5.2.6 对现场的垂直运输设备,建立设备出厂、现场安拆、安装验收、使用检查、维修保养等资料。

5.2.7 针对现场可能发生的危害、灾害和突发事件等危险源,制定专项应急救援预案,定期组织员工进行应急救援演练。

5.2.8 危险性较大工程以及采用安全性能不明确的工艺技术的工程,应根据相关规定及工程实际,组织相应的评审、论证。

5.3 构件的进场、运输与堆放

5.3.1 预制构件进场、运输与堆放应编制相应方案,其技术、安全要求应符合湖北省地方标准《装配式建筑施工现场安全技术规程》DB42/T 1233 第6章构件的进场、运输与堆放的相关规定。

5.3.2 施工现场场地、道路应满足预制构件运输、堆放的要求。当堆场设置在地下室顶板上时,应对地下室结构进行验算。

5.4 预制构件安装

5.4.1 预制构件吊装

1.预制构件吊装、吊具、连接及临时支撑应符合湖北省地方标准《装配式建筑施工现场安全技术规程》DB42/T 1233 第7章构件安装的相关规定。

2.外挂式防护架的设置、安拆应符合湖北省地方标准《装配式建筑施工现场安全技术规程》DB42/T 1233 第8章高处作业的相关规定。

3.钢筋材料禁止集中堆放在某一块叠合板上,应放置在小跨度板上,且材料重心搁置在墙体上,避免集中荷载出现叠合板断裂情况;禁止把钢筋堆放在外挂架上或楼层边缘。

4.钢筋材料应轻拿轻放,禁止大力撞击叠合板。

5.在墙柱钢筋、模板登高作业时,使用可移动的操作平台,杜绝使用靠墙梯、站立在墙体或墙体斜支撑上操作的情况。

5.4.2　混凝土浇筑

1.检查楼层临边、阳台临边、楼梯临边、采光井、烟道口、电梯井口等部位安全防护设施是否完善;检查人员上下通道是否安全可靠、照明是否充足。

2.检查叠合板支撑、墙体支撑杆件、外挂架穿墙螺栓是否有松动、缺失等情况。

3.吊斗卸放混凝土时,操作人员禁止站在外架上或楼层边缘,应站立在楼层内侧,避免吊斗摆动撞击人员。

4.在浇筑叠合板混凝土时,吊斗应降至离板面约 30cm 位置,且混凝土应慢放,禁止出现高度过高,混凝土卸放瞬间荷载过大,造成叠合板断裂现象。

5.4.3　墙体封堵与注浆

1.封堵注浆外墙外侧时,作业人员应使用安全带,站立于安全区域。

2.注浆机应配备单独的三级配电箱,并应按照"一机、一闸、一漏保、一箱"的原则进行接电。

3.电缆线应沿墙角布置,避免物体撞击,导致漏电伤人。

4.每块墙体注浆完毕后,及时用清水进行冲洗,做好工完场清、成品保护工作。

5.4.4　高处作业

高处作业应符合湖北省地方标准装配式建筑施工现场安全技术规程 DB42/T 1233 第 8 章 高处作业的相关规定。

5.5　钢结构安装

5.5.1　操作平台设置

1.操作平台应经过设计计算、方案审批、制作和验收,其强度和稳定性应满足设计要求。

2.按照设计要求进行制作,操作平台的具体尺寸按照实际情况而定,操作平台外围边到柱边的距离不小于 700mm。

3.操作平台制作、安装完成后,经验收合格后挂牌,方可使用。

4.固定式操作平台与悬挑式操作平台部分参数尺寸及材料选用可参考《建筑工程钢结构施工安全防护设施技术规程》DB42/T 990。

5.5.2　安全网设置

1.安全网的质量应符合《安全网》GB 5725 的规定,进场前须进行验收,经验收合格后,方可投入使用。

2.对使用中的安全网,应进行定期或不定期的检查,并及时清理网中落下的杂物,当受到较大冲击时,应及时更换安全网。

3.安全网相关挂设具体要求可参考《建筑工程钢结构施工安全防护设施技术规程》DB42/T 990。

5.5.3　垂直登高挂梯设置

1.挂钩、支撑的组件圆钢与扁钢之间采用双面角焊焊接成型,挂钩为备选挂件,挂梯顶部挂钩及连接方式可根据工程实际情况单独设计,严禁使用螺纹钢。

2.钢柱吊装前,应将垂直登高挂梯安装就位后,方可进行吊装。

3.每副挂梯应设置两道支撑,挂梯与钢柱之间的间距以120mm为宜,挂梯顶部挂件应挂靠在牢固的位置并保持稳固,荷载2kN以内。

4.挂梯梯梁及踏棍分别采用60×6mm的扁钢及直径不小于15mm的圆钢塞焊而成。

5.单副挂梯长度以3m为宜,挂梯宽度以350mm为宜,踏棍间距以300mm为宜,挂梯连接增长超过6m应增加固定点。

6.垂直登高挂梯建议尺寸及相关材料可参考《建筑工程钢结构施工安全防护设施技术规程》DB42/T 990。

5.5.4 钢斜梯设置

1.钢斜梯垂直高度不应大于6m,水平跨度不应大于3m。

2.梯梁采用12.6槽钢,喷涂橘黄色防腐油漆,通过夹具固定在钢梁上。

3.斜梯设置双侧护栏,喷涂防腐警示油漆,油漆每段长度以300mm为宜。护栏的立柱、扶手、中间栏杆均采用$\phi30×2.5$钢管,套管连接件为$\phi38×2.5$钢管,上下两道横杆的高度分别为1.2m和0.6m,立柱间距不大于2m。

4.立柱与连接板焊接形成整体,栓接于梯梁上。

5.转换平台采用4mm厚花纹钢板制作,平台底部侧面设置高200mm、厚1mm的踢脚板。

6.钢斜梯相关尺寸参数与材料可参考《建筑工程钢结构施工安全防护设施技术规程》DB42/T 990。

5.5.5 水平通道设置

1.钢制组装通道相关尺寸参数及材料可参考《建筑工程钢结构施工安全防护设施技术规程》DB42/T 990。

2.抱箍式安全绳通道,其抱箍采用PL30×6扁钢制作,其尺寸根据钢柱直径而定,制作完成后,喷涂防腐警示油漆。

3.安全绳采用$\phi9$镀锌钢丝绳,其技术性能应符合《一般用途钢丝绳》GB/T 20118中的相关规定。

4.端部钢丝绳使用绳卡进行固定,绳卡压板应在钢丝绳长头的一端,绳卡数量应不少于3个,绳卡间距100mm,钢丝绳固定后弧垂应为10~30mm。

5.抱箍式安全绳通道相关尺寸参数及材料可参考《建筑工程钢结构施工安全防护设施技术规程》DB42/T 990。

6.立杆式安全绳通道中的立杆应由规格为$\phi48×3.5$的钢管、直径为6mm的圆钢拉结件及底座组成。

7.立杆与底座之间除焊接固定外,还应有相应的加固措施。

8.钢丝绳两端分别用$D=9mm$的绳卡固定,绳卡数量不得少于3个,绳卡间距保持在100mm为宜,最后一个绳卡距绳头的长度不得小于140mm。

5.5.6 接火盆设置

1.焊接、气割作业应设置接火盆。

2.接火盆在使用时应在盆底满铺石棉布。

3.接火盆相关设计要求、尺寸参数及装配流程可参考《建筑工程钢结构施工安全防护设施技术规程》DB42/T 990。

5.6 消防安全

5.6.1 现场应建立消防安全管理机构,制定消防管理制度,定期开展消防应急演练。现场消防设施应符合《建设工程施工现场消防安全技术规范》GB 50720规定,临时消防设施应与工程施工进度同步设置。

5.6.2 构件之间连接材料、接缝密封材料、外墙装饰、保温材料要求是不燃材料或A级防火材料。

5.6.3 施工临时用电应符合《施工现场临时用电安全技术规范》JGJ 46相关规定。

5.6.4 装配式混凝土建筑密封胶配套的清洗液和底涂液均属于易燃易爆物品,并具有一定的毒性,使用者应采取必要的防护措施,工作场所应有良好的通风条件,严禁烟火。

5.7 职业健康安全与环境保护

5.7.1 职业健康安全

1.装配式建筑工程应制定职业健康管理计划,按规定程序经批准后实施。

2.应对职业健康管理计划的实施进行管理。

3.应制定并执行职业健康的检查制度,记录并保存检查的结果。对影响职业健康的因素应采取措施。

5.7.2 环境保护措施

1.施工过程中,应采取建筑垃圾减量化措施。施工过程中产生的建筑垃圾,应进行分类处理。

2.在临建设计、材料选择、各施工工序中做好相应的环境保护工作,并加强监督落实。

3.施工过程中,应采取防尘、降尘措施。施工现场的主要道路,宜进行硬化处理或采取其他扬尘控制措施。可能造成扬尘的露天堆储材料,宜采取扬尘控制措施。

4.施工过程中,应对材料搬运、施工设备和机具作业等采取可靠的降低噪声措施,施工作业在施工场界的噪声级,应符合现行国家标准《建筑施工场界噪声限值》GB 12523的有关规定。

5.施工过程中,应采取光污染控制措施。可能产生强光的施工作业,应采取防护和遮挡措施。夜间施工时,应采取低角度灯光照明。

6.应采取沉淀、隔油等措施处理施工过程中产生的污水,不得直接排放。

7.宜选用环保型脱模剂。涂刷模板脱模剂时,应防止洒漏。含有污染环境成分的脱模剂,使用后剩余的脱模剂及其包装等不得与普通垃圾混放,并应由厂家或有资质的单位回收处理。

8.施工过程中,对施工设备和机具维修、运行、存储时的漏油,应采取有效的隔离措施,不得直接污染土壤。漏油应统一收集并进行无害化处理。

9.起重设备、吊索、吊具等保养中的废油脂应集中回收处理;操作工人使用后的废旧油手套、棉纱等应集中回收处理。

10.密封胶、涂料等化学物质应按规定进行存放、使用、回收,严禁随意处置。混凝土外加剂、养护剂的使用,应满足环境保护和人身安全的要求。

11.施工过程中可能接触有害物质的操作人员应采取有效的防护措施。

12.不可循环使用的建筑垃圾,应集中收集,并应及时清运至有关部门指定的地点。可循环使用的建筑垃圾,应加强回收利用,并应做好记录。

13.施工中产生的粘结剂、稀释剂等易燃、易爆化学制品的废弃物应及时收集送至指定存储器内并按规定回收,严禁随意丢弃和堆放。

《武汉市人民政府关于加快推进建筑产业现代化发展的意见》为加快推进我市建筑产业现代化发展做出如下相关规定：

二、发展目标

（一）建筑产业现代化建造项目建设。2015年至2017年为建筑产业现代化试点示范期。以保障性住房和政府投资项目为主，鼓励房地产开发企业按照建筑产业现代化要求设计和建造试点示范项目。期间，累计完成新开工面积不少于200万平方米，其中2015年、2016年、2017年分别不少于50万、60万、90万平方米。项目预制装配化率（即：工厂生产的预制构件体积占建筑地面以上构件总体积的比例）不低于20％，符合绿色建筑、建筑节能指标要求，建筑产业现代化建造住宅实施土建、装修设计施工一体化。

2018年起为建筑产业现代化全面推广应用期。建筑产业现代化建造项目占当年开工面积的比例不低于20％，每年增长5％。项目预制装配化率达到30％以上，符合绿色建筑、建筑节能指标要求，建筑产业现代化建造住宅实施土建、装修设计施工一体化。

（二）建筑产业现代化园区建设。按照"布局合理、各具特色、供给方便、辐射周边"的原则规划和建设建筑产业现代化园区。试点示范期间，完成蔡甸区、江夏区、新洲区三个建筑产业现代化园区建设，部品生产能力每年不低于100万平方米；推广应用期间，建筑产业现代化园区的建设基本满足全市建筑产业化项目的市场需求，并逐步形成具有较强研发和生产能力的齐全完善的装备制造基地、科技研发基地、物流配送基地和技术培训基地。

（三）建筑产业现代化标准体系建设。根据国家和行业标准，结合本地实际，制定配套的技术规定、图集，补充工程造价和价格信息，力争在试点示范期内完善涵盖设计、部品生产、施工、安全管理和质量管理等方面的建筑产业现代化标准体系，为全面推广建筑产业现代化提供技术支撑。

三、发展路径

（一）政府引导、市场培育阶段

1.尽快建设建筑产业示范园区。市经济和信息化管理部门会同城乡建设部门指导和配合蔡甸区、江夏区、新洲区做好建筑产业化基地建设工作，加大招商引资力度，尽快引导企业入驻产业园区，满足试点示范项目需要。

2.明确试点示范期间建设任务。各区人民政府（含武汉东湖新技术开发区、武汉经济技术开发区、市东湖生态旅游风景区、武汉化工区管委会，下同）、各相关单位应当以保障性住房和政府投资项目为主，研究确定试点示范期间建筑产业现代化年度建设任务，其年度建设任务各区（含武汉东湖新技术开发区、武汉经济技术开发区、市东湖生态旅游风景区、武汉化工区，下同）不少于5万平方米，武汉地产集团、市城投公司、武汉经发投集团、武汉旅发投集团和武汉中央商务区投资控股集团公司等单位各不少于2个示范项目，项目选定后报市人民政府统一下达建设任务和相关要求。各相关职能部门要在土地供应、项目立项审查、规划方案审批、施工图设计审查、竣工验收备案等环节进行审查和监督。

3.制定优惠政策。凡在我市投资建设建筑产业现代化生产基地的企业和用建筑产业现代化方式建造的试点示范项目，享受如下优惠或者扶持政策：

（1）专项资金扶持政策。对凡在我市投资建设建筑产业现代化生产基地的企业，由市经济和信息化部门、发展改革部门依法依规在工业发展专项资金、循环经济发展专项资金中给予优先扶持；对确定为建筑产业化试点示范项目，其墙改专项基金和散装水泥专项基金由市城乡建设部门依法依规给予优惠。

（2）容积率奖励政策。对符合建筑产业现代化要求的开发建设项目和新建住宅全装修工程，可依据预制装配化率、精装修面积占建筑总面积的比例等其他相关指标，实行容积率奖励不大于3%的优惠政策。

（3）择优投标政策。实行投标人名录制度，以装配化施工能力和质量保证能力为主要条件，通过招标遴选方式建立"建筑产业现代化方式建设项目投标企业名录"，以保证工程质量。凡被确认为建筑产业现代化试点示范的政府投资和政府投资占主体的建设项目，只能是名录内的企业投标。其他试点示范项目参照执行。

（4）产业和税收优惠政策。优先推荐拥有成套装配式建筑技术体系和自主知识产权的优势企业申报高新技术企业，并由市科技部门依法依规给予其高新技术产业政策及相关财税优惠政策。税务部门对预制墙体部品视同新型墙体材料，依法依规给予相应的税收优惠政策。部品在生产环节和使用环节不重复纳税。

（5）成本核算政策。对按照建筑产业现代化要求建设的保障性住房和政府投资的其他项目，所增加的成本计入项目建设成本。

（6）商品住宅预售资金监管优惠政策。在试点示范期，按照建筑产业现代化要求建设的商品住宅项目，其项目预售资金监管比例一律按照15%执行。

（7）绿色审批制度。对建设建筑产业现代化生产基地项目，依法提供审批、审核、审查等相关事项办理方便。对采用建筑产业现代化方式建造的项目，在项目立项、规划许可、施工许可等环节通过绿色通道办理，以缩短审批时间。

（二）市场主导、全面推进阶段

1.发挥市场的主导作用。在技术标准配套完善、部品生产满足需求、施工技术成熟可靠、产品得到社会认可的前提下建立"市场主导、公平竞争"的建筑产业现代化推进机制，政府干预适时退出，促进企业用产品质量拓展市场，用优质服务赢得信誉，用科学管理提高效益，用改革创新谋求发展。

2.提高建筑产业化技术水平。开展科技攻关，重点扶持建筑产业现代化设计关键技术研究，整体厨卫、架空地板、轻质内外墙板等产品研发，建筑产业现代化施工组织及安装关键技术研究，建筑产业现代化质量检测和控制技术研究。鼓励大型企业建立产业化工程研究中心，提高产业化科研技术转化能力。

3.提高建筑部品生产能力。进一步规范建筑部品的标准化生产，拓展建筑部品的生产品种和应用范围，在推广整体厨卫、叠合板、装配式外墙、隔墙板、空调板、阳台板、装配式吊顶、节能门窗、共同管沟等通用型部品的基础上，逐步扩大我市建筑部品生产品种，尝试在市政基础设施项目和农村住宅等其他项目中推广建筑产业现代化模式，提高我市建设项目的预制装配化率和部品向周边省市市场的辐射能力。

4.推广建筑产业现代化集成技术。大力推广集保温、装饰、围护、防水于一体的预制外墙等新型墙体围护结构和技术、机械化施工工艺，鼓励采用高强钢筋和高性能混凝土等材料，进一步扩大建筑垃圾制品、脱硫石膏制品、干混砂浆等的应用覆盖面，以及适合预制装配式建筑的外遮阳和可再生能源利用技术应用范围。

5.提高我市建筑整体品质。引导建筑行业企业采用先进适用的住宅产业化新技术新产品，以建设绿色建筑为目标，实现以开发主导型向工程总承包主导型的转变；以设计为纽带，设计与建造、部品部件供应等相结合,形成上下游联系紧密的完整的产业链,建立集约化和规模化的建设模式,建设质量好、环境优、综合品质高、绿色低碳的生态建筑。

四、领导和部门职责

(一)成立领导小组。为加强对此项工作的领导,成立市建筑产业现代化推进工作领导小组(以下简称领导小组),由市人民政府常务副市长任组长,分管工业、城建工作的副市长任副组长,成员包括各区人民政府(开发区)、市发展改革委、经济和信息化委、城乡建设委、城管委、市科技、财政、国土规划、住房保障房管、质监、安监、国税、地税局、市公安局交通管理局等部门和单位相关负责人。领导小组负责研究制订建筑产业现代化的发展规划、年度行动方案及相关配套扶持政策,定期研究解决推进中的问题,做好统筹协调工作,落实推进责任;加强市场监管,逐步建立适应建筑产业现代化发展需要的综合监管措施。领导小组下设办公室,在市城乡建设委办公,负责日常工作。

(二)明确部门职责。各区人民政府和市各职能部门在市领导小组领导下,按照职责分工做好相关工作。

1.各区人民政府:组织制订本区建筑产业现代化发展实施方案并组织实施,扶持(谋划)区建筑产业园区建设,确定试点示范项目,完成市人民政府下达的建筑产业化推进工作目标。

2.市发展改革委:参与建筑产业现代化发展的政策制定;在固定资产投资项目节能审查环节增加建筑产业现代化相关内容的审查;依法依规利用循环经济发展专项资金扶持建筑产业现代化项目。

3.市经济和信息化委:参与建筑产业现代化发展的政策制定;指导、协助建筑产业园区、建筑产业现代化设备制造业基地建设工作;配合协助引进具有设计、研发、生产、施工等总承包资质和投资实力的企业进驻产业化园区,同时培育本地大型企业;研究策划产业链发展;依法依规利用工业发展专项资金扶持建筑产业现代化项目基地建设。

4.市城乡建设委:负责领导小组办公室日常工作,主要职责为:

(1)负责全市有关建筑产业现代化推进工作的组织协调;

(2)组织技术标准制定。组织科研院校、大型企业和相关专家,参照国家、行业标准和其他省、市技术标准,制定设计、施工和竣工验收等环节的技术规定;

(3)定期发布建筑产业现代化部品、技术推广目录,引导开发企业、设计与施工单位选用推广目录中的产品和技术;

(4)对确定为建筑产业化示范项目,依法依规给予墙改专项基金和散装水泥专项资金优惠;

(5)建立建筑产业现代化方式建设项目投标企业名录;

(6)负责施工现场安全、质量监督管理;

(7)向市领导小组、省住房和城乡建设厅报告全市推进建筑产业现代化的情况,拟订阶段性工作推进计划。

5.市国土规划局:参与建筑产业现代化发展的政策制定;为建筑产业现代项目建设规划、用地审批提供方便;在土地出让公告中将建筑产业现代化建设要求作为出让条件,并纳入规划设计方案审查内容;制定并实施容积率奖励政策实施细则。

6.市住房保障房管局:参与建筑产业现代化发展的政策制定;制订和下达保障性住房年度计划时,向各区提出实施建筑产业现代化的建设要求,并监督试点示范项目的落实;与市财政、物价局协调,对按照建筑产业现代化要求建设的保障性住房项目,所增加的成本计入项目建设成本;制定按照建筑产业现代化要求建设的商品住宅项目的预售管理办法。

7.市质监局:对建筑产业化部品、构件生产环节的质量实施监督管理,督促企业建立和完善质量保证体系;部品、构件等新材料和新产品尚未制定国家标准、行业标准、地方标准的,生产企业应当制定企业标准,并报市标准化主管部门备案。

8.市科技局:优先推荐拥有成套装配式建筑技术体系和自主知识产权的优势企业申报高新技术企业,依法依规给予高新技术产业政策及相关财税优惠政策;支持相关部门开展建筑产业现代化科研项目。

9.市财政局:指导相关部门利用各种资金、基金扶持建筑产业现代化园区建设和试点示范项目;会同市住房保障房管、物价局,对按照建筑产业现代化要求建设的保障性住房项目,所增加的成本计入项目建设成本。

10.市城管委,市安监、工商、国税、地税局,市公安局交通管理局等按照各自职责为建筑产业现代化提供支持。

五、保障措施

(一)成立市建筑产业现代化专家委员会。由市城乡建设委牵头,市发展改革委、经济和信息化委,市科技、财政、国土规划、住房保障房管局等部门以及相关科研院所的专家组成。专家委员会负责建筑产业现代化技术标准体系、认证体系以及集成技术体系的审定;定期召开评审会议,对建筑产业现代化项目技术方案、技术经济性能等事项,以及对示范项目可享受各项优惠政策和支持政策进行审核、认定。

(二)建立协调推进会议制度。市城乡建设委牵头成立市推进建筑产业现代化工作专班,专班负责人兼任市领导小组办公室副主任,负责推进工作的协调和会议组织工作。市领导小组成员单位各选派1名联络员,负责与领导小组办公室的协调、沟通工作。每月召开1次联络员网络会议,每季度召开1次领导小组会议,总结推进工作,布置工作任务。

(三)实施目标管理,公示考核结果。制定推进建筑产业现代化发展的具体项目实施考核办法,建立建筑产业现代化统计报表制度和重大事项协调制度。实行建筑产业现代化目标考核责任制,由领导小组办公室将推进的建设目标任务量化分解到各区人民政府和相关职能部门以及大型国有企业,并将年度考核结果作为对其进行综合绩效考核评估的重要内容,考核结果由市人民政府对外公布。

(四)开发建筑产业现代化管理信息系统。围绕预制构件和建筑部品的生产、运输、安装、验收、维修和维护等环节,研究开发建筑产业现代化管理信息系统和日常维护系统。质监、安监和住房保障等相关部门要积极利用建筑产业现代化管理信息系统,对建筑部品质量、安全生产和所建住房后期维护使用实施监管。

(五)加强宣传引导。建立政府、媒体、企业相结合的宣传机制,提高公众对建筑产业现代化的认识,提高建筑产业现代化的社会认知度。广泛宣传推进建筑产业现代化发展带来的经济效益和社会效益,形成良性互动和全社会支持建筑产业现代化的氛围,开创现代建筑产品应用与装备制造协调发展的良好局面。

《武汉市人民政府关于进一步加快发展装配式建筑的通知》为贯彻落实《中共中央国务院关于进一步加强城市规划建设管理工作的若干意见》(中发〔2016〕6号)、《国务院办公厅关于大力发展装配式建筑的指导意见》(国办发〔2016〕71号)、《省人民政府关于加快推进建筑产业现代化发展的意见》(鄂政发〔2016〕7号)等文件精神,进一步加快武汉市装配式建筑发展,做出如下相关规定：

二、政策措施

（一）按照装配式建造方式开发建设的项目，在符合国家政策规定的前提下，可分期缴纳土地出让金；在办理规划审批时，其外墙装配式部分建筑面积（不超过规划总建筑面积的3%）不计入成交地块的容积率核算。（责任部门：市国土规划局）

（二）按照装配式建造方式开发建设的商品房项目，其预售资金监管比例按照15%执行；小高层及以上建筑结构主体施工达到总层数三分之一以上，且已确定施工进度和竣工交付日期的，即可办理预售许可证。（责任部门：市住房保障房管局）

（三）按照装配式建造方式开发建设的项目，其新型墙体材料专项基金，可即征即退；符合新型墙体材料要求的技术研发项目，可按照相关规定从新型墙体材料专项基金中给予技术研发资金补助。水泥混凝土预制构件视同新型墙体材料，可按照相关规定享受增值税减免等优惠政策；企业为开发建筑产业现代化新技术、新产品、新材料、新工艺发生的研发费用，符合条件的除可以在税前列支外，并享受加计扣除政策；有关技术转让、技术开发和与之相关的技术咨询、技术服务业务取得的收入，免征增值税，符合条件的技术转让所得可享受减免企业所得税优惠政策。（责任部门：市城乡建设委、市财政局、市国税局、市地税局）

（四）按照装配式方式建造的政府投资的公共建筑和独立成栋的保障性住房，其因采用装配式方式建造所增加的成本计入项目建设成本。（责任部门：市发展改革委、市财政局）。

（五）在土地出让、项目招投标等方面，优先支持具有工程管理、设计、施工、生产、采购能力的建筑产业现代化龙头企业、产业联合体和大型产业化集团。（责任部门：市城乡建设委、市国土规划局）

（六）对运输超大、超宽的预制混凝土构件、钢结构构件、钢筋加工制品等的运输车辆，在物流运输、交通畅通方面给予积极支持。（责任部门：市公安局交通管理局）

（七）对装配式预制构件、建筑部件生产基地及产业链相关研发生产企业，市工业发展专项资金、循环经济发展专项资金给予优先扶持。（责任部门：市经济和信息化委、市发展改革委）

三、监督管理

（一）发展改革部门对政府投资的建筑工程，在固定资产投资项目节能审查环节应当增加装配式建筑审查内容，对不符合装配式建筑相关标准及规范的建筑工程项目不予审查通过。

（二）住房保障房管部门在下达保障性安居工程年度计划时，对独立成栋的工程应当明确采用装配式方式建造的建设要求。

（三）国土规划部门在土地划拨决定书或者土地出让合同、建设用地规划条件中，应当注明装配式建筑预制率、装配率和成品房要求；在核发《规划（建筑）方案批准意见书》时，应当就项目是否符合装配式建筑相关标准及规范征求建设主管部门意见；对不符合相关标准及规范的建筑工程，不得办理项目规划工程许可手续。

（四）产品质量监督管理部门应当会同建设主管部门加强对装配式建筑部品、构件产品生产环节的质量监督管理，督促装配式建筑部品、构件产品生产企业建立和完善质量保证体系，配合做好装配式建筑部品、构件产品质量标准与工程设计、施工建设有关标准的衔接工作。

（五）建设主管部门应当推进建筑信息模型（BIM）技术应用，优化装配式建筑项目的质量安全监督，建立与装配式建筑特点相适应的验收监督制度，并按照规定制订项目监督计划，明确监督要点。施工图设计文件未经审查或者经审查不合格的，不得办理施工许可证；装配式建筑原则上应当采用工程总承包模式,按照技术复杂类工程项目开展招投标。

四、工作要求

(一)市建筑产业现代化推进工作领导小组应当加强统筹协调,及时研究解决在本通知执行中发现的有关问题,制定考核办法,加强对各区(含开发区、风景区、化工区,下同)、各责任部门的监督考核。各责任部门要加强工作协调配合,认真研究落实相关政策。

(二)各区人民政府(含开发区、风景区、化工区管委会)要加快发展装配式建筑,充分发挥政府主导作用,加强组织领导,强化工作措施,确保完成工作目标。

(三)各区、各部门应当支持开发、设计、技术研发、施工、生产、物流企业组成建筑产业联合体、大型产业化集团和龙头企业,促进传统开发、设计、施工、生产企业向建筑产业现代化模式转型升级。

《北京市人民政府办公厅关于加快发展装配式建筑的实施意见》(京政办发〔2017〕8号)相关内容如下:

一、总体要求

(一)指导思想

以习近平总书记视察北京重要讲话精神为根本遵循,深入落实中央城镇化工作会议和中央城市工作会议精神,牢固树立和贯彻落实新发展理念,按照适用、经济、安全、绿色、美观的要求,推动建造方式创新,大力发展装配式混凝土建筑和钢结构建筑,在具备条件的项目中倡导采用现代木结构建筑,不断提高装配式建筑在新建建筑中的比例。坚持标准化设计、工厂化生产、装配化施工、一体化装修、信息化管理、智能化应用,充分发挥先进技术的引领作用,全面提升建设水平和工程质量,促进本市建筑产业转型升级。

(二)工作目标

到2018年,实现装配式建筑占新建建筑面积的比例达到20%以上,基本形成适应装配式建筑发展的政策和技术保障体系。到2020年,实现装配式建筑占新建建筑面积的比例达到30%以上,推动形成一批设计、施工、部品部件生产规模化企业,具有现代装配建造水平的工程总承包企业以及与之相适应的专业化技能队伍。

(三)实施范围和标准

1.自2017年3月15日起,新纳入本市保障性住房建设计划的项目和新立项政府投资的新建建筑应采用装配式建筑。

2.自2017年3月15日起,通过招拍挂文件设定相关要求,对以招拍挂方式取得城六区和通州区地上建筑规模5万平方米(含)以上国有土地使用权的商品房开发项目应采用装配式建筑;在其他区取得地上建筑规模10万平方米(含)以上国有土地使用权的商品房开发项目应采用装配式建筑。

3.采用装配式混凝土建筑、钢结构建筑的项目应符合国家及本市的相关标准。采用装配式混凝土建筑的项目,其装配率应不低于50%;且建筑高度在60米(含)以下时,其单体建筑预制率应不低于40%,建筑高度在60米以上时,其单体建筑预制率应不低于20%。鼓励学校、医院、体育馆、商场、写字楼等新建公共建筑优先采用钢结构建筑,其中政府投资的单体地上建筑面积1万平方米(含)以上的新建公共建筑应采用钢结构建筑。

二、重点任务

(四)完善技术标准体系

进一步完善适应装配式建筑的设计、生产、施工、检测、验收、维护等标准体系,编制相关图集、工法、手册、指南。严格执行国家和行业装配式建筑相关标准,加快制定本市地方标准,支持制定企业标准,促进关键技术和成套技术研究成果转化为标准规范。完善适应装配式建筑的安全防护体系和防火抗震防灾标准。制定结构与装修一体化和装配式装修技术标准。研究确定装配式建筑工程计价依据。建立装配式建筑评价体系。

(五)创新装配式建筑设计

统筹建筑结构、机电设备、部品部件、装配施工、装饰装修,推行装配式建筑一体化集成设计。推广通用化、模数化、标准化设计方式,积极应用建筑信息模型技术,提高建筑领域各专业协同设计能力,加强对装配式建筑建设全过程的指导和服务。政府投资的装配式建筑项目应全过程采用建筑信息模型技术进行管理。鼓励设计单位与科研院所、高等院校等联合开发装配式建筑设计技术和通用设计软件。

(六)优化部品部件生产

认真落实京津冀协同发展战略,引导部品部件生产企业及相关产业园区在京津冀地区合理布局,培育一批技术先进、专业配套、管理规范的骨干企业,建设一批绿色、智能、可持续发展的部品部件生产基地,形成适应装配式建筑发展需要的产品齐全、配套完整的产业格局。

特别是依托行业龙头企业打造钢结构建筑生产示范基地,整合钢构件、内外墙板、楼板、一体化装修材料等上下游部品部件生产。支持部品部件生产企业完善产品品种和规格,促进标准化、专业化、规模化、信息化生产,优化物流管理,合理组织配送。积极引导设备制造企业研发部品部件生产装备机具,提高自动化和柔性加工技术水平。建立部品部件质量验收机制,确保产品质量。

(七)提升装配施工水平

引导企业研发应用与装配式施工相适应的技术、设备和机具,特别是加快研发应用装配式建筑关键连接技术和检测技术,提高部品部件的装配施工质量和建筑安全性能。鼓励企业创新施工组织方式,推行绿色施工,应用结构工程与分部分项工程协同施工新模式。支持施工企业总结编制施工工法,提高装配施工技术水平,实现技术工艺、组织管理、技能队伍的转变,打造一批具有较高装配施工技术水平的骨干企业。

(八)推进建筑全装修

实行装配式建筑装饰装修与主体结构、机电设备协同施工。积极推广标准化、集成化、模块化的装修模式,推广整体厨卫、同层排水、轻质隔墙板等材料、产品和设备管线集成化技术,加快智能产品和智慧家居的应用,提高装配化装修水平。倡导菜单式全装修,满足消费者个性化需求。本市保障性住房项目全部实施全装修成品交房,鼓励装配式装修;支持其他采用装配式建筑的住宅项目实施全装修成品交房。

(九)推广绿色建材

提高绿色建材在装配式建筑中的应用比例。开发应用品质优良、节能环保、功能良好的新型建筑材料,加快推进绿色建材评价。鼓励装饰与保温隔热材料一体化应用。推广应用高性能节能门窗、夹心保温复合墙体、叠合楼板、预制楼梯以及成品钢筋,积极推进临时建筑、道路硬化、工地临时性设施等配套设施使用可装配、可重复使用的建材和部品部件。强制淘汰不符合节能环保要求、质量性能差的建筑材料。

(十)推行工程总承包

　　装配式建筑原则上应采用工程总承包模式,可按照技术复杂类工程项目招投标。工程总承包企业要对工程质量、安全、进度、造价负总责。健全与装配式建筑工程总承包相适应的发包承包、施工许可、分包管理、工程造价、质量安全监管、竣工验收等制度,优化项目管理方式,实现工程设计、部品部件生产、施工及采购的统一管理和深度融合。

　　鼓励装配式建筑产业技术创新联盟发展,加大研发投入,增强创新能力。支持大型设计、施工和部品部件生产企业通过调整组织架构、健全管理体系,向具有工程管理、设计、施工、生产、采购能力的工程总承包企业转型。

　　(十一)确保工程质量安全

　　完善装配式建筑工程质量安全管理制度,健全质量安全责任体系,落实各方主体责任。加强全过程监管,制定针对装配式建筑的分段验收方案,对全装修成品交房项目实施主体与装修分界验收。加强部品部件生产企业质量管控,实施装配式建筑部品认定和目录管理,对主要承重构件和具有重要使用功能的部品部件进行驻厂监造。施工企业要加强施工过程质量安全控制和检验检测,完善质量保证体系,在建筑物明显部位设置永久性标牌,公示质量安全责任主体和主要责任人。

　　加强行业监管,明确符合装配式建筑特点的施工图审查要求,加大抽查抽测力度,严肃查处质量安全违法违规行为。依托互联网技术,建立涵盖本市装配式建筑项目建设管理全过程的大数据平台,实现发展改革、规划国土、住房城乡建设等部门以及相关企业的数据共享,实现工程质量可查询可追溯。

　　三、保障措施

　　(十二)健全工作机制

　　建立市发展装配式建筑工作联席会议制度,组织、协调和指导全市装配式建筑发展工作。联席会议成员单位包括:市住房城乡建设委、市发展改革委、市教委、市科委、市经济信息化委、市财政局、市人力社保局、市规划国土委、市环保局、市国资委、市地税局、市质监局、市金融局、市国税局、人民银行营业管理部等,联席会议办公室设在市住房城乡建设委。

　　各成员单位要按照职责分工,制定具体配套措施,密切协作配合,加大支持力度,扎实做好发展装配式建筑各项工作。各区政府要加强对本区发展装配式建筑工作的组织领导,建立相应的工作机制,明确目标任务,加强督促检查,确保落到实处。

　　(十三)细化责任分工

　　市住房城乡建设委要加强统筹协调,会同有关部门制定装配式建筑年度发展计划及具体实施范围,将发展装配式建筑相关要求落实到项目规划审批、土地供应、项目立项、施工图审查等各环节,并定期通报各有关单位推进装配式建筑工作进展情况;加强装配式建筑项目施工许可、施工登记和施工质量安全管理,对不符合验收标准的项目依法不予进行竣工备案。

　　市发展改革委负责在立项阶段对项目申请报告或可行性研究报告落实装配式建筑要求的有关内容进行审查。市规划国土委负责加强装配式建筑项目规划行政许可、施工图审查的管理,制定和完善装配式建筑设计文件深度规定和施工图审查要点,在规划条件和选址意见书中明确装配式建筑的实施要求并在土地供应中予以落实。

　　(十四)加大政策支持

　　一是对于实施范围内的装配式建筑项目,在计算建筑面积时,建筑外墙厚度参照同类型建筑的外墙厚度。建筑外墙采用夹心保温复合墙体的,其夹心保温墙体外叶板水平投影面积不计入建筑面积。对于未在实施范围内的非政府投资项目,凡自愿采用装配式建筑并符合实施标准的,给予实施项目不超过3%的面积奖励。

二是由财政部门研究制定装配式建筑项目专项奖励政策,对于实施范围内的预制率达到50%以上、装配率达到70%以上的非政府投资项目予以财政奖励;对于未在实施范围的非政府投资项目,凡自愿采用装配式建筑并符合实施标准的,按增量成本给予一定比例的财政奖励。鼓励金融机构加大对装配式建筑项目的信贷支持力度。

三是对于符合新型墙体材料目录的部品部件生产企业,可按规定享受增值税即征即退优惠政策。符合高新技术企业条件的装配式建筑部品部件生产企业,经认定后可依法享受相关税收优惠政策。

四是在本市建筑行业相关评优评奖中,增加装配式建筑方面的指标要求。采用装配式建筑的商品房开发项目在办理房屋预售时,可不受项目建设形象进度要求的限制。

(十五)加强科技创新

加大科研攻关力度,研发一批拥有自主知识产权、具有国际先进水平的关键技术,形成适应装配式建筑发展的技术支撑体系。推动技术集成创新,鼓励应用绿色建筑技术、超低能耗节能技术、智能建筑技术。建立市装配式建筑专家委员会,参与研究制定本市装配式建筑的技术发展战略、发展规划和技术政策。

(十六)强化队伍建设

大力培养装配式建筑设计、生产、施工、管理等专业人才。鼓励高等学校、职业学校设置装配式建筑相关课程,推动装配式建筑企业开展校企合作,创新人才培养模式。在建筑行业专业技术人员继续教育中增加装配式建筑相关内容。制定装配式建筑岗位标准和要求,加大职业技能培训投入,建立培训基地,加强岗位技能提升培训,采取多种方式促进建筑业农民工向技术工人转型。加强国际交流合作,积极引进海外专业人才参与装配式建筑的研发、生产和管理。

(十七)做好宣传引导

充分利用各种媒体平台,通过现场会、论坛、展会、专题报道等形式,广泛宣传装配式建筑相关知识和发展装配式建筑的经济社会效益,提高社会认知度,营造有利于装配式建筑发展的良好氛围,促进装配式建筑相关产业和市场发展。

北京市《关于加强装配式混凝土建筑工程设计施工质量全过程管控的通知》(京建法〔2018〕6号)中有关装配式安全管理要求如下:

一、明确建设单位和工程总承包单位的质量责任

(一)本市装配式建筑项目原则上应采用工程总承包模式,建设单位应将项目的设计、施工、采购一并进行发包,并与工程总承包单位签订建设工程合同。建设单位应当履行支付相应工程价款的基本义务,并依法对建设工程质量负责,加强工程总承包项目的全过程管理。

(二)工程总承包单位应当履行按质按期进行工程建设的基本义务,对其承包工程的设计、施工、采购等全部建设工程质量负责。工程总承包单位应当根据法律法规、建设工程强制性标准、建设工程设计深度要求、合同约定等进行建设工程设计,并按照审查通过的施工图设计文件和施工技术标准施工,保证工程质量,同时按照法律法规规定承担质量保修责任。

禁止工程总承包单位允许其他单位或者个人以本单位的名义承揽工程。禁止工程总承包单位通过挂靠方式,以其他单位名义承揽工程。不得转包或违法分包工程。

(三)工程总承包单位应具有与工程建设规模和复杂程度相适应的项目设计管理、采购管

理、施工组织管理等专业技术能力和综合管理能力。工程总承包单位应当按照工程建设规模和技术要求设立工程总承包项目管理机构，设置设计、施工、技术、质量、安全、造价、设备和材料等主要管理部门及岗位，配备工程总承包项目经理及相应管理人员，全面负责设计、施工、采购的综合协调和统筹安排。工程总承包项目经理应按照法律、法规和有关规定，对建设工程的设计、施工、采购、质量、安全等负责。

……

三、提升设计质量水平

（一）建设单位应按照《北京市装配式建筑项目设计管理办法》以及相关工程建设标准规范和要求组织开展工程设计、技术方案专家评审和施工图审查等工作。

（二）施工图设计文件的设计深度应符合《建筑工程设计文件编制深度规定》以及我市装配式建筑相关技术要求。施工图设计应以交付全装修建筑产品为目标，满足建筑主体和全装修施工需要。设计合同对设计文件编制深度另有要求的，设计文件应同时满足设计合同要求。

（三）施工图审查机构应依据《北京市装配式混凝土建筑工程施工图设计文件技术审查要点》等国家和本市相关规范或规定对装配式混凝土结构工程施工图设计文件进行审查。施工图设计文件审查合格后，方可向建设单位出具施工图审查合格书。施工图设计文件变更涉及装配式建筑结构体系等重大变更的，建设单位应按照规定重新报原审查机构审查。

（四）工程总承包单位负责施工图深化设计工作，应根据审查合格的施工图设计文件对混凝土预制构件装配、连接节点、施工吊装、临时支撑与固定、混凝土预制构件生产、预留预埋，以及构件脱模、翻转、吊装、堆放等进行深化设计。未实行工程总承包的项目，建设单位应在建设工程合同中明确施工图深化设计单位，深化设计应由具有相应资质的单位完成或经原设计单位签字确认。

（五）设计人员应加强建设全过程的指导和服务，为施工、预制混凝土构件生产等环节提供技术支撑和技术指导，参与有关结构安全、主要使用功能质量问题的原因分析，以及制定相应技术处理方案。

……

六、加强设计和施工作业人员培训

（一）工程总承包单位或设计单位应组织设计人员积极参与主管部门、行业协会、企业内部的培训活动，提升设计人员装配式建筑设计理论水平和全产业链统筹把握能力。

（二）健全装配式建筑工人岗前培训、岗位技能培训制度，将装配式建筑相关内容纳入建筑行业专业技术人员继续教育范围。工程总承包单位或施工单位应组织构件装配工、灌浆工、预埋工等作业人员进行专项培训。作业人员经培训考核合格后，方可从事装配式建筑施工。

（三）培训机构应当对培训质量负责，严格依据职业技能标准，对构件装配工、构件制作工、灌浆工、预埋工进行职业道德、理论知识和操作技能培训。

（四）鼓励工程总承包和施工企业自主培育和吸收一批专业技术能力强的构件装配工、灌浆工、预埋工，建立稳定的自有装配式建筑工人队伍，提高装配式建筑施工技术水平。

上海市《关于推进上海装配式建筑发展的实施意见》（沪建管联〔2014〕901号）是发布较早的地方性推广发展装配式建筑的文件，其相关内容如下：

一、各区县政府和相关管委会在本区域供地面积总量中落实的装配式建筑的建筑面积比例，2015年不少于50%；2016年起外环线以内新建民用建筑应全部采用装配式建筑、外环线以外超过50％;2017年起外环线以外在50％基础上逐年增加。

二、采用混凝土结构体系建造的装配式住宅单体预制装配率和装配式公共建筑单体预制装配率应不低于30％,2016年起不低于40％。装配式建筑项目的建筑外墙宜采用预制夹心保温墙体。

三、2015年以及2016年起外环线以外的建设项目还应按照以下要求实施装配式建筑(建筑高度超过100米以上除外):

1.政府投资的总建筑面积2万平方米以上的新建(扩建)学校(含校舍)、医院、养老建筑等项目原则上应采用装配式建筑;

2.总建筑面积5万平方米以上的新建保障性住房项目(暂不包括用于安置被征地农民的区属动迁安置房建设项目)应采用装配式建筑;

3.总建筑面积10万平方米以上的新建商品住宅项目和总建筑面积3万平方米以上或单体建筑面积2万平方米以上的新建商业、办公等公共建筑项目应全部采用装配式建筑,并在土地供应条件中明确相关内容。

四、装配式建筑外墙采用预制夹心保温墙体的,其预制夹心保温墙体面积可不计入容积率,但其建筑面积不应超过总建筑面积的3％。销售及办理产证时,按照《上海市房产面积测算规范》等现行房屋测绘规定执行。

五、对于2015年底前签订土地出让合同2016年底前开工建设的、总建筑面积达到3万平方米以上的装配式住宅项目(政府投资项目除外),预制装配率达到40％及以上的,每平方米补贴100元,单个项目最高补贴1000万元。相关手续按照《上海市建筑节能项目专项扶持办法》(沪发改环资〔2012〕088号)执行。

六、鼓励装配式构件生产企业积极申请建筑施工专业承包企业资质。

七、市规划国土资源局土地出让信息平台应与市建设管理委建管信息平台实现同步对接,市发展改革委在政府投资项目审批文件中应提出装配式建筑的相关要求,确保已落地的装配式建筑项目,继续在建设阶段(包括报建、招投标、设计文件审查、施工许可、质量安全监督、项目验收)得到有效监督和落实。

八、装配式建筑的落实比例将纳入区县政府和相关管委会的年度考核内容,对于当年装配式建筑的落实比例不达标的,应在下一年的落实计划中补足缺口后一并考核。

上海《装配整体式混凝土结构工程施工安全管理规定》为了加强上海市装配整体式混凝土结构工程施工安全管理,防范事故发生,做出如下相关规定:

第三条(管理部门)

上海市住房和城乡建设管理委员会负责本市装配整体式混凝土结构工程施工安全的管理。

上海市建设工程安全质量监督总站负责本市装配整体式混凝土结构工程施工安全监管。

区建设行政管理部门、各园区管委会负责其行政区域内装配整体式混凝土结构工程施工现场安全的日常监管。

第五条(建设单位职责)

建设单位应履行下列主要职责:

(一)依据施工深化设计制度,统一协调施工、设计、构件生产等单位明确深化施工设计责任;

(二)应依据装配施工构件驳运、堆场加固、构件安装等特点,合理确定安全生产文明施工措施费用；

（三）负责协调预制构件的生产进度及施工现场的工期进度；协调总包和各专业分包的施工进度及工作配合。

第六条（设计单位职责）

设计单位应履行下列主要职责：

（一）设计文件应考虑构件吊点、施工设施、设备附着点、拉结点等因素；

（二）依据施工深化设计制度，核定涉及工程结构安全的施工方案；

（三）依据设计文件和现场实际情况进行现场指导、交底。

第七条（施工总包单位职责）

施工总包单位应履行下列主要职责：

（一）严格落实项目经理带班制度，并依据《现场施工安全生产管理规范》，落实各岗位的安全职责；

（二）根据装配式建筑施工特点，结合深化施工设计，编制专项施工方案，组织专家论证；

（三）总分包合同中明确预制构件运输、机械设备维护管理等安全职责，协调督促各分包单位相互配合。

第八条（监理单位职责）

监理单位应履行下列主要职责：

（一）针对装配施工特点，编制监理实施细则，明确监理重点和要求；

（二）加强预制构件进场验收的审核；

（三）强化对吊装作业的安全生产措施、条件的监控。

第九条（预制混凝土构件生产单位职责）

预制混凝土构件生产单位应履行下列主要职责：

（一）提供预制构件吊点、施工设施设备附着点的专项隐蔽验收记录；

（二）确保预制构件的吊点、施工设施设备附着点、临时支撑点的成品保护，不得损坏；

（三）在预制构件吊点、施工设施设备附着点、临时支撑部位做好相应标识。

《深圳市住房和建设局关于加快推进装配式建筑的通知》（深建科工〔2016〕22 号）中，对装配式建筑安全管理的要求有：

七、装配式建筑项目可按照实际需求分阶段办理施工许可手续。对已经办理立项手续的装配式建筑项目，建设单位申请开工，并经现场核查满足工程质量和安全施工条件的，由质量安全监督机构与建设单位签订工程质量安全监管协议，办理工程质量安全监督登记手续，项目可以提前开工。建设单位应当在开工后一定期限内补办施工许可手续，具体期限可在工程质量安全监管协议中予以约定。

八、装配式建筑项目除建筑专业和结构专业施工图外，建设单位可自行组织常规设备专业（风、水、电专业）施工图审查，并对结果负责。

九、装配式建筑项目的预制构件生产地不在深圳市时，其原材料的质量检验检测可就近委托有资质的检测单位实施。质量安全监督机构应当加强预制构件生产环节的监督检查，监督抽检工作前移，采取进厂抽检和飞行检查的方式，加强对工厂生产环节涉及的建筑原材料、建筑构配件和成品构件的监督检查力度。

十、优化装配式建筑项目的质量安全监督。取消原有对常规隐蔽工程的验收监督环节，加大对现场浇筑结构部分和预制构件连接节点的抽查力度,重点抽查建筑起重机械和吊装等危险性较大的作业工程。质量安全监督机构针对每个装配式建筑项目制定适合该项目工艺特点的监督计划,明确监督要点。

十一、建立与装配式建筑特点相适应的验收监督制度,除保留桩基工程和基坑开挖条件验收监督工作外,其它分部分项工程由监理单位组织相关单位自行验收,质量安全监督机构加强过程监督工作,并对验收记录进行抽查。

此外,关于部分省份发布《关于大力发展装配式建筑的实施意见》的情况如表2.3所示。

表2.3 部分省份发布《关于大力发展装配式建筑的实施意见》的情况

序号	省份	文件号
1	河北省	冀政办字〔2017〕3号
2	山西省	晋政办发〔2017〕62号
3	辽宁省	辽政办发〔2017〕93号
4	吉林省	吉政办发〔2017〕55号
5	黑龙江省	黑政办规〔2017〕66号
6	江苏省	苏政发〔2017〕151号
7	浙江省	浙政办发〔2016〕111号
8	安徽省	皖政办秘〔2016〕240号
9	福建省	闽政办〔2017〕59号
10	江西省	赣府发〔2016〕34号
11	山东省	鲁政发〔2017〕28号
12	河南省	豫政办〔2017〕153号
13	湖南省	湘政办发〔2017〕28号
14	广东省	粤府办〔2017〕28号
15	海南省	琼府〔2017〕100号
16	四川省	川办发〔2017〕56号
17	贵州省	黔府办发〔2017〕54号
18	云南省	云政办发〔2017〕65号
19	陕西省	陕政办发〔2017〕15号
20	甘肃省	甘政办发〔2017〕132号
21	青海省	青政办〔2017〕141号

3 装配式建筑工程技术标准体系

目前,我国已陆续颁布了一系列装配式建筑工程的技术标准,但是,其中装配式建筑工程安全管理的内容较为缺乏。本书技术标准,一方面,来自装配式建筑工程的技术规程,另一方面,借鉴传统建筑工程的安全管理相关标准规范。

技术标准分为国家标准、行业标准、地方标准,国家标准选取近几年国家发布的关于装配式建筑工程与传统建筑工程方面的技术标准文件,如《装配式混凝土建筑技术标准》中关于设计、生产运输、施工安装、质量验收等方面的内容;行业标准关于装配式建筑工程结构方面的技术规程较多,如《装配式劲性柱混合梁框架结构技术规程》中关于装配式劲性柱混合梁框架结构安全控制方面的相关条文;地方标准选取装配式建筑技术发展较好的城市,如北京市、上海市,借鉴其发布的装配式建筑工程技术文件,如上海市《装配整体式混凝土结构工程施工安全管理规定》为加强装配式整体式混凝土结构工程施工安全管理,防范事故发生,保障人民群众生命财产安全,规定各单位管理职责。

3.1 国家标准

国家层面颁布的相关技术标准见表 3.1。

表 3.1 国家层面装配式建筑工程安全技术标准

序号	名称	文件号
1	装配式混凝土建筑技术标准	GB/T 51231—2016
2	装配式钢结构建筑技术标准	GB/T 51232—2016
3	装配式木结构建筑技术标准	GB/T 51233—2016
4	工程建设施工企业质量管理规范	GB/T 50430—2017
5	建设工程项目管理规范	GB/T 50326—2017
6	建设项目工程总承包管理规范	GB/T 50358—2017
7	装配式建筑评价标准	GB/T 51129—2017
8	装配式建筑工程消耗量定额	建标〔2016〕291 号
9	房屋建筑和装饰工程消耗量定额	TY01-31-2015
10	装配式支吊架通用技术要求(征求意见稿)	建标产征〔2018〕8 号
11	混凝土结构工程施工质量验收规范	GB 50204—2015

序号	名称	文件号
12	建筑信息模型应用统一标准	GB/T 51212—2016
13	水泥基灌浆材料应用技术规范	GB/T 50448—2015
14	混凝土结构设计规范(2015 版)	GB 50010—2010
15	混凝土结构工程施工规范	GB 50666—2011
16	建筑结构荷载规范	GB 50009—2012
17	建筑抗震设计规范(附条文说明)(2016 年版)	GB 50011—2010

住房城乡建设部发布关于装配式建筑标准三大文件《装配式混凝土建筑技术标准》、《装配式钢结构建筑技术标准》、《装配式木结构建筑技术标准》可满足装配式建筑的安全要求。

《装配式混凝土建筑技术标准》(GB/T 51231—2016)中,主要对设计(建筑集成设计、结构系统设计、外围护系统设计、设备与管线系统设计、内装系统设计)、生产运输、施工安装、质量验收等做出明确要求。在这些系统标准下,能够满足装配式建筑的安全要求。

在设计方面:

4.3.5　装配式混凝土建筑平面设计应符合下列规定:

1.应采用大开间大进深、空间灵活可变的布置方式;

2.平面布置应规则,承重构件布置应上下对齐贯通,外墙洞口宜规整有序;

3.设备与管线宜集中设置,并应进行管线综合设计。

4.3.6　装配式混凝土建筑立面设计应符合下列规定:

1.外墙、阳台板、空调板、外窗、遮阳设施及装饰等部品部件宜进行标准化设计;

2.装配式混凝土建筑宜通过建筑体量、材质肌理、色彩等变化,形成丰富多样的立面效果;

3.预制混凝土外墙的装饰面层宜采用清水混凝土、装饰混凝土、免抹灰涂料和反打面砖等耐久性强的建筑材料。

……

4.4.3　结构系统的集成设计应符合下列规定:

1.宜采用功能复合度高的部件进行集成设计,优化部件规格;

2.应满足部件加工、运输、堆放、安装的尺寸和重量要求。

4.4.4　外围护系统的集成设计应符合下列规定:

1.应对外墙板、幕墙、外门窗、阳台板、空调板及遮阳部件等进行集成设计;

2.应采用提高建筑性能的构造连接措施;

3.宜采用单元式装配外墙系统。

4.4.5　设备与管线系统的集成设计应符合下列规定:

1.给水排水、暖通空调、电气智能化、燃气等设备与管线应综合设计;

2.宜选用模块化产品,接口应标准化,并应预留扩展条件。

4.4.6　内装系统的集成设计应符合下列规定:

1.内装设计应与建筑设计、设备与管线设计同步进行;

2.宜采用装配式楼地面、墙面、吊顶等部品系统;

3.住宅建筑宜采用集成式厨房、集成式卫生间及整体收纳等部品系统。

……

5.1.7　高层建筑装配整体式混凝土结构应符合下列规定:

1.当设置地下室时,宜采用现浇混凝土;

2.剪力墙结构和部分框支剪力墙结构底部加强部位宜采用现浇混凝土;

3.框架结构的首层柱宜采用现浇混凝土;

4.当底部加强部位的剪力墙、框架结构的首层柱采用预制混凝土时,应采取可靠技术措施。

……

5.4.1　预制构件设计应符合下列规定:

1.预制构件的设计应满足标准化的要求,宜采用建筑信息化模型(BIM)技术进行一体化设计,确保预制构件的钢筋与预留洞口、预埋件等相协调,简化预制构件连接节点施工;

2.预制构件的形状、尺寸、重量等应满足制作、运输、安装各环节的要求;

3.预制构件的配筋设计应便于工厂化生产和现场连接。

……

5.4.5　纵向钢筋采用挤压套筒连接时应符合下列规定:

1.连接框架柱、框架梁、剪力墙边缘构件纵向钢筋的挤压套筒接头应满足Ⅰ级接头的要求,连接剪力墙竖向分布钢筋、楼板分布钢筋的挤压套筒接头应满足Ⅰ级接头抗拉强度的要求;

2.被连接的预制构件之间应预留后浇段,后浇段的高度或长度应根据挤压套筒接头安装工艺确定,应采取措施保证后浇段的混凝土浇筑密实;

3.预制柱底、预制剪力墙底宜设置支腿,支腿应能承受不小于2倍被支承预制构件的自重。

……

6.2.5　预制外墙接缝应符合下列规定:

1.接缝位置宜与建筑立面分格相对应;

2.竖缝宜采用平口或槽口构造,水平缝宜采用企口构造;

3.当板缝空腔需设置导水管排水时,板缝内侧应增设密封构造;

4.宜避免接缝跨越防火分区;当接缝跨越防火分区时,接缝室内侧应采用耐火材料封堵。

……

8.3.1　装配式混凝土建筑的内装部品、室内设备管线与主体结构的连接应符合下列规定:

1.在设计阶段宜明确主体结构的开洞尺寸及准确定位;

2.宜采用预留预埋的安装方式;当采用其他安装固定方法时,不应影响预制构件的完整性与结构安全。

在生产运输方面:

9.1.2　预制构件生产前,应由建设单位组织设计、生产、施工单位进行设计文件交底和会审。必要时,应根据批准的设计文件、拟定的生产工艺、运输方案、吊装方案等编制加工详图。

9.1.3　预制构件生产前应编制生产方案,生产方案宜包括生产计划及生产工艺、模具方案及计划、技术质量控制措施、成品存放、运输和保护方案等。

9.1.4　生产单位的检测、试验、张拉、计量等设备及仪器仪表均应检定合格,并应在有效期内使用。不具备试验能力的检验项目,应委托第三方检测机构进行试验。

......

9.4.2　钢筋连接除应符合现行国家标准《混凝土结构工程施工规范》GB 50666 的有关规定外,尚应符合下列规定:

1.钢筋接头的方式、位置、同一截面受力钢筋的接头百分率、钢筋的搭接长度及锚固长度等应符合设计要求或国家现行有关标准的规定;

2.钢筋焊接接头、机械连接接头和套筒灌浆连接接头均应进行工艺检验,试验结果合格后方可进行预制构件生产;

3.螺纹接头和半灌浆套筒连接接头应使用专用扭力扳手拧紧至规定扭力值;

4.钢筋焊接接头和机械连接接头应全数检查外观质量;

5.焊接接头、钢筋机械连接接头、钢筋套筒灌浆连接接头力学性能应符合现行行业标准《钢筋焊接及验收规程》JGJ 18、《钢筋机械连接技术规程》JGJ 107 和《钢筋套筒灌浆连接应用技术规程》JGJ 355 的有关规定。

......

9.5.3　预应力筋下料应符合下列规定:

1.预应力筋的下料长度应根据台座的长度、锚夹具长度等经过计算确定;

2.预应力筋应使用砂轮锯或切断机等机械方法切断,不得采用电弧或气焊切断。

......

9.5.6　预应力筋张拉设备及压力表应定期维护和标定,并应符合下列规定:

1.张拉设备和压力表应配套标定和使用,标定期限不应超过半年;当使用过程中出现反常现象或张拉设备检修后,应重新标定;

2.压力表的量程应大于张拉工作压力读值,压力表的精确度等级不应低于 1.6 级;

3.标定张拉设备用的试验机或测力计的测力示值不确定度不应大于 1.0%;

4.张拉设备标定时,千斤顶活塞的运行方向应与实际张拉工作状态一致。

......

9.6.8　混凝土振捣应符合下列规定:

1.混凝土宜采用机械振捣方式成型。振捣设备应根据混凝土的品种、工作性、预制构件的规格和形状等因素确定,应制定振捣成型操作规程。

2.当采用振捣棒时,混凝土振捣过程中不应碰触钢筋骨架、面砖和预埋件。

3.混凝土振捣过程中应随时检查模具有无漏浆、变形或预埋件有无移位等现象。

......

9.10.5　预制外墙部品生产时,应符合下列规定:

1.外门窗的预埋件设置应在工厂完成;

2.不同金属的接触面应避免电化学腐蚀;

3.预制混凝土外挂墙板生产应符合现行行业标准《装配式混凝土结构技术规程》JGJ 1 的规定;

4.蒸压加气混凝土板的生产应符合现行行业标准《蒸压加气混凝土建筑应用技术规程》JGJ/T 17 的规定。

在施工安装方面：

10.2.1　装配式混凝土结构施工应制定专项方案。专项施工方案宜包括工程概况、编制依据、进度计划、施工场地布置、预制构件运输与存放、安装与连接施工、绿色施工、安全管理、质量管理、信息化管理、应急预案等内容。

……

10.3.1　预制构件吊装除应符合本标准9.8.1条的有关规定外,尚应符合下列规定：

1.应根据当天的作业内容进行班前技术安全交底；

2.预制构件应按照吊装顺序预先编号,吊装时严格按编号顺序起吊；

3.预制构件在吊装过程中,宜设置缆风绳控制构件转动。

……

10.5.5　预制外墙安装应符合下列规定：

1.墙板应设置临时固定和调整装置；

2.墙板应在轴线、标高和垂直度调校合格后方可永久固定；

3.当条板采用双层墙板安装时,内、外层墙板的拼缝宜错开；

4.蒸压加气混凝土板施工应符合现行行业标准《蒸压加气混凝土建筑应用技术规程》JGJ/T 17 的规定。

……

10.8.6　吊装作业安全应符合下列规定：

1.预制构件起吊后,应先将预制构件提升 300mm 左右后,停稳构件,检查钢丝绳、吊具和预制构件状态,确认吊具安全且构件平稳后,方可缓慢提升构件；

2.吊机吊装区域内,非作业人员严禁进入；吊运预制构件时,构件下方严禁站人,应待预制构件降落至距地面1m 以内方准作业人员靠近,就位固定后方可脱钩；

3.高空应通过揽风绳改变预制构件方向,严禁高空直接用手扶预制构件；

4.遇到雨、雪、雾天气,或者风力大于 5 级时,不得进行吊装作业。

在质量验收方面：

11.1.1　装配式混凝土建筑施工应按现行国家标准《建筑工程施工质量验收统一标准》GB 50300 的有关规定进行单位工程、分部工程、分项工程和检验批的划分和质量验收。

……

11.2.1　专业企业生产的预制构件,进场时应检查质量证明文件。

检查数量：全数检查。

检验方法：检查质量证明文件或质量验收记录。

……

11.3.1　预制构件临时固定措施应符合设计、专项施工方案要求及国家现行有关标准的规定。

检查数量：全数检查。

检验方法：观察检查,检查施工方案、施工记录或设计文件。

《装配式钢结构建筑技术标准》(GB/T 51232—2016)主要是对建筑设计、集成设计、生产

运输、施工安装、质量验收、使用维护等方面做出明确标准规定,相关内容如下:

在基本规定中:

3.0.1 装配式钢结构建筑应采用系统集成的方法统筹设计、生产运输、施工安装和使用维护,实现全过程的协同。

3.0.2 装配式钢结构建筑应按照通用化、模数化、标准化的要求,以少规格、多组合的原则,实现建筑及部品部件的系列化和多样化。

3.0.3 部品部件的工厂化生产应建立完善的生产质量管理体系,设置产品标识,提高生产精度,保障产品质量。

3.0.4 装配式钢结构建筑应综合协调建筑、结构、设备和内装等专业,制定相互协同的施工组织方案,并应采用装配式施工,保证工程质量,提高劳动效率。

3.0.5 装配式钢结构建筑应实现全装修,内装系统应与结构系统、外围护系统、设备与管线系统一体化设计建造。

3.0.6 装配式钢结构建筑宜采用建筑信息模型(BIM)技术,实现全专业、全过程的信息化管理。

3.0.7 装配式钢结构建筑宜采用智能化技术,提升建筑使用的安全、便利、舒适和环保等性能。

3.0.8 装配式钢结构建筑应进行技术策划,对技术选型、技术经济可行性和可建造性进行评估,并应科学合理地确定建造目标与技术实施方案。

3.0.9 装配式钢结构建筑应采用绿色建材和性能优良的部品部件,提升建筑整体性能和品质。

3.0.10 装配式钢结构建筑防火、防腐应符合国家现行相关标准的规定,满足可靠性、安全性和耐久性的要求。

在建筑设计中:

4.1.1 装配式钢结构建筑应模数协调,采用模块化、标准化设计,将结构系统、外围护系统、设备与管线系统和内装系统进行集成。

4.1.2 装配式钢结构建筑应按照集成设计原则,将建筑、结构、给水排水、暖通空调、电气、智能化和燃气等专业之间进行协同设计。

4.1.3 装配式钢结构建筑设计宜建立信息化协同平台,共享数据信息,实现建设全过程的管理和控制。

4.1.4 装配式钢结构建筑应满足建筑全寿命期的使用维护要求,宜采用管线分离的方式。

4.3.1 装配式钢结构建筑设计应符合现行国家标准《建筑模数协调标准》GB/T 50002的有关规定。

4.3.2 装配式钢结构建筑的开间与柱距、进深与跨度、门窗洞口宽度等宜采用水平扩大模数数列 $2n$M、$3n$M(n 为自然数)。

4.3.3 装配式钢结构建筑的层高和门窗洞口高度等宜采用竖向扩大模数数列 nM。

4.3.4 梁、柱、墙、板等部件的截面尺寸宜采用竖向扩大模数数列 nM。

4.3.5 构造节点和部品部件的接口尺寸宜采用分模数数列 nM/2、nM/5、nM/10。

4.3.6 装配式钢结构建筑的开间、进深、层高、洞口等的优先尺寸应根据建筑类型、使用功能、部品部件生产与装配要求等确定。

4.3.7　部品部件尺寸及安装位置的公差协调应根据生产装配要求、主体结构层间变形、密封材料变形能力、材料干缩、温差变形、施工误差等确定。

4.4.1　装配式钢结构建筑应在模数协调的基础上,采用标准化设计,提高部品部件的通用性。

4.4.2　装配式钢结构建筑应采用模块及模块组合的设计方法,遵循少规格、多组合的原则。

4.4.3　公共建筑应采用楼电梯、公共卫生间、公共管井、基本单元等模块进行组合设计。

4.4.4　住宅建筑应采用楼电梯、公共管井、集成式厨房、集成式卫生间等模块进行组合设计。

4.4.5　装配式钢结构建筑的部品部件应采用标准化接口。

4.5.1　装配式钢结构建筑平面与空间的设计应满足结构构件布置、立面基本元素组合及可实施性等要求。

4.5.2　装配式钢结构建筑应采用大开间大进深、空间灵活可变的结构布置方式。

4.5.3　装配式钢结构建筑平面设计应符合下列规定:

1.结构柱网布置、抗侧力构件布置、次梁布置应与功能空间布局及门窗洞口协调。

2.平面几何形状宜规则平整,并宜以连续柱跨为基础布置,柱距尺寸应按模数统一。

3.设备管井宜与楼电梯结合,集中设置。

4.5.4　装配式钢结构建筑立面设计应符合下列规定:

1.外墙、阳台板、空调板、外窗、遮阳设施及装饰等部品部件宜进行标准化设计;

2.宜通过建筑体量、材质机理、色彩等变化,形成丰富多样的立面效果。

4.5.5　装配式钢结构建筑应根据建筑功能、主体结构、设备管线及装修等要求,确定合理的层高及净高尺寸。

在集成设计中:

5.1.1　建筑的结构系统、外围护系统、设备与管线系统和内装系统均应进行集成设计,提高集成度、施工精度和效率。

5.1.2　各系统设计应统筹考虑材料性能、加工工艺、运输限制、吊装能力的要求。

5.1.3　装配式钢结构建筑的结构系统应按传力可靠、构造简单、施工方便和确保耐久性的原则进行设计。

5.1.4　装配式钢结构建筑的外围护系统宜采用轻质材料,并宜采用干式工法。

5.1.5　装配式钢结构建筑的设备与管线系统应方便检查、维修、更换,维修更换时不应影响结构安全性。

5.1.6　装配式钢结构建筑的内装系统应采用装配式装修,并宜选用具有通用性和互换性的内装部品。

……

5.2.3　装配式钢结构建筑的结构体系应符合下列规定:

1.应具有明确的计算简图和合理的传力路径。

2.应具有适宜的承载能力、刚度及耗能能力。

3.应避免因部分结构或构件的破坏而导致整个结构丧失承受重力荷载、风荷载和地震作用的能力。

4.对薄弱部位应采取有效的加强措施。

5.2.4　装配式钢结构建筑的结构布置应符合下列规定：

1.结构平面布置宜规则、对称。

2.结构竖向布置宜保持刚度、质量变化均匀。

3.结构布置应考虑温度作用、地震作用或不均匀沉降等效应的不利影响,当设置伸缩缝、防震缝或沉降缝时,应满足相应的功能要求。

……

5.3.3　外围护系统的设计应符合模数协调和标准化要求,并应满足建筑立面效果、制作工艺、运输及施工安装的条件。

5.3.4　外围护系统设计应包括下列内容：

1.外围护系统的性能要求。

2.外墙板及屋面板的模数协调要求。

3.屋面结构支承构造节点。

4.外墙板连接、接缝及外门窗洞口等构造节点。

5.阳台、空调板、装饰件等连接构造节点。

5.3.5　外围护系统应根据建筑所在地区的气候条件、使用功能等综合确定抗风性能、抗震性能、耐撞击性能、防火性能、水密性能、气密性能、隔声性能、热工性能和耐久性能等要求,屋面系统还应满足结构性能要求。

……

5.3.8　外墙板与主体结构的连接应符合下列规定：

1.连接节点在保证主体结构整体受力的前提下,应牢固可靠、受力明确、传力简捷、构造合理。

2.连接节点应具有足够的承载力。承载能力极限状态下,连接节点不应发生破坏;当单个连接节点失效时,外墙板不应掉落。

3.连接部位应采用柔性连接方式,连接节点应具有适应主体结构变形的能力。

4.节点设计应便于工厂加工、现场安装就位和调整。

5.连接件的耐久性应满足设计使用年限的要求。

……

5.4.4　电气和智能化设计应符合下列规定：

1.电气和智能化的设备与管线宜采用管线分离的方式。

2.电气和智能化系统的竖向主干线应在公共区域的电气竖井内设置。

3.当大型灯具、桥架、母线、配电设备等安装在预制构件上时,应采用预留预埋件固定。

4.设置在预制部(构)件上的出线口、接线盒等的孔洞均应准确定位。隔墙两侧的电气和智能化设备不应直接连通设置。

5.防雷引下线和共用接地装置应充分利用钢结构自身作为防雷接地装置。构件连接部位应有永久性明显标记,其预留防雷装置的端头应可靠连接。

6.钢结构基础应作为自然接地体,当接地电阻不满足要求时,应设人工接地体。

7.接地端子应与建筑物本身的钢结构金属物连接。

在生产运输中：

6.1.1　建筑部品部件生产企业应有固定的生产车间和自动化生产线设备,应有专门的生产、技术管理团队和产业工人,并应建立技术标准体系及安全、质量、环境管理体系。

6.1.2　建筑部品部件应在工厂生产,生产过程及管理宜应用信息管理技术,生产工序宜形成流水作业。

6.1.3　建筑部品部件生产前,应根据设计要求和生产条件编制生产工艺方案,对构造复杂的部品或构件宜进行工艺性试验。

6.1.4　建筑部品部件生产前,应有经批准的构件深化设计图或产品设计图,设计深度应满足生产、运输和安装等技术要求。

6.1.5　生产过程质量检验控制应符合下列规定：

1.首批(件)产品加工应进行自检、互检、专检,产品经检验合格形成检验记录,方可进行批量生产。

2.首批(件)产品检验合格后,应对产品生产加工工序,特别是重要工序控制进行巡回检验。

3.产品生产加工完成后,应由专业检验人员根据图纸资料、施工单等对生产产品按批次进行检查,做好产品检验记录。并应对检验中发现的不合格产品做好记录,同时应增加抽样检测样本数量或频次。

4.检验人员应严格按照图样及工艺技术要求的外观质量、规格尺寸等进行出厂检验,做好各项检查记录,签署产品合格证后方可入库,无合格证产品不得入库。

6.1.6　建筑部品部件生产应按下列规定进行质量过程控制：

1.凡涉及安全、功能的原材料,应按现行国家标准规定进行复验,见证取样、送样。

2.各工序应按生产工艺要求进行质量控制,实行工序检验。

3.相关专业工种之间应进行交接检验。

4.隐蔽工程在封闭前应进行质量验收。

6.1.7　建筑部品部件生产检验合格后,生产企业应提供出厂产品质量检验合格证。建筑部品应符合设计和国家现行有关标准的规定,并应提供执行产品标准的说明、出厂检验合格证明文件、质量保证书和使用说明书。

6.1.8　建筑部品部件的运输方式应根据部品部件特点、工程要求等确定。建筑部品或构件出厂时,应有部品或构件重量、重心位置、吊点位置、能否倒置等标志。

6.1.9　生产单位宜建立质量可追溯的信息化管理系统和编码标识系统。

……

6.2.2　钢构件和装配式楼板深化设计图应根据设计图和其他有关技术文件进行编制,其内容包括设计说明、构件清单、布置图、加工详图、安装节点详图等。

6.2.3　钢构件宜采用自动化生产线进行加工制作,减少手工作业。

6.2.4　钢构件与墙板、内装部品的连接件宜在工厂与钢构件一起加工制作。

……

6.3.2　外围护部品生产,应对尺寸偏差和外观质量进行控制。

6.3.3　预制外墙部品生产时,应符合下列规定：

1.外门窗的预埋件设置应在工厂完成。

2. 不同金属的接触面应避免电化学腐蚀。

3. 蒸压加气混凝土板的生产应符合现行行业标准《蒸压加气混凝土建筑应用技术规程》JGJ/T 17 的规定。

......

6.4.3 内装部品生产加工要求应根据设计图纸进行深化,满足性能指标要求。

......

6.5.2 对超高、超宽、形状特殊的大型构件的运输和堆放应制定专门的方案。

6.5.3 选用的运输车辆应满足部品部件的尺寸、重量等要求,装卸与运输时应符合下列规定:

1. 装卸时应采取保证车体平衡的措施。

2. 应采取防止构件移动、倾倒、变形等的固定措施。

3. 运输时应采取防止部品部件损坏的措施,对构件边角部或链索接触处宜设置保护衬垫。

在施工安装中:

7.1.1 装配式钢结构建筑施工单位应建立完善的安全、质量、环境和职业健康管理体系。

7.1.2 施工前,施工单位应编制下列技术文件,并按规定进行审批和论证:

1. 施工组织设计及配套的专项施工方案。

2. 安全专项方案。

3. 环境保护专项方案。

7.1.3 施工单位应根据装配式钢结构建筑的特点,选择合适的施工方法,制定合理的施工顺序,并应尽量减少现场支模和脚手架用量,提高施工效率。

7.1.4 施工用的设备、机具、工具和计量器具,应满足施工要求,并应在合格检定有效期内。

7.1.5 装配式钢结构建筑宜采用信息化技术,对安全、质量、技术、施工进度等进行全过程的信息化协同管理。宜采用建筑信息模型(BIM)技术对结构构件、建筑部品和设备管线等进行虚拟建造。

7.1.6 装配式钢结构建筑应遵守国家环境保护的法规和标准,采取有效措施减少各种粉尘、废弃物、噪声等对周围环境造成的污染和危害;并应采取可靠有效的防火等安全措施。

7.1.7 施工单位应对装配式钢结构建筑的现场施工人员进行相应专业的培训。

7.1.8 施工单位应对进场的部品部件进行检查,合格后方可使用。

......

7.2.3 钢结构应根据结构特点选择合理顺序进行安装,并应形成稳固的空间单元,必要时应增加临时支撑或临时措施。

7.2.4 高层钢结构安装时应计入竖向压缩变形对结构的影响,并应根据结构特点和影响程度采取预调安装标高、设置后连接构件等措施。

7.2.5 钢结构施工期间,应对结构变形、环境变化等进行过程监测,监测方法、内容及部位应根据设计或结构特点确定。

......

7.3.2 安装前的准备工作应符合下列规定:

1. 对所有进场部品、零配件及辅助材料应按设计规定的品种、规格、尺寸和外观要求进行检查,并应有合格证和性能检测报告。

2.应进行技术交底。

3.应将部品连接面清理干净,并对预埋件和连接件进行清理和防护。

4.应按部品排板图进行测量放线。

7.3.3　部品吊装应采用专用吊具,起吊和就位应平稳,防止磕碰。

……

在质量验收中:

8.1.1　装配式钢结构建筑的验收应符合现行国家标准《建筑工程施工质量验收统一标准》GB 50300 及相关标准的规定。当国家现行标准对工程中的验收项目未作具体规定时,应由建设单位组织设计、施工、监理等相关单位制定验收要求。

8.1.2　同一厂家生产的同批材料、部品,用于同期施工且属于同一工程项目的多个单位工程,可合并进行进场验收。

8.1.3　部品部件应符合国家现行有关标准的规定,并应具有产品标准、出厂检验合格证、质量保证书和使用说明文件书。

《装配式木结构建筑技术标准》(GB/T 51233—2016)对装配式建筑建筑设计、结构设计、连接设计、防护、制作、运输和存储、安装、验收、使用和维护等做出了规定。具体内容如下。

在制作、运输和存储方面:

9.1.1　预制木结构组件应按设计文件在工厂制作,制作单位应具备相应的生产场地和生产工艺设备,并应有完善的质量管理体系和试验检测手段,且应建立组件制作档案。

9.1.2　预制木结构组件和部品制作前应对其技术要求和质量标准进行技术交底,并应制定制作方案。制作方案应包括制作工艺、制作计划、技术质量控制措施、成品保护、堆放及运输方案等项目。

9.1.3　预制木结构组件制作过程中宜采取控制制作及储存环境的温度、湿度的技术措施。

9.1.4　预制木结构组件和部品在制作、运输和储存过程中,应采取防水、防潮、防火、防虫和防止损坏的保护措施。

9.1.5　预制木结构组件制作完成时,除应按现行国家标准《木结构工程施工质量验收规范》GB 50206 的要求提供文件和记录外,尚应提供下列文件和记录:

1.工程设计文件、预制组件制作和安装的技术文件;

2.预制组件使用的主要材料、配件及其他相关材料的质量证明文件、进场验收记录、抽样复验报告;

3.预制组件的预拼装记录。

9.1.6　预制木结构组件检验合格后应设置标识,标识内容宜包括产品代码或编号、制作日期、合格状态、生产单位等信息。

……

9.2.1　预制木结构组件在工厂制作时,木材含水率应符合设计文件的规定。

9.2.2　预制层板胶合木构件的制作应符合现行国家标准《胶合木结构技术规范》GB/T 50708 和《结构用集成材》GB/T 26899 的规定。

9.2.3　预制木结构组件制作过程中宜采用 BIM 信息化模型校正,制作完成后宜采用

BIM 信息化模型进行组件预拼装。

9.2.4　对有饰面材料的组件,制作前应绘制排版图,制作完成后应在工厂进行预拼装。

……

9.3.1　对预制木结构组件和部品的运输和储存应制定实施方案,实施方案可包括运输时间、次序、堆放场地、运输路线、固定要求、堆放支垫及成品保护措施等项目。

9.3.2　对大型组件、部品的运输和储存应采取专门的质量安全保证措施。在运输与堆放时,支承位置应按计算确定。

……

9.3.7　预制木结构墙体宜采用直立插放架运输和储存,插放架应有足够的承载力和刚度,并应支垫稳固。

9.3.8　预制木结构组件的储存应符合下列规定:

1.组件应存放在通风良好的仓库或防雨、通风良好的有顶部遮盖场所内,堆放场地应平整、坚实,并应具备良好的排水设施;

2.施工现场堆放的组件,宜按安装顺序分类堆放,堆垛宜布置在吊车工作范围内,且不受其他工序施工作业影响的区域;

3.采用叠层平放的方式堆放时,应采取防止组件变形的措施;

4.吊件应朝上,标志宜朝向堆垛间的通道;

5.支垫应坚实,垫块在组件下的位置宜与起吊位置一致;

6.重叠堆放组件时,每层组件间的垫块应上下对齐,堆垛层数应按组件、垫块的承载力确定,并应采取防止堆垛倾覆的措施;

7.采用靠架堆放时,靠架应具有足够的承载力和刚度,与地面倾斜角度宜大于80°;

8.堆放曲线形组件时,应按组件形状采取相应保护措施。

9.3.9　对现场不能及时进行安装的建筑模块,应采取保护措施。

在安装方面:

10.1.1　装配式木结构建筑施工前应编制施工组织设计,制定专项施工方案;施工组织设计的内容应符合现行国家标准《建筑施工组织设计规范》GB/T 50502 的规定;专项施工方案的内容应包括安装及连接方案、安装的质量管理及安全措施等项目。

10.1.2　施工现场应具有质量管理体系和工程质量检测制度,实现施工过程的全过程质量控制,并应符合现行国家标准《工程建设施工企业质量管理规范》GB/T 50430 的规定。

10.1.3　装配式木结构建筑安装应符合现行国家标准《木结构工程施工规范》GB/T 50772 的规定。

10.1.4　装配式木结构建筑安装应按结构形式、工期要求、工程量以及机械设备等现场条件,合理设计装配顺序,组织均衡有效的安装施工流水作业。

10.1.5　吊装用吊具应按国家现行有关标准的规定进行设计、验算或试验检验。

10.1.6　组件安装可按现场情况和吊装等条件采用下列安装单元进行安装:

1.采用工厂预制组件作为安装单元;

2.现场对工厂预制组件进行组装后作为安装单元;

3.同时采用本条第1、2款两种单元的混合安装单元。

10.1.7　预制组件吊装时应符合下列规定:

1.经现场组装后的安装单元的吊装,吊点应按安装单元的结构特征确定,并应经试吊证明符合刚度及安装要求后方可开始吊装;

2.刚度较差的组件应按提升时的受力情况采用附加构件进行加固;

3.组件吊装就位时,应使其拼装部位对准预设部位垂直落下,并应校正组件安装位置并紧固连接;

4.正交胶合木墙板吊装时,宜采用专用吊绳和固定装置,移动时宜采用锁扣扣紧。

……

10.3.4　组件安装采用临时支撑时,应符合下列规定:

1.水平构件支撑不宜少于2道;

2.预制柱或墙体组件的支撑点距底部的距离不宜大于柱或墙体高度的2/3,且不应小于柱或墙体高度的1/2;

3.临时支撑应设置可对组件的位置和垂直度进行调节的装置。

10.3.5　竖向组件安装应符合下列规定:

1.底层组件安装前,应复核基层的标高,并应设置防潮垫或采取其他防潮措施;

2.其他层组件安装前,应复核已安装组件的轴线位置、标高。

10.3.6　水平组件安装应符合下列规定:

1.应复核组件连接件的位置,与金属、砖、石、混凝土等的结合部位应采取防潮防腐措施;

2.杆式组件吊装宜采用两点吊装,长度较大的组件可采取多点吊装;细长组件应复核吊装过程中的变形及平面外稳定;

3.板类组件、模块化组件应采用多点吊装,组件上应设有明显的吊点标志。吊装过程应平稳,安装时应设置必要的临时支撑。

《工程建设施工企业质量管理规范》(GB/T 50430—2017)在工程项目质量安全管理方面的相关内容如下:

5.1.1　施工企业应建立并实施人力资源管理制度,对质量管理人员配置和培训作出规定。

5.1.2　施工企业的人力资源规划应满足员工职业发展和质量管理需要。

……

5.2.1　施工企业应以文件的形式明确与质量管理岗位相适应的人员能力要求,其要求应包括下列内容:

1.教育程度;

2.工作经验;

3.培训规定。

5.2.2　施工企业应根据质量管理需求配备相应的管理、技术及作业人员。

5.2.3　各层次管理者应使与质量有关的人员意识到:质量方针和质量目标的重要性,对质量管理有效性的贡献,偏离质量管理要求的后果。

5.2.4　施工企业应建立员工考核制度,规定考核内容、标准、方式、频次,并将考核结果作为人力资源管理评价和质量管理改进的依据。

……

5.3.1　施工企业应识别培训需求,制定员工培训计划,对培训对象、内容、方式及时间做出安排。

5.3.2　施工企业对员工的培训应包括下列内容：

1.质量方针、目标及质量意识；

2.相关法律法规和国家现行标准；

3.质量管理制度；

4.专业知识、作业要求；

5.继续教育。

5.3.3　根据岗位特点和需求，施工企业宜分层分类实施培训。

5.3.4　施工企业应对培训效果进行评价，并保存相应记录。评价结果应用于改进培训的有效性。

……

10.1.1　施工企业应建立并实施工程项目质量管理制度，对工程项目质量管理策划、工程设计、施工准备、过程控制、变更控制和交付与服务作出规定。

10.1.2　项目部应负责实施工程项目质量管理活动。施工企业应对项目部的质量管理活动进行指导、监督、检查和考核。

……

10.2.1　施工企业应收集工程项目质量管理策划所需的信息。

10.2.2　施工企业应实施工程项目质量管理策划，并明确下列策划内容：

1.质量目标；

2.项目质量管理组织机构和职责；

3.工程项目质量管理的依据；

4.影响工程质量因素和相关设计、施工工艺及施工活动分析；

5.人员、技术、施工机具及设施资源的需求和配置；

6.进度计划及偏差控制措施；

7.施工技术措施和采用新技术、新工艺、新材料、新设备的专项方法；

8.工程设计、施工质量检查和验收计划；

9.质量问题及违规事件的报告和处理；

10.突发事件的应急处置；

11.信息、记录及传递要求；

12.与工程建设相关方的沟通、协调方式；

13.应对风险和机遇的专项措施；

14.质量控制措施；

15.工程施工其他要求。

10.2.3　工程项目质量管理策划的结果应经审批后方可实施。

10.2.4　施工企业应对项目质量管理策划的结果实行动态管理，控制策划的更改过程，评审变更的风险和机遇，调整相关策划结果并监督实施。

……

10.3.1　施工企业应建立工程设计质量管理制度，按设计文件和合同约定进行工程设计，并对工程设计质量进行控制。

10.3.2　施工企业应明确工程设计的依据,对其内容进行校对、审核,并保存相关记录。

10.3.3　施工企业应按设计策划安排对工程设计进行评审、验证和确认。评审、验证和确认记录应予以保存。

10.3.4　设计结果应满足实现预期目的、保证结构安全和使用功能所需的工程和服务特性,符合合同要求,并形成文件,经审批后使用。

10.3.5　施工企业应明确设计变更及其授权要求和批准方式,规定变更所需的评审、验证和确认程序,并保存相关记录。

……

10.4.1　施工企业应依据工程项目质量管理策划的结果进行施工准备。项目部应根据约定接收设计文件、参加设计交底和图纸会审,并对结果进行确认。

10.4.2　项目部应确认施工现场已具备开工条件,进行报审、报验,提出开工申请,经批准后方可开工。

10.4.3　施工企业应对工程项目质量管理策划结果进行交底,并应明确交底的层次、阶段及相应的对象、内容和方式,保存适当记录。

……

10.5.2　当施工过程的结果不能通过其后工程的检验和试验完全验证时,项目部应在工程实施前或实施中进行下列确认:

1.对技术文件和工艺进行评审;

2.对施工机具与设施、人员的能力进行核实;

3.定期或在人员、材料、工艺参数、设备、环境发生变化时,重新进行确认;

4.记录必要的确认活动。

10.5.3　项目部应负责工程移交期间的防护管理。

10.5.4　根据施工状态的控制需求,施工企业应进行施工过程标识,重要过程应具有可追溯性。

10.5.5　对工程项目使用的发包方和供方财产,施工企业应按约定对其进行妥善管理。

10.5.6　施工企业应保持与工程建设相关方的沟通、协商,对相关信息进行处理,并保存必要的记录。沟通、协商应包括下列内容:

1.工程质量情况;

2.工程变更与洽商要求;

3.工程质量有关的其他事项。

……

10.6.2　施工企业应规定相关层次施工变更的管理范围、岗位责任和工作权限,项目部应明确施工变更的工作流程和方法。

10.6.3　施工变更控制应确保质量偏差得到有效预防。变更控制应依据下列程序实施:

1.变更的需求和原因确认;

2.变更的沟通与协商;

3.变更文件的确认或批准;

4.变更管理措施的制定与实施;

5.变更管理措施有效性的评价。

10.6.4　项目部应实施和跟踪施工变更管理,进行偏差控制。

……

11.3.1　施工企业应按设计文件和质量验收标准、规范、规程实施质量内部验收。过程验收和竣工验收应符合要求,项目部应在自检合格后报验。未经验收或验收不合格的工程不得转入下道工序或交付。

11.3.2　施工企业应参加发包方组织的工程竣工验收,并对验收过程发现的质量问题进行整改。

11.3.3　施工企业应按建设工程竣工档案资料归档的相关要求,收集、整理工程竣工资料。工程竣工验收后,按合同要求向相关方移交工程竣工档案资料。

……

11.4.2　施工企业对检测设备的管理应符合下列规定:

1.应根据需要采购或租赁检测设备,并对检测设备供应方进行评价;

2.应使用前对检测设备进行检查验收;

3.应按规定的周期检定或校准检测设备,标识相应状态,确保其在有效期内使用,并保存检定或校准记录;

4.应对国家或地方没有校准标准的检测设备制定相应的校准依据;

5.应对检测设备进行维护和保养,在使用期间保持其完好状态;

6.应在发现检测设备失准时评价和记录已测结果的有效性,并对检测设备产生的质量问题采取适当措施;

7.对应用于质量检测的计算机软件在使用前的确认与再确认进行要求。

……

11.5.1　施工企业应对工程质量问题进行分析处理。发生质量事故时,应报告相关方,并配合事故调查处理。

11.5.2　施工企业应对影响工程结构安全和使用功能的质量问题,制定专项整改方案,并经相关方确认后实施。质量问题的整改处理结果应进行检查。

11.5.3　施工企业应明确和实施质量事故责任追究的流程和方法。

11.5.4　施工企业应保存质量问题和事故处理相关记录,作为工程质量改进的信息。

《建设工程项目管理规范》有关质量管理与安全生产管理的内容如下所示:

4.1.2　项目管理机构负责人责任制应是项目管理责任制度的核心内容。

4.1.3　建设工程项目各实施主体和参与方应建立项目管理责任制度,明确项目管理组织和人员分工,建立各方相互协调的管理机制。

4.1.4　建设工程项目各实施主体和参与方法定代表人应书面授权委托项目管理机构负责人,并实行项目负责人责任制。

4.1.5　项目管理机构负责人应根据法定代表人的授权范围、期限和内容,履行管理职责。

4.1.6　项目管理机构负责人应取得相应资格,并按规定取得安全生产考核合格证书。

4.1.7　项目管理机构负责人应按相关约定在岗履职,对项目实施全过程及全面管理。

……

4.2.1　项目建设相关责任方应在各自的实施阶段和环节,明确工作责任,实施目标管理,确保项目正常运行。

4.2.2　项目管理机构负责人应按规定接受相关部门的责任追究和监督管理。

4.2.3　项目管理机构负责人应在工程开工前签署质量承诺书,报相关工程管理机构备案。

4.2.4　项目各相关责任方应建立协同工作机制,宜采用例会、交底及其他沟通方式,避免项目运行中的障碍和冲突。

4.2.5　建设单位应建立管理责任排查机制,按项目进度和时间节点,对各方的管理绩效进行验证性评价。

……

4.3.1　项目管理机构应承担项目实施的管理任务和实现目标的责任。

4.3.2　项目管理机构应由项目管理机构负责人领导,接受组织职能部门的指导、监督、检查、服务和考核,负责对项目资源进行合理使用和动态管理。

4.3.3　项目管理机构应在项目启动前建立,在项目完成后或按合同约定解体。

4.3.4　建立项目管理机构应遵循下列规定:

1.结构应符合组织制度和项目实施要求;

2.应有明确的管理目标、运行程序和责任制度;

3.机构成员应满足项目管理要求及具备相应资格;

4.组织分工应相对稳定并可根据项目实施变化进行调整;

5.应确定机构成员的职责、权限、利益和需承担的风险。

4.3.5　建立项目管理机构应遵循下列步骤:

1.根据项目管理规划大纲、项目管理目标责任书及合同要求明确管理任务;

2.根据管理任务分解和归类,明确组织结构;

3.根据组织结构,确定岗位职责、权限以及人员配置;

4.制定工作程序和管理制度;

5.由组织管理层审核认定。

4.3.6　项目管理机构的管理活动应符合下列要求:

1.应执行管理制度;

2.应履行管理程序;

3.应实施计划管理,保证资源的合理配置和有序流动;

4.应注重项目实施过程的指导、监督、考核和评价。

……

4.6.1　项目管理机构负责人应履行下列职责:

1.项目管理目标责任书中规定的职责;

2.工程质量安全责任承诺书中应履行的职责;

3.组织或参与编制项目管理规划大纲、项目管理实施规划,对项目目标进行系统管理;

4.主持制定并落实质量、安全技术措施和专项方案,负责相关的组织协调工作;

5.对各类资源进行质量监控和动态管理;

6.对进场的机械、设备、工器具的安全、质量和使用进行监控;

7.建立各类专业管理制度,并组织实施;

8.制定有效的安全、文明和环境保护措施并组织实施;

9.组织或参与评价项目管理绩效；

10.进行授权范围内的任务分解和利益分配；

11.按规定完善工程资料，规范工程档案文件，准备工程结算和竣工资料，参与工程竣工验收；

12.接受审计，处理项目管理机构解体的善后工作；

13.协助和配合组织进行项目检查、鉴定和评奖申报；

14.配合组织完善缺陷责任期的相关工作。

4.6.2 项目管理机构负责人应具有下列权限：

1.参与项目招标、投标和合同签订；

2.参与组建项目管理机构；

3.参与组织对项目各阶段的重大决策；

4.主持项目管理机构工作；

5.决定授权范围内的项目资源使用；

6.在组织制度的框架下制定项目管理机构管理制度；

7.参与选择并直接管理具有相应资质的分包人；

8.参与选择大宗资源的供应单位；

9.在授权范围内与项目相关方进行直接沟通；

10.法定代表人和组织授予的其他权利。

4.6.3 项目管理机构负责人应接受法定代表人和组织机构的业务管理，组织有权对项目管理机构负责人给予奖励和处罚。

......

10.1.2 项目质量管理应坚持缺陷预防的原则，按照策划、实施、检查、处置的循环方式进行系统运作。

......

10.1.4 项目质量管理应按下列程序实施：

1.确定质量计划；

2.实施质量控制；

3.开展质量检查与处置；

4.落实质量改进。

......

10.2.3 项目质量计划应包括下列内容：

1.质量目标和质量要求；

2.质量管理体系和管理职责；

3.质量管理与协调的程序；

4.法律法规和标准规范；

5.质量控制点的设置与管理；

6.项目生产要素的质量控制；

7.实施质量目标和质量要求所采取的措施；

8.项目质量文件管理。

......

10.3.1　项目质量控制应确保下列内容满足规定要求：

1. 实施过程的各种输入；

2. 实施过程控制点的设置；

3. 实施过程的输出；

4. 各个实施过程之间的接口。

......

10.4.2　对项目质量计划设置的质量控制点，项目管理机构应按规定进行检验和监测。质量控制点可包括下列内容：

1. 对施工质量有重要影响的关键质量特性、关键部位或重要影响因素；

2. 工艺上有严格要求，对下道工序的活动有重要影响的关键质量特性、部位；

3. 严重影响项目质量的材料质量和性能；

4. 影响下道工序质量的技术间歇时间；

5. 与施工质量密切相关的技术参数；

6. 容易出现质量通病的部位；

7. 紧缺工程材料、构配件和工程设备或可能对生产安排有严重影响的关键项目；

8. 隐蔽工程验收。

......

10.5.2　项目管理机构应定期对项目质量状况进行检查、分析，向组织提出质量报告，明确质量状况、发包人及其他相关方满意程度、产品要求的符合性以及项目管理机构的质量改进措施。

......

12.1.2　组织应根据有关要求确定安全生产管理方针和目标，建立项目安全生产责任制度，健全职业健康安全管理体系，改善安全生产条件，实施安全生产标准化建设。

12.1.3　组织应建立专门的安全生产管理机构，配备合格的项目安全管理负责人和管理人员，进行教育培训并持证上岗。项目安全生产管理机构以及管理人员应当恪尽职守、依法履行职责。

......

12.2.2　项目安全生产管理计划应满足事故预防的管理要求，并应符合下列规定：

1. 针对项目危险源和不利环境因素进行辨识与评估的结果，确定对策和控制方案；

2. 对危险性较大的分部分项工程编制专项施工方案；

3. 对分包人的项目安全生产管理、教育和培训提出要求；

4. 对项目安全生产交底、有关分包人制定的项目安全生产方案进行控制的措施；

5. 应急准备与救援预案。

12.2.3　项目安全生产管理计划应按规定审核、批准后实施。

12.2.4　项目管理机构应开展有关职业健康和安全生产方法的前瞻性分析，选用适宜可靠的安全技术，采取安全文明的生产方式。

12.2.5　项目管理机构应明确相关过程的安全管理接口，进行勘察、设计、采购、施工、试运行过程安全生产的集成管理。

......

12.3.2 施工现场的安全生产管理应符合下列要求：

1.应落实各项安全管理制度和操作规程，确定各级安全生产责任人；

2.各级管理人员和施工人员应进行相应的安全教育，依法取得必要的岗位资格证书；

3.各施工过程应配置齐全劳动防护设施和设备，确保施工场所安全；

4.作业活动严禁使用国家及地方政府明令淘汰的技术、工艺、设备、设施和材料；

5.作业场所应设置消防通道、消防水源，配备消防设施和灭火器材，并在现场入口处设置明显标志；

6.作业现场场容、场貌、环境和生活设施应满足安全文明达标要求；

7.食堂应取得卫生许可证，并应定期检查食品卫生，预防食物中毒；

8.项目管理团队应确保各类人员的职业健康需求，防治可能产生的职业和心理疾病；

9.应落实减轻劳动强度、改善作业条件的施工措施。

12.3.3 项目管理机构应建立安全生产档案，积累安全生产管理资料，利用信息技术分析有关数据，辅助安全生产管理。

12.3.4 项目管理机构应根据需要定期或不定期对现场安全生产管理以及施工设施、设备和劳动防护用品进行检查、检测，并将结果反馈至有关部门，整改不合格并跟踪监督。

......

12.4.1 项目管理机构应识别可能的紧急情况和突发过程的风险因素，编制项目应急准备与响应预案。应急准备与响应预案应包括下列内容：

1.应急目标和部门职责；

2.突发过程的风险因素及评估；

3.应急响应程序和措施；

4.应急准备与响应能力测试；

5.需要准备的相关资源。

12.4.2 项目管理机构应对应急预案进行专项演练，对其有效性和可操作性实施评价并修改完善。

12.4.3 发生安全生产事故时，项目管理机构应启动应急准备与响应预案，采取措施进行抢险救援，防止发生二次伤害。

12.4.4 项目管理机构在事故应急响应的同时，应按规定上报上级和地方主管部门，及时成立事故调查组对事故进行分析，查清事故发生原因和责任，进行全员安全教育，采取必要措施防止事故再次发生。

......

12.5.1 组织应按相关规定实施项目安全生产管理评价，评估项目安全生产能力满足规定要求的程度。

12.5.2 安全生产管理宜由组织的主管部门或其授权部门进行检查与评价。评价的程序、方法、标准、评价人员应执行相关规定。

《建设项目工程总承包管理规范》是建设项目工程总承包适用规范，装配式建筑工程提倡采用总承包管理模式，所以其相关安全要求在一定程度上适用于装配式建筑安全管理，其有关安全管理的条文如下：

3.1.1　工程总承包企业应建立与工程总承包项目相适应的项目管理组织，并行使项目管理职能，实行项目经理责任制。

3.1.2　工程总承包企业宜采用项目管理目标责任书的形式，并明确项目目标和项目经理的职责、权限和利益。

3.1.3　项目经理应根据工程总承包企业法定代表人授权的范围、时间和项目管理目标责任书中规定的内容，对工程总承包项目，自项目启动至项目收尾，实行全过程管理。

3.1.4　工程总承包企业承担建设项目工程总承包，宜采用矩阵式管理。项目部应由项目经理领导，并接受工程总承包企业职能部门指导、监督、检查和考核。

……

3.3.2　项目部应对项目质量、安全、费用、进度、职业健康和环境保护目标负责。

……

3.4.1　根据工程总承包合同范围和工程总承包企业的有关管理规定，项目部可在项目经理以下设置控制经理、设计经理、采购经理、施工经理、试运行经理、财务经理、质量经理、安全经理、商务经理、行政经理等职能经理和进度控制工程师、质量工程师、安全工程师、合同管理工程师、费用估算师、费用控制工程师、材料控制工程师、信息管理工程师和文件管理控制工程师等管理岗位。根据项目具体情况，相关岗位可进行调整。

3.4.2　项目部应明确所设置岗位职责。

……

3.6.3　项目管理目标责任书宜包括下列主要内容：

1.规定项目质量、安全、费用、进度、职业健康和环境保护目标等；

2.明确项目经理的责任、权限和利益；

3.明确项目所需资源及工程总承包企业为项目提供的资源条件；

4.项目管理目标评价的原则、内容和方法；

5.工程总承包企业对项目部人员进行奖惩的依据、标准和规定；

6.项目经理解职和项目部解散的条件及方式；

7.在工程总承包企业制度规定以外的、由企业法定代表人向项目经理委托的事项。

……

13.1.1　工程总承包企业应按职业健康安全管理和环境管理体系要求，规范工程总承包项目的职业健康安全和环境管理。

13.1.2　项目部应设置专职管理人员，在项目经理领导下，具体负责项目安全、职业健康与环境管理的组织与协调工作。

13.1.3　项目安全管理应进行危险源辨识和风险评价，制定安全管理计划，并进行控制。

13.1.4　项目职业健康管理应进行职业健康危险源辨识和风险评价，制定职业健康管理计划，并进行控制。

13.1.5　项目环境保护应进行环境因素辨识和评价，制定环境保护计划，并进行控制。

……

13.2.1　项目经理应为项目安全生产主要负责人，并应负有下列职责：

1.建立、健全项目安全生产责任制；

2.组织制定项目安全生产规章制度和操作规程；

3.组织制定并实施项目安全生产教育和培训计划；

4.保证项目安全生产投入的有效实施；

5.督促、检查项目的安全生产工作，及时消除生产安全事故隐患；

6.组织制定并实施项目的生产安全事故应急救援预案；

7.及时、如实报告项目生产安全事故。

13.2.2　项目部应根据项目的安全管理目标，制定项目安全管理计划，并按规定程序批准实施。项目安全管理计划应包括下列主要内容：

1.项目安全管理目标；

2.项目安全管理组织机构和职责；

3.项目危险源辨识、风险评价与控制措施；

4.对从事危险和特种作业人员的培训教育计划；

5.对危险源及其风险规避的宣传与警示方式；

6.项目安全管理的主要措施与要求；

7.项目生产安全事故应急救援预案的演练计划。

13.2.3　项目部应对项目安全管理计划的实施进行管理，并应符合下列规定：

1.应为实施、控制和改进项目安全管理计划提供资源；

2.应逐级进行安全管理计划的交底或培训；

3.应对安全管理计划的执行进行监视和测量，动态识别潜在的危险源和紧急情况，采取措施，预防和减少危险。

13.2.4　项目安全管理必须贯穿于设计、采购、施工和试运行各阶段，并应符合下列规定：

1.设计应满足本质安全要求；

2.采购应对设备、材料和防护用品进行安全控制；

3.施工应对所有现场活动进行安全控制；

4.项目试运行前，应开展项目安全检查等工作。

13.2.5　项目部应配合项目发包人按规定向相关部门申报项目安全施工措施的有关文件。

13.2.6　在分包合同中，项目承包人应明确相应的安全要求，项目分包人应按要求履行其安全职责。

13.2.7　项目部应制定生产安全事故隐患排查治理制度，采取技术和管理措施，及时发现并消除事故隐患，应记录事故隐患排查治理情况，并应向从业人员通报。

13.2.8　当发生安全事故时，项目部应立即启动应急预案，组织实施应急救援并按规定及时、如实报告。

……

13.3.1　项目部应按工程总承包企业的职业健康方针，制定项目职业健康管理计划，并按规定程序批准实施。项目职业健康管理计划宜包括下列主要内容：

1.项目职业健康管理目标；

2.项目职业健康管理组织机构和职责；

3.项目职业健康管理的主要措施。

13.3.2　项目部应对项目职业健康管理计划的实施进行管理，并应符合下列规定：

1. 应为实施、控制和改进项目职业健康管理计划提供必要的资源；

2. 应进行职业健康的培训；

3. 应对项目职业健康管理计划的执行进行监视和测量，动态识别潜在的危险源和紧急情况，采取措施，预防和减少伤害。

13.3.3 项目部应制定项目职业健康的检查制度，对影响职业健康的因素采取措施，记录并保存检查结果。

3.2 行业标准

梳理行业认定的技术标准，见表 3.2。

表 3.2 装配式建筑行业技术标准

序号	名称	文件号
1	建筑施工易发事故防治安全标准	JGJ/T 429—2018
2	装配式劲性柱混合梁框架结构技术规程	JGJ/T 400—2017
3	装配式环筋扣合锚接混凝土剪力墙结构技术标准	JGJ/T 430—2018
4	装配式混凝土结构技术规程	JGJ 1—2014
5	建筑施工安全检查标准	JGJ 59—2011
6	装配式住宅建筑检测技术标准（征求意见稿）	建标工征〔2018〕17 号
7	建筑机械使用安全技术规程	JGJ 33—2012
8	建筑施工高处作业安全技术规范	JGJ 80—2016
9	钢筋套筒灌浆连接应用技术规程	JGJ 355—2015
10	钢结构住宅技术标准（征求意见稿）	建标工征〔2017〕117 号
11	工厂预制混凝土构件质量管理标准（征求意见稿）	建标产征〔2017〕64 号
12	住宅厨房模数协调标准	JGJ/T 262
13	住宅卫生间模数协调标准	JGJ/T 263—2012
14	预制带肋底板混凝土叠合楼板技术规程	JGJ/T 258—2011
15	低层冷弯薄壁型钢房屋建筑技术规程	JGJ 227—2011
16	预制预应力混凝土装配整体式框架结构技术规程	JGJ 224—2010
17	混凝土预制拼装塔机基础技术规程	JGJ/T 197—2010
18	轻型钢结构住宅技术规程	JGJ 209—2010
19	建筑工程大模板技术规程	JGJ/T 74—2017
20	钢筋机械连接技术规程	JGJ 107—2016
21	高层建筑混凝土结构技术规程	JGJ 3—2010
22	混凝土结构成型钢筋应用技术规程	JGJ 366—2015

按照有关行业标准发布的相关文件要求进行装配式建筑施工,可保证装配式建筑的安全需求。

《建筑施工易发事故防治安全标准》是针对房屋建筑和市政工程在施工过程中潜在的易发事故进行预防,保障施工安全,相关规定如下:

3.0.1 房屋建筑与市政工程施工应符合安全生产条件要求,应组建安全生产领导小组,应建立健全安全生产责任制和安全生产管理制度,应根据项目规模足额配备具备相应资格的专职安全生产管理人员。

3.0.2 施工前应对施工过程存在的危险源进行辨识,对危险源可能导致的事故进行分析,并应进行危险源风险评估,编制风险评估报告,制定控制措施。

3.0.3 施工前应进行现场调查,依据风险评估报告在施工组织设计中编制预防潜在事故的安全技术措施,对于危险性较大的分部分项工程应编制专项施工方案,附图纸和安全验算结果,并应进行论证、审查。

3.0.4 在危险性较大的分部分项工程的施工过程中,应指定专职安全生产管理人员在施工现场进行施工过程中的安全监督。

3.0.5 进入施工现场的作业人员应逐级进行入场安全教育及岗位能力培训,经考核合格后方可上岗。特种作业人员应符合从业准入条件,持证上岗。

3.0.6 施工前应逐级进行安全技术交底,交底应包括工程概况、安全技术要求、风险状况、控制措施和应急处置措施等内容。

3.0.7 施工单位应为现场作业人员配备合格的安全防护用品和用具,并应定期检查。作业人员应正确使用安全防护用品和用具。

3.0.8 施工现场出入口、施工起重机械、临时用电设施以及脚手架、模板支撑架等施工临时设施、临边与洞口等危险部位,应设置明显的安全警示标志和必要的安全防护设施,并应经验收合格后方可使用。临时拆除或变动安全防护设施时,应按程序审批,经验收合格后方可使用。

3.0.9 施工现场在危险作业场所应设置警戒区,在警戒区周边应设置警戒线及警戒标识,并应设置安全防护和逃生设施。作业期间应有安全警戒人员在现场值守。

3.0.10 机具设备、临时用电设施、施工临时设施、临时建筑及安全防护设施等的主要材料、设备、构配件及防护用品应进行进场验收,用于施工临时设施中的主要受力构件和周转材料,使用前应进行复验。施工临时设施、临时建筑应经验收合格后方可投入使用。

3.0.11 复工前应全面检查施工现场、机具设备、临时用电设施、施工临时设施、临时建筑及安全防护设施等,符合要求后方可复工。

3.0.12 特种设备进场应有许可文件和产品合格证,使用前应办理相关手续,使用单位应建立特种设备安全技术档案。

3.0.13 施工现场应根据危险性较大的分部分项工程类别及特征进行监测。

3.0.14 施工现场应熟悉掌握综合应急预案、专项应急预案和现场应急处置方案,配备应急物资,并应定期组织相关人员进行应急培训和演练。

3.0.15 工程项目的工期应根据工程质量、施工安全确定,严禁随意改变合理工期。

......

4.1.1 施工现场物料堆放应整齐稳固,严禁超高。模板、钢管、木方、砌块等堆放高度不应大于 2m,钢筋堆放高度不应大于 1.2m,堆积物应采取固定措施。

4.1.2　建筑施工临时结构应遵循先设计后施工的原则,并应进行安全技术分析,保证其在设计规定的使用工况下保持整体稳定性。

4.1.3　楼板、屋面等结构物上堆放建筑材料、模板、小型施工机具或其他物料时,应控制堆放数量、重量,严禁超过原设计荷载,必要时可进行加固。

4.1.4　在边坡、基坑、挖孔桩等地下作业过程中,土石方开挖和支护结构施工应采用信息施工法配合设计单位采用动态设计法,及时根据实际情况调整施工方法及预防风险措施。

4.1.5　施工现场应进行施工区域内临时排水系统规划,临时排水不得破坏挖填土方的边坡。在地形、地质条件复杂,可能发生滑坡、坍塌的地段挖方时,应确定排水方案。场地周围出现地表水汇流、排泄或地下水管渗漏时,应采取有组织堵水、排水和疏水措施,并应对基坑采取保护措施。

4.1.6　当开挖低于地下水位的基坑和桩孔时,应合理选用降水措施降低地下水位,并应编制降水专项施工方案。

4.1.7　施工现场物料不宜堆置在基坑边缘、边坡坡顶、桩孔边,当需堆置时,堆置的重量和距离应符合设计规定。各类施工机械距基坑边缘、边坡坡顶、桩孔边的距离,应根据设备重量、支护结构、土质情况按设计要求进行确定,且不宜小于 1.5m。

4.1.8　高度超过 2m 的竖向混凝土构件的钢筋绑扎过程中及绑扎完成后,在侧模安装完成前,应采取有效的侧向临时支撑措施。

4.1.9　较厚大的筏板、楼板、屋面板等混凝土构件钢筋施工过程中,应设置固定钢筋的稳固的定位与支撑件,上层钢筋网上堆放物料严禁超载。

4.1.10　各种安全防护棚上严禁堆放物料,使用期间棚顶严禁上人。

　……

4.2.1　基坑支护施工、使用时间超过设计使用年限时应进行基坑安全评估,必要时应采取加固措施。

4.2.2　基坑施工应按设计规定的顺序和参数进行开挖和支护,并应分层、分段、限时、均衡开挖。

4.2.3　自然放坡的基坑,其坡率应符合设计要求和现行行业标准《建筑施工土石方工程安全技术规范》JGK 180 的规定。

4.2.4　采取支护措施的基坑,应按设计规定的支护方式及时进行支护。支护结构施工前应进行试验性施工,并应将试验结果反馈设计单位,及时调整设计方案、施工方法。

4.2.5　锚杆(索)施工前应进行现场抗拉拔试验,施工完成后应进行验收试验。

4.2.6　基坑支护结构应在混凝土达到设计要求的强度,并在锚杆(索)、钢支撑按要求施加预应力后,方可开挖下层土方,严禁提前开挖和超挖。

4.2.7　施工过程中,严禁设备或重物碰撞支撑、腰梁、锚杆等基坑支护结构,亦不得在基坑支护结构上放置或悬挂重物。

4.2.8　拆除支护结构时应按基坑回填顺序自下而上逐层拆除,随拆随填,必要时应采取加固措施。

4.2.9　基坑支护采用内支撑时,应按先撑后挖、先托后拆的顺序施工,拆撑、换撑顺序应满足设计工况要求,并应结合现场支护结构内力和变形的监测结果进行。内支撑应在坑内梁、板、柱结构及换撑结构混凝土达到设计要求的强度后对称拆除。

4.2.10　基坑开挖及支护完成后,应及时进行地下结构和安装工程施工。在施工过程中,应随时检查坑壁的稳定情况。基坑底部应满铺垫层,贴紧围护结构。

4.2.11　当基坑下部的承压水影响基坑安全时,应采取坑底土体加固或降低承压水头等治理措施。

4.2.12　基坑施工应收集天气预报资料,遇降雨时间较长、降雨量较大时,应提前对已开挖未支护基坑的侧壁采取覆盖措施,并应及时排除基坑内积水。

……

4.3.1　边坡工程应按先设计后施工、边施工边治理边监测的原则进行切坡、填筑和支护结构的施工。

4.3.2　对开挖后不稳定或欠稳定的边坡,应采取自上而下、分段跳槽、及时支护的逆作法或半逆作法施工,未经设计许可严禁大开挖、爆破作业。切坡作业时,严禁先切除坡脚,并不得从下部掏采挖土。

4.3.3　边坡开挖后应及时按设计要求进行支护结构施工或采取封闭措施。边坡应在支护结构混凝土达到设计要求的强度,并在锚杆(索)按设计要求施加预应力后,方可开挖或填筑下一级土方。

4.3.4　每级边坡开挖前,应清除边坡上方已松动的石块及可能崩塌的土体。

4.3.5　边坡爆破施工时,应采取措施防止爆破震动影响边坡及邻近建(构)筑物稳定。

4.3.6　边坡坡顶应采取截、排水措施,未支护的坡面应采取防雨水冲刷措施。

4.3.7　边坡开挖前应设置变形监测点,定期监测边坡变形。边坡塌滑区有重要建(构)筑物的一级边坡工程施工时,应对坡顶水平位移、垂直位移、地表裂缝和坡顶建(构)筑物变形进行监测。

……

4.4.1　挖孔桩的施工应考虑建设场地现状、工程地质条件、地下水位、相邻建(构)筑物基础形式及埋置深度等影响。护壁应根据实际情况进行设计。当采用混凝土护壁时,混凝土的强度等级不宜低于桩身混凝土的强度等级。

4.4.2　抗滑桩在土石层变化处和滑动面处不得分节开挖,并应及时加固护壁内滑裂面。

4.4.3　基础桩当桩净距小于2.5m时,应采用间隔开挖。相邻排桩跳孔开挖的最小施工净距不得小于4.5m。抗滑桩应间隔开挖,相邻桩孔不得同时开挖。相邻两孔中的一孔浇筑混凝土时,另一孔内不得有作业人员。

4.4.4　挖出的土石方应及时运离孔口,不得堆放在孔口周边1m范围内,机动车辆的通行不得对井壁的安全造成影响。

4.4.5　桩孔每次开挖深度应符合设计规定,且不得超过1m。混凝土护壁应随挖随浇,上节护壁混凝土强度达到3MPa后,方可进行下节土方开挖施工。

4.4.6　当采用混凝土护壁时,护壁模板拆除应在灌注混凝土24h后进行,当护壁有孔洞、露筋、漏水现象时,应及时补强。

4.4.7　孔内作业时,孔口应设专人看守,孔内作业人员应检查护壁变形、裂缝、渗水等情况,并与孔口人员保持联系,发现异常应立即撤出。

4.4.8　孔口提升支架应根据跨度、提升重量进行设计计算,各杆件应连接牢固,并应设置剪刀撑。

......

4.5.1 落地式钢管脚手架、附着式升降脚手架、悬挑式脚手架,桥式脚手架等应根据实际工况进行设计,应具有足够的承载力、刚度和整体稳固性。

4.5.2 脚手架应按设计计算和构造要求设置能承受压力和拉力的连墙件,连墙件应与建筑结构和架体连接牢固。连墙件设置间距应符合相关标准及专项施工方案的规定。脚手架使用中,严禁任意拆除连墙件。

4.5.3 脚手架连墙件的安装,应符合下列规定:

1.连墙件的安装应随架体升高及时在规定位置处设置,不得滞后安装;

2.当作业脚手架操作层高出相邻连墙件以上2步时,在上层连墙件安装完毕前,应采取临时拉结措施。

4.5.4 脚手架的拆除作业,应符合下列规定:

1.架体拆除应自上而下逐层进行,不得上下层同时拆除;

2.连墙件应随脚手架逐层拆除,不得先将连墙件整层或数层拆除后再拆除架体;

3.拆除作业过程中,当架体的自由端高度大于2步时,应增设临时拉结件。

4.5.5 脚手架应按相关标准的构造要求设置剪刀撑或斜撑杆、交叉拉杆,并应与立杆连接牢固,连成整体。

4.5.6 脚手架作业层应在显著位置设置限载标志,注明限载数值。在使用过程中,作用在作业层上的人员、机具和堆料等严禁超载。

4.5.7 当采用附着式升降脚手架施工时,应符合下列规定:

1.附着式升降脚手架的架体高度、架体宽度、架体支承跨度、水平悬挑长度、架体全高与支承跨度的乘积应符合现行行业标准《建筑施工工具式脚手架安全技术规范》JGJ 202规定。

2.竖向主框架所覆盖的每个楼层处应设置一道附墙支座,其构造应符合相关标准规定,并应满足承载力要求。在使用工况时,应将竖向主框架固定于附墙支座上;在升降工况时,附墙支座上应设具有防倾、导向功能的结构装置。

3.附着式升降脚手架应设置安全可靠的具有防倾覆、防坠落和同步升降控制功能的结构装置。升降时应设专人对脚手架作业区域进行监护,每提升一次都应经验收合格后方可作业。

4.附着式升降脚手架和建筑物连接处的混凝土强度应由设计计算确定,且不得低于10MPa。

5.附着式升降脚手架应按产品设计性能指标规定进行使用,不得随意扩大使用范围,不得超载堆放物料。

4.5.8 严禁将模板支撑架、缆风绳、混凝土输送泵管、卸料平台及大型设备的附着件等固定在脚手架上。

......

4.6.1 模板及支撑架应根据施工过程中的各种工况进行设计,应具有足够的承载力刚度和整体稳固性。施工中,模板支撑架应按专项施工方案及相关标准构造要求进行搭设。

4.6.2 模板支撑架构配件进场应进行验收,构配件及材质应符合专项施工方案及相关标准的规定,不得使用严重锈蚀、变形、断裂、脱焊的钢管或型钢作模板支撑架,亦不得使用竹、木材和钢材混搭的结构。所采用的扣件应进行复试。

4.6.3 满堂钢管支撑架的构造应符合下列规定：

1.立杆地基应坚实、平整，土层场地应有排水措施，不应有积水，并应加设满足承载力要求的垫板；当支撑架支撑在楼板等结构物上时，应验算立杆支承处的结构承载力，当不能满足要求时，应采取加固措施。

2.立杆间距、水平杆步距应符合专项施工方案的要求。

3.扫地杆离地间距、立杆伸出顶层水平杆中心线至支撑点的长度应符合相关标准的规定。

4.水平杆应按步距沿纵向和横向通长连续设置，不得缺失。在立杆底部应设置纵向和横向扫地杆，水平杆和扫地杆应与相邻立杆连接牢固。

5.架体应均匀、对称设置剪刀撑或斜撑杆、交叉拉杆，并应与架体连接牢固，连成整体，其设置跨度、间距应符合相关标准的规定。

6.顶部施工荷载应通过可调托撑向立杆轴心传力，可调托撑伸出顶层水平杆的悬臂长度应符合相关标准要求，插入立杆长度不应小于150mm，螺杆外径与立杆钢管内径的间隙不应大于3mm。

7.支撑架高宽比超过3时，应采用将架体与既有结构连接、扩大架体平面尺寸或对称设置缆风绳等加强措施。

8.桥梁满堂支撑架搭设完成后应进行预压试验。

4.6.4 采用立柱纵横梁搭设的梁柱式支撑架的构造应符合下列规定：

1.立柱之间应根据其受力和结构特点设置水平和斜向连接系，连接系的设置应满足立柱长细比及稳定性计算的要求；

2.纵梁之间应设置可靠的连接，当采用贝雷梁时，其两端及支承位置均应设置通长横向连接系，且其间距不应大于9m；

3.跨越道路或通航水域的支撑架应设置防撞设施和交通标志。

4.6.5 当桥梁采用移动模架施工时，应符合下列规定：

1.模架在首孔梁浇筑位置就位后应按设计要求进行预压试验；

2.混凝土浇筑过程中，及每完成一孔梁的施工，应随时检查模架的关键受力部位和支撑系统，发现异常应及时采取有效措施进行处理；

3.模架在移动过孔时的抗倾覆稳定系数不得小于1.5，移动过孔时应监控模架的运行状态；

4.模架横向移动和纵向移动过孔时，应解除作用于模架上的全部约束，纵向移动时两侧承重钢梁应保持同步。

4.6.6 当桥梁采用挂篮进行悬臂浇筑时，应符合下列规定：

1.挂篮制作加工完成后应进行试拼装，并应按最大施工组合荷载的1.2倍进行荷载试验；

2.挂篮行走滑道应铺设平顺，锚固应稳定，行走前应检查行走系统、吊挂系统和模板系统等；

3.挂篮应在混凝土强度符合要求后移动，墩两侧挂篮应对称平稳移动，就位后应立即锁定，每次就位后应经检查验收。

4.6.7 液压爬模的防坠装置应灵敏、可靠，其下坠制动距离不得大于50mm。爬模装置爬升时，承载体受力处的混凝土强度应满足设计要求，且不得低于10MPa。

4.6.8　当采用液压滑动模板施工时,应符合下列规定:

1.液压提升系统所需的千斤顶和支承杆的数量和布置方式应符合现行国家标准《滑动模板工程技术规范》GB 50113及专项施工方案的规定;支承杆的直径、规格应与所使用的千斤顶相适应。

2.提升架、操作平台、料台和吊脚手架应具有足够的承载力和刚度。

3.模板的滑升速度、混凝土出模强度应符合现行国家标准《滑动模板工程技术规范》GB 50113及专项施工方案的规定。

4.6.9　支撑架的地基基础、架体结构应根据方案设计及相关标准的规定进行验收,验收合格后方可投入使用。

4.6.10　支撑架严禁与施工起重设备、施工脚手架等设施、设备连接。

4.6.11　支撑架使用期间,严禁擅自拆除架体构配件。

4.6.12　模板作业层应在显著位置设置限载标志,注明限载数值,施工荷载不得超过设计允许荷载。

4.6.13　大模板竖向放置应保证风荷载作用下的自身稳定性,同时应采取辅助安全措施。

……

4.7.1　悬挑式操作平台的悬挑长度不宜大于5m,其搁置点、拉结点、支撑点应可靠设置在主体结构上。

4.7.2　斜拉式悬挑操作平台应在平台两侧各设置两道斜拉钢丝绳;支承式悬挑操作平台应在下部设置不少于两道斜撑;悬臂式操作平台应采用型钢梁或桁架梁作为悬挑主梁,不得使用脚手架钢管。

4.7.3　落地式操作平台应设置连墙件和剪刀撑。

4.7.4　操作平台投入使用时,应在平台的明显位置处设置限载标志,物料应及时转运,不得超重与超高堆放。

……

4.8.1　施工现场供人员使用的临时建筑应稳定、可靠,应能抵御大风、雨雪、冰雹等恶劣天气的侵袭,不得采用钢管、毛竹、三合板、石棉瓦等搭设简易的临时建筑物,不得将夹芯板作为活动房的竖向承重构件使用。临时建筑层数不宜超过2层。

4.8.2　临时建筑布置不得选择在易发生滑坡、泥石流、山洪等危险地段和低洼积水区域,应避开河沟、高边坡、深基坑边缘。

4.8.3　施工现场临时建筑的地基基础应稳固。严禁在临时建筑基础及其影响范围内进行开挖作业。

4.8.4　围挡宜选用彩钢板等轻质材料,围挡外侧为街道或行人通道时,应采取加固措施。

4.8.5　弃土及物料堆放应远离围挡,围挡外侧应有禁止人群停留、聚集和堆砌土方、货物等警示标志。严禁在施工围挡上方或紧靠施工围挡架设广告或宣传标牌。

4.8.6　餐厅、资料室应设置在临时建筑的底层,会议室宜设在临时建筑的底层。

4.8.7　在影响临时建筑安全的区域内堆置物不得超重堆载,严禁堆土、堆放材料、停放施工机械,并不应有强夯、混凝土输送等振动源产生的振动影响。

4.8.8　施工现场使用的组装式活动房屋应有产品合格证,在组装完成后应进行验收,经验收合格后方可使用。活动房使用荷载不得超过其设计允许荷载。

4.8.9 搭设在空旷、山脚处的活动房应采取防风、防洪和防暴雨等措施。

4.8.10 临时建筑严禁设置在建筑起重机械安装,使用和拆除期间可能倒塌覆盖的范围内。

......

4.9.1 钢围堰应对内外侧壁、斜撑及内撑、围檩等受力构件及连接焊缝进行设计计算,并应对围堰整体稳定性和抗倾覆进行计算。

4.9.2 钢围堰内基础施工时,挖土、吊运、浇筑混凝土等作业严禁碰撞围堰支撑,不得在支撑上放置重物。

4.9.3 钢围堰在使用过程中应按专项施工方案规定的监测点布置、监测内容、监测方法、监测频率和监测预警值进行监测,出现构配件松动、变形等情况时,应立即停止作业,查明原因。

4.9.4 钢围堰抽水过程中应进行观察,并应进行围堰变形监测。

4.9.5 施工过程中应监测水位变化,钢围堰内外的水头差应在设计范围内。洪水来临前应完成封底混凝土浇筑。

4.9.6 严禁任意加高围堰高度。

4.9.7 水上钢围堰应设置水上作业警示标志和防护栏,夜间河道作业区域应布置警示照明灯;在靠近航道处的作业区应设置防止船舶撞击的装置。

......

4.10.1 预制混凝土剪力墙等平板式构件应采用设置侧向护栏或其他固定措施的专用运输架进行运输,或采用专用运输车进行运输。超高、超宽、形状特殊部品的运输和堆放应有专项安全保护措施。

4.10.2 施工现场应根据预制构件规格、品种、使用部位、吊装顺序绘制施工场地平面布置图。预制构件应统一分类存放于专门设置的构件存放区,并应放置于专用存放架上或采取侧向支撑措施,存放架应具有足够抗倾覆稳定性能。构件堆放层数不宜大于3层。存放区的场地应平整、排水应畅通,并应具有足够的承载能力。

......

4.10.4 预制梁、楼板安装应设置可靠的临时支撑体系,应具有足够的承载能力、刚度和整体稳固性。

4.10.5 预制构件与吊具应在校准定位完毕及临时支撑安装完成后进行分离。现浇段混凝土强度未达到设计要求,或结构单元未形成稳定体系前,不应拆除临时支撑系统。

4.10.6 预制构件的安装应符合设计规定的部品组装顺序。

......

4.11.1 对建筑物实施人工拆除作业时,楼板上严禁人员聚集或堆放材料。人工拆除建筑墙体时,严禁采用掏掘或推倒的方法。

4.11.2 大型破碎机械不得上结构物进行拆除,应在结构物侧面进行拆除作业。当起重机械需在桥面或楼(屋)面上进行吊装作业时,应对承载结构进行承载力计算。

4.11.3 当机械拆除建筑时,应从上至下逐层分段进行;应先拆除非承重结构,再拆除承重结构。框架结构应按楼板、次梁、主梁、柱子的顺序进行拆除。对只进行部分拆除的建筑,应先将保留部分加固,再进行分离拆除。

4.11.4　梁式桥宜采用逆字拆除,不得采用机械破坏墩柱造成整体坍塌等危险方式进行拆除。桥跨结构应根据结构特点按一定顺序方向拆除,当跨数较多时,不应随意拆除形成单独跨。简支梁桥拆除过程应保证梁体稳定,T形梁、工形梁应进行临时支撑加固。

4.11.5　拆除后的混凝土块件和预制构件的存放场地应有足够的承载力,并应采取固定措施,堆放牢靠。堆放场地临近道路边时,应有隔离措施,并应设置安全标志和警示灯。

4.11.6　结构拆除过程中应保证剩余结构的稳定。

4.11.7　从事爆破拆除工程的施工单位,应根据爆破拆除等级,在许可范围内从事爆破拆除作业。爆破拆除设计人员应具有承担爆破拆除作业范围和相应级别的爆破工程技术人员作业证。从事爆破拆除施工的作业人员应持证上岗。

4.11.8　爆破拆除工程的预拆除施工中,不应拆除影响结构稳定的构件。

4.11.9　当采用支架法进行结构拆除时,应采用可靠的支撑系统。

……

5.1.1　开挖深度超过2m的基坑和基槽的周边、边坡的坡顶、未安装栏杆或栏板的阳台边、雨棚与挑檐边、楼梯口、楼梯平台、梯段边、卸料平台、操作平台周边、各种垂直运输设备的停层平台两侧边、无外脚手架的屋面与楼层周边、上下梯道和坡道的周边等临边作业场所,应设置防护栏杆,并应符合下列规定:

1.防护栏杆应由上下两道横杆及立杆组成,上杆离地高度应为1.2m,下杆应在上杆和挡脚板中间设置,立杆间距不应大于2m,底端应固定牢固;

2.防护栏杆的立杆和横杆的设置、固定及连接,应确保防护栏杆在上下横杆和立杆任何部位处,均能承受任何方向1kN的外力作用,当栏杆所处位置有发生人群拥挤、物件碰撞等可能时,应加大横杆截面或加密立杆间距;

3.防护栏杆应张挂密目式安全立网或采用其他材料封闭,采用密目式安全立网时,网间连接应牢固、严密;

4.对坡度大于25°的屋面,防护栏杆高度不应小于1.5m;

5.栏杆下部应设置高度不小于180mm的挡脚板。

5.1.2　洞口作业场所应采取防坠落措施,并应符合下列规定:

1.非竖向洞口短边边长或直径为500mm～1500mm时,应采用盖板覆盖或防护栏杆等措施;

2.非竖向洞口短边边长或直径大于或等于1500mm时,应在洞口作业侧设置防护栏杆,洞口应采用安全平网封闭;

3.外墙面等处落地的竖向洞口、窗台高度低于800mm的窗洞及框架结构在浇筑完混凝土未砌筑墙体时的洞口,应设置防护栏杆;

4.洞口盖板宜采用工具化盖件,盖板应能承受不小于1kN的集中荷载和不小于$2kN/m^2$的均布荷载;

5.洞口应设置警示标志,夜间应设红灯警示。

5.1.3　电梯井口应采取防坠落措施,并应符合下列规定:

1.电梯井口应设置防护门,其高度不应小于1.5m,防护门底端距地面高度不应大于50mm,并应设置高度不小于180mm的挡脚板;

2.在电梯施工前,电梯井道内应每隔 2 层且不大于 10m 加设一道安全平网,安装和拆卸电梯井内安全平网时,作业人员应佩戴安全带;

3.电梯井内的施工层上部,应设置隔离防护设施。

5.1.4　操作平台四周应设置防护栏杆,脚手板应铺满、铺稳、铺实、铺平并绑牢或扣紧,严禁出现大于 150mm 探头板,并应布置登高扶梯。装设轮子的移动式操作平台,轮子与平台的接合处应牢固可靠,并有自锁功能。移动式操作平台移动时以及悬挑式操作平台调运或安装时,平台上不得站人。

5.1.5　安全网质量应符合现行国家标准《安全网》GB 5725 规定,安装和使用安全网应符合下列规定:

1.安全网安装应系挂安全网的受力主绳,与支撑件的拉结应牢固,其间距和张力应符合相关规定,不得系挂网格绳,安装完毕应进行检查、验收;

2.安全网安装或拆除作业应根据现场条件采取防坠落安全措施;

3.不得将密目式安全立网代替安全平网使用。

5.1.6　凡在 2m 以上的悬空作业人员,应佩戴安全带,安全带及其使用除应符合现行国家标准《安全带》GB 6095 的规定外,尚应符合下列规定:

1.安全带除应定期检验外,使用前尚应进行检查,织带磨损、灼伤、酸碱腐蚀或出现明显变硬、发脆,以及金属部件磨损出现明显缺陷或受到冲击后发生明显变形的,应及时报废;

2.安全带应高挂低用,并应扣牢在牢固的物体上;

3.缺少或不易设置安全带吊点的工作场所宜设置安全带母索;

4.安全带的安全绳不得打结使用,安全绳上不得挂钩;

5.安全带的各部件不得随意更换或拆除;

6.安全绳有效长度不应大于 2m,有两根安全绳的安全带,单根绳的有效长度不应大于 1.2m;

7.安全绳不得用作悬吊绳;安全绳与悬吊绳不得共用连接器,新更换安全绳的规格及力学性能应符合要求,并应加设绳套。

5.1.7　高处作业应设置专门的上下通道,攀登作业人员应从专门通道上下。上下通道应根据现场情况选用钢斜梯、钢直梯、人行塔梯等,各类梯道安装应牢固可靠,并应符合下列规定:

1.当固定式直梯攀登高度超过 3m 时,宜加设护笼,当攀登高度超过 8m 时,应设置梯间平台;

2.人行塔梯顶部和各平台应满铺防滑板,并应固定牢固,四周应设置防护栏杆,当高度超过 5m 时,应与建筑结构间设置连墙件;

3.上下直梯时,人员应面向梯子,且不得手持器物;

4.单梯不得垫高使用,直梯如需接长,接头不得超过 1 处;

5.使用折梯时,铰链应牢固,并应有可靠的拉撑措施;

6.同一梯子上不得有两人同时作业;

7.脚手架操作层上不得使用梯子作业。

5.1.8　高处作业不得使用座板式吊具或自制吊篮。

5.1.9　作业场地应有采光照明设施。

5.1.10　遇有冰、霜、雨、雪等天气的高处作业,应采取防滑措施。

……

5.2.1　开挖深度超过2m的基坑,周边应安装防护栏杆。

5.2.2　作业人员严禁沿坑壁、支撑或乘坐运土工具上下基坑,应设置专用斜道、梯道、扶梯、人坑踏步等攀登设施,并应符合下列规定:

1.当设置专用梯道时,梯道应设扶手栏杆,梯道的宽度不应小于1m;

2.梯道的搭设及使用应符合本标准第5.1.7条的规定;

3.当采用坡道代替梯道时,应加设间距不大于400mm的防滑条等防滑措施。

5.2.3　降水井、开挖孔洞等部位应按本标准第5.1.2条的规定设置防护盖板或防护栏杆,并应设置明显的警示标志。

5.2.4　当基坑施工设置栈桥、作业平台时,应设置临边防护栏杆。

5.2.5　支撑拆除施工时,应设置安全可靠的防护措施和作业空间,严禁非操作人员入内。

……

5.3.1　脚手架作业层上脚手板的设置,应符合下列规定:

1.作业平台脚手板应铺满、铺稳、铺实、铺平;

2.脚手架内立杆与建筑物距离不宜大于150mm,当距离大于150nm时,应采取封闭防护措施;

3.工具式钢脚手板应有挂钩,并应带有自锁装置与作业层横向水平杆锁紧,不得浮放;

4.木脚手板、竹串片脚手板、竹笆脚手板两端应与水平杆绑牢,作业层相邻两根横向水平杆间应加设水平杆,脚手板探头长度不应大于150mm。

5.3.2　脚手架作业层上防护栏杆的设置,应符合下列规定:

1.扣件式和普通碗扣式钢管脚手架应在外侧立杆0.6m及1.2m高处搭设两道防护栏杆;

2.承插型盘扣式和高强碗扣式钢管脚手架应在外侧立杆0.5m及1.0m高的立杆节点处搭设两道防护栏杆;

3.防护栏杆下部应设置高度不小于180mm的挡脚板;

4.防护栏杆和挡脚板均应设置在外立杆内侧。

5.3.3　脚手架外侧应采用密目式安全立网全封闭,不得留有空隙,并应与架体绑扎牢固。

5.3.4　脚手架作业层脚手板下宜采用安全平网兜底,以下每隔不大于10m应采用安全平网封闭。

5.3.5　当遇6级及以上大风、雨雪、浓雾天气时,应停止脚手架的搭设与拆除作业以及脚手架上的施工作业。雨雪、霜后脚手架作业时,应有防滑措施,并应扫除积雪。夜间不得进行脚手架搭设与拆除作业。

5.3.6　搭设和拆除脚手架作业应有相应的安全设施,操作人员应佩戴安全帽、安全带和防滑鞋。

……

5.4.1　上下模板支撑架应设置专用攀登通道,不得在连接件和支撑件上攀登,不得在上下同一垂直面上装拆模板。

5.4.2　模板安装和拆卸时,作业人员应有可靠的立足点,应采取防护措施,并应符合下列规定:

1.在坠落基准面2m及以上高处搭设与拆除柱模板及悬挑结构的模板,应设置操作平台;

2.支设临空构筑物模板时,应搭设支架或脚手架;

3.悬空安装大模板时,应在平台上操作,吊装中的大模板,不得站人和行走;

4.拆模高处作业时,应配置登高用具或搭设支架。

5.4.3　当模板上有预留孔洞时,应在安装后及时将孔洞覆盖。

5.4.4　翻模、爬模、滑模等工具式模板应设置操作平台,上下操作平台间应设置专用攀登通道。

……

5.5.1　当绑扎钢筋和安装钢筋骨架需悬空作业时,应搭设脚手架和上下通道,不得攀爬钢筋骨架。

5.5.2　当绑扎圈梁、挑梁、挑檐、外墙、边柱和悬空梁等构件的钢筋时,应搭设脚手架或操作平台。

5.5.3　当绑扎立柱和墙体钢筋时,不得站在钢筋骨架上或攀登骨架作业。在坠落基准面2m及以上高处绑扎柱钢筋,应搭设操作平台。

5.5.4　在高处进行预应力张拉操作前,应搭设操作平台。

5.5.5　当临边浇筑高度2m及以上的混凝土结构构件时,应设置脚手架或操作平台。

5.5.6　当浇筑储仓或拱形结构时,应自下而上交圈封闭,并应搭设脚手架。

5.5.7　当在特殊情况下悬空绑扎钢筋或浇筑混凝土时,必须系好安全带。

……

5.6.1　门窗作业时,应有防坠落措施。操作人员在无安全防护措施时,不得站在樘子、阳台栏板上作业;当门窗临时固定、封填材料未达到强度以及施焊作业时,不得手拉门窗进行攀登。

5.6.2　当在高处外墙安装门窗且无外脚手架时,操作人员应系好安全带,其保险钩应挂在操作人员上方的可靠物件上。

5.6.3　当进行各项窗口作业时,操作人员的重心应位于室内,不得在窗台上站立,必要时应系好安全带进行操作。

……

5.7.1　起重吊装悬空作业应有安全防护措施,并应符合下列要求:

1.结构吊装应设置牢固可靠的高处作业操作平台或操作立足点;

2.操作平台外围应设置防护栏杆;

3.操作平台面应满铺脚手板,脚手板应铺平绑牢,不得出现探头板;

4.人员上下高处作业面应设置爬梯,梯道的构造应符合本标准第5.1.7条的规定。

5.7.2　钢结构构件的吊装,应搭设用于临时固定、焊接、螺栓连接等工序的高空安全设施,并应随构件同时起吊就位,吊装就位的钢构件应及时连接。

5.7.3　钢结构安装宜在施工层搭设水平通道,通道两侧应设置防护栏杆。

5.7.4　钢结构或装配式混凝土结构安装作业层应设置供作业人员系挂安全带的安全绳。

5.7.5　在轻质型材等屋面上作业,应搭设临时走道板,不得在轻质型材上行走;安装轻质型材板前,应采取在梁下张设安全平网或搭设脚手架等安全防护措施。

5.7.6　当吊装屋架、梁、柱等大型混凝土预制构件时,应在构件上预先设置登高通道和操作平台等安全设施，操作人员必须在操作平台上进行就位、灌浆等操作。当吊装第一块预制构件或单独的大中型预制构件时，操作人员应在操作平台上进行操作。

5.7.7　吊装作业中，当利用已安装的构件或既有结构构件作为水平通道时，临空面应设置临边防护栏杆，并应设置连续的钢丝绳、钢索作安全绳。

5.7.8　装配式建筑预制外墙施工所使用的外挂脚手架，其预埋挂点应经设计计算，并应设置防脱落装置，作业层应设置操作平台。

5.7.9　装配式建筑预制构件吊装就位后，应采用移动式升降平台或爬梯进行构件顶部的摘钩作业，也可采用半自动脱钩装置。

5.7.10　安装管道时，应有已完结构或稳固的操作平台为立足点，严禁在未固定、无防护的结构构件及安装中的管道上作业或通行。

……

5.8.1　各种垂直运输设备的停层平台除两侧应按临边作业要求设防护栏杆、挡脚板、安全立网外，平台口还应设置高度不低于1.8m的楼层防护门，并应设置防外开装置和连锁保护装置。停层平台应满铺脚手板并固定牢固。

5.8.2　物料提升机应设置刚性停层装置，各层联络应有明确信号和楼层标记，并应采用断绳保护装置和安全停层装置。物料提升机通道中间，应分别设置隔离设施。物料提升机严禁乘人。

5.8.3　施工升降机层门应与吊笼连锁，并应确保吊笼底板距楼层平台的垂直距离不大于150mm时，层门方能开启。当层门关闭时，人员不得进出。

5.8.4　施工升降机各种限位应灵敏可靠，楼层门应采取防止人员和物料坠落的措施，上下运行行程内应无障碍物。吊笼内乘人、载物时，严禁超载，荷载应均匀分布。

5.8.5　吊篮作业应符合下列规定：

1. 吊篮选用应符合现行国家标准《高处作业吊篮》GB/T 19155的有关规定，其结构应具有足够的承载力和刚度，且应使用专业厂家制作的定型产品，产品应有出厂合格证，不得使用自行制作的吊篮；

2. 高处作业吊篮安装拆卸的作业人员应经专业机构培训，并应取得相应的从业资格；

3. 吊篮内操作人员的数量应符合产品说明书的使用要求，吊篮中的作业人员应佩戴安全带，安全带应挂设在单独设置的安全绳上，安全绳不得与吊篮任何部位连接；

4. 吊篮的安全锁应完好有效，不得使用超过有效标定期的安全锁。

……

6.0.1　交叉作业时，下层作业位置应处于上层作业的坠落半径之外，在坠落半径内时，必须设置安全防护棚或其他隔离措施。

6.0.2　下列部位自建筑物施工至二层起，其上部应设置安全防护棚：

1. 人员进出的通道口（包括物料提升机、施工升降机的进出通道口）；

2. 上方施工可能坠落物件的影响范围内的通行道路和集中加工场地；

3. 起重机的起重臂回转范围之内的通道。

6.0.3　安全防护棚宜采用型钢和钢板搭设或采用双层木质板搭设，并应能承受高空坠物的冲击。防护棚的覆盖范围应大于上方施工可能坠落物件的影响范围。

6.0.4　短边边长或直径小于或等于500mm的洞口，应采取封堵措施。

6.0.5　进入施工现场的人员必须正确佩戴安全帽,安全帽质量应符合现行国家标准《安全帽》GB 2811 的规定。

6.0.6　高处作业现场所有可能坠落的物件均应预先撤除或固定。所存物料应堆放平稳,随身作业工具应装入工具袋。作业中的走道、通道板和登高用具,应清扫干净。作业人员传递物件应明示接稳信号,用力适当不得抛掷。

6.0.7　临边防护栏杆下部挡脚板下边距离底面的空隙不应大于10mm。操作平台或脚手架作业层当采用冲压钢脚手板时,板面冲孔内切圆直径应小于25mm。

6.0.8　悬挑式脚手架、附着升降脚手架底层应采取可靠封闭措施。

6.0.9　人工挖孔桩孔口第一节护壁井圈顶面应高出地面不小于200mm,孔口四周不得堆积弃渣、无关机具和其他杂物。挖孔作业人员的上方应设置护盖,吊弃渣斗不得装满,出渣时孔内作业人员应位于护盖下。吊运块状岩石前,孔内作业人员应出孔。

6.0.10　临近边坡的作业面、通行道路,当上方边坡的地质条件较差,或采用爆破方法施工边坡土石方时,应在边坡上设置阻拦网、插打锚杆或覆盖钢丝网进行防护。

6.0.11　拆除或拆卸作业应符合下列规定:

1.拆除或拆卸作业下方不得有其他人员;

2.不得上下同时拆除;

3.物件拆除后,临时堆放处离堆放结构边沿不应小于1m,堆放高度不得超过1m,楼层边口、通道口、脚手架边缘等处,不得堆放任何拆下的物件;

4.拆除或拆卸作业应设置警戒区域,并应由专人负责监护警戒;

5.拆除工程中,拆卸下的物件及余料和废料均应及时清理运走,构配件应向下传递或用绳递下,不得任意乱置或向下丢弃,散碎材料应采用溜槽顺槽溜下。

6.0.12　施工现场人员不应在起重机覆盖范围内和有可能坠物的地方逗留、休息。

……

7.0.1　施工现场应制定施工机械安全技术操作规程,建立设备安全技术档案。

7.0.2　机械应按出厂使用说明书规定技术性能、承载能力和使用条件,正确操作,合理使用,严禁超载、超速作业或任意扩大使用范围。

7.0.3　机械设备上的各种安全防护和保险装置及各种安全信息装置应齐全有效。

7.0.4　施工机械进场前应查验机械设备证件、性能和状况,并应进行试运转。作业前,施工技术人员应向操作人员进行安全技术交底。操作人员应熟悉作业环境和施工条件,并应听从指挥,遵守现场安全管理规定。

7.0.5　大型机械设备的地基基础承载力应满足安全使用要求,其安装、试机、拆卸应按使用说明书的要求进行,使用前应经专业技术人员验收合格。

7.0.6　操作人员应根据机械保养规定进行机械例行保养,机械应处于完好状态,并应进行维修保养记录。机械不得带病运转,检修前应悬挂"禁止合闸、有人工作"的警示牌。

7.0.7　清洁、保养、维修机械或电气装置前,必须先切断电源,等机械停稳后再进行操作。严禁带电或采用预约停送电时间的方式进行维修。

7.0.8　在机械使用、维修过程中,操作人员和配合作业人员应正确使用劳动保护用品,长发应束紧不得外露,高处作业应系安全带。

7.0.9　多班作业的机械应执行交接班制度,填写交接班记录,接班人员上岗前应进行检查。

7.0.10　施工现场应为机械提供道路、水电、机棚及停机场地等必备的作业条件,夜间作业应提供充足的照明。

7.0.11　机械行驶的场内道路应平整坚实,并应设置安全警示标识。多台机械在同一区域作业时,前后、左右应保持安全距离。

7.0.12　机械在临近坡、坑边缘及有坡度的作业现场(道路)行驶时,其下方受影响范围内不得有任何人员。

7.0.13　土石方机械作业时,应符合下列规定:

1. 施工现场应设置警戒区域,悬挂警示标志,非工作人员不得入内;

2. 机械回转作业时,配合人员应在机械回转半径以外工作,当需在安全距离以内工作时,应将机械停止并制动;

3. 拖式铲运机作业中,人员不得上下机械设备,传递物件,以及在铲斗内、拖把或机架上坐立;

4. 装载机转向架未锁闭时,不得站在前后车架之间进行检修保养;

5. 土方运输车辆的行驶坡度不应大于20°;

6. 强夯机械的夯锤下落后,在吊钩尚未降至夯锤吊环附近时,操作人员不得提前下坑挂锤。从坑中提锤时,挂钩人员不得站在锤上随锤提升。

7.0.14　混凝土搅拌机料斗提升时,人员不得在料斗下停留或通过;当需在料斗下进行清理或检修时,应将料斗提升至上止点,并应采用保险销锁牢或用保险链挂牢。

7.0.15　小型机具的使用应符合下列规定:

1. 小型机具应有出厂合格证和操作说明书;

2. 小型机具应制定管理制度,建立台账,并应按要求使用、维修和保养;

3. 作业人员应了解所用机具性能,并应熟悉掌握其安全操作常识,施工中应正确佩戴各类安全防护用品;

4. 手持电动工具的操作应符合现行国家标准《手持式、可移式电动工具和园林工具的安全 第1部分:通用要求》GB 38831的规定,并应配备安全隔离变压器、漏电保护器、控制箱和电源连接器;

5. 作业人员不得站在不稳定的地方使用电动或气动工具,当需使用时,应有专人监护;

6. 木工圆盘锯机上的旋转锯片应带有护罩,平创应设置护手装置;

7. 齿轮传动、皮带传动、连轴传动的小型机具应设置安全防护装置。

7.0.16　小型起重机具的使用应符合下列规定:

1. 千斤顶应垂直安装在坚实可靠的基础上,底部宜采用垫木等垫平;

2. 行走电动葫芦应设缓冲器,轨道两端应设挡板;电动葫芦不得超载起吊,起吊过程中手不得握在绳索与吊物之间;

3. 不得使用2台以上手拉葫芦同时起吊重物;

4. 卷扬机卷筒上的钢丝绳应排列整齐,不得在传动中用手拉或脚踩钢丝绳。作业中,不得跨越卷扬机钢丝绳。卷筒剩余钢丝绳不得少于3圈。

7.0.17　停用一个月以上或封存的机械设备,应进行停用或封存前的保养工作,并应采取预防大风、碰撞等措施。

......

8.0.1 施工现场临时用电设备在 5 台及以上占设备总容量在 50kW 及以上时,应编制施工现场临时用电组织设计,并应经审核和批准。

8.0.2 施工现场临时用电设备和线路的安装、巡检、维修或拆除,应由建筑电工完成。电工应经考核合格后,持证上岗工作;其他用电人员应通过安全教育培训和技术交底,经考核合格后方可上岗工作。

8.0.3 各类用电人员应掌握安全用电基本知识和所用设备的性能,并应符合下列规定:

1.使用电气设备前应佩戴相应的劳动保护用品,并应检查电气装置和保护设施,设备不得带缺陷运转;

2.应保管和维护所用设备,发现问题应及时报告解决;

3.暂时停用设备的开关箱应分断电源隔离开关,并应上锁;

4.移动电气设备时,应切断电源并妥善处理后进行;

5.当遇有临时停电、停工、检修或移动电气设备时,应关闭电源。

8.0.4 施工现场临时配电线路应采用三相四线制电力系统,应采用 TN-S 接零保护系统,并应符合下列规定:

1.配电电缆应包含全部用作芯线和用作保护零线或保护线的芯线,电缆线路应采用五芯电缆;

2.电缆线路应采用埋地或架空敷设,不得沿地面明设,并应避免机械损伤和介质腐蚀,埋地电缆路径应设方位标志;

3.地下埋设电缆应设防护管,与开挖作业边缘的距离不应小于 2m,架空线路应采用绝缘导线,不得使用裸线,并应沿墙或电杆作绝缘固定,架空线应架设在专用电杆上,不得架设在树木、脚手架及其他设施上;

4.配电线路应有短路保护和过载保护;

5.配电线路中的保护零线除应在配电室或总配电箱处作重复接地外,还应在配电线路的中间处和末端处作重复接地,重复接地电阻不应大于 10Ω;

6.通往水上的岸电应采用绝缘物架设,电缆线应留有余量,作业过程中不得挤压或拉拽电缆线。

8.0.5 配电系统应设置配电柜或总配电箱、分配电箱、开关箱,实行三级配电,除应在末级开关箱内加漏电保护器外,还应在总配电箱再加装一级漏电保护器,总体形成两级保护,并应符合下列规定:

1.配电柜应装设隔离开关及短路、过载、漏电保护器,电源隔离开关分断时应有明显的可见分断点;

2.配电箱、开关箱应选用专业厂家定型、合格产品,并应使用 3C 认证的成套配电箱技术;

3.配电箱、开关箱应设置在干燥、通风及常温场所,不得装设在瓦斯、烟气、潮湿及其他有害介质的场所;

4.配电箱的电器安装板上应分设 N 线端子板和 PE 线端子板,入线端子板应与金属电器安装板绝缘,PE 线端子板应与金属电器安装板作电气连接,进出线中的 N 线应通过 N 线端子板连接,PE 线应通过 PE 线端子板连接;

5.配电箱、开关箱的金属箱体、金属电器安装板以及电器正常不带电的金属底座、外壳等

应通过 PE 线端子板与 PE 线作电气连接,金属箱门与金属箱体应通过采用编织软铜线作电气连接;

6.总配电箱和开关箱中两级漏电保护器的额定漏电动作电流和额定漏电动作时间应符合要求,漏电保护器的极数和线数应与其负荷侧负荷的相数和线数一致;

7.配电箱、开关箱的电源进线端不得采用插头和插座作活动连接;

8.配电箱、开关箱应定期检查、维修;检查和维修时,应挂接地线,并应悬挂"禁止合闸、有人工作"停电标志牌。停送电应由专人负责。

8.0.6　施工现场的用电设备应符合下列规定:

1.每台用电设备应有各自专用的开关箱,不得用同一个开关箱直接控制 2 台及 2 台以上用电设备(含插座);开关箱应装设隔离开关及短路、过载、漏电保护器,不得设置分路开关;

2.各种施工机具和施工设施应做好保护零线连接;

3.塔式起重机、施工升降机、滑动模板、爬升模板的金属操作平台、需设置避雷装置的物料提升机及其他高耸临时设施,除应连接 PE 线外,还应进行重复接地;

4.对防雷接地的电气设备,所连接的 PE 线应同时作重复接地;

5.对混凝土搅拌机、钢筋加工机械、木工机械、盾构机械等设备进行清理、检查、维修时,应首先将其开关箱分闸断电,呈现可见电源分断点,并关门上锁。

8.0.7　水上或潮湿地带的电缆线应绝缘良好,并应具有防水功能,电缆线接头应经防水处理。

8.0.8　施工照明应符合下列规定:

1.应根据作业环境条件选择适应的照明器具,特殊场所应使用安全特低电压照明器,并应符合下列规定:

1)隧道、人防工程、高温、有导电灰尘、比较潮湿或灯具离地面高度低于 2.5m 等场所的照明,电源电压不应大于 36V;

2)潮湿和易触及带电体场所的照明,电源电压不得大于 24V;

3)特别潮湿场所、导电良好的地面、锅炉或金属容器内的照明,电源电压不得大于 12V。

2.使用行灯电源电压不大于 36V,灯体与手柄应坚固、绝缘良好并耐热耐潮湿,金属网、反光罩、悬吊挂钩固定在灯具的绝缘部位上。

3.照明灯具的金属外壳应与 PE 线相连接,照明开关箱内应装设隔离开关、短路与过载保护电器和漏电保护器。

4.室外 220V 灯具距地面不得低于 3m,室内 220V 灯具距地面不得低于 2.5m。

8.0.9　临时用电工程应定期检查,定期检查时应复查接地电阻值和绝缘电阻值,对发现的安全隐患应及时处理,并应履行复查验收手续。

8.0.10　施工现场脚手架、起重机械与架空线路的安全距离应符合相关标准要求,当不满足要求时,应采取有效的绝缘隔离防护措施。

……

9.0.1　起重机械安装拆卸工、起重机械司机、信号司索工应经专业机构培训,并应取得相应的特种作业人员从业资格,持证上岗。起重司机操作证应与操作机型相符,并应按操作规程进行操作。起重机作业应设专职信号指挥和司索人员,一人不得同时兼顾信号指挥和司索作业。

9.0.2　从事建筑起重机械安装、拆卸活动的单位应具有相应资质和建筑施工企业安全生产许可证,并在其资质许可范围内承揽建筑起重机械安装、拆卸工程。

9.0.3　起重机械安拆、吊装作业应编制专项施工方案,超过一定规模的起重吊装及起重机械安装拆卸工程,其专项施工方案应组织专家论证。起重机械作业前,施工技术人员应向操作人员进行安全技术交底。操作人员应熟悉作业环境和施工条件。

9.0.4　纳入特种设备目录的起重机械进入施工现场,应具有特种设备制造许可证、产品合格证、备案证明和安装使用说明书。起重机械进场组装后应履行验收程序,填写安装验收表,并经责任人签字,在验收前应经有相应资质的检验检测机构监督检验合格。

9.0.5　起重机械的辅助构件、附墙件应由原制造厂家或具有相应能力的专业厂家制造。安装起重设备的地基基础、起重机设备附着处应经过承载力验算并满足使用说明书要求。起重机械的起吊能力应按最不利工况进行计算,索具、卡环、绳扣等的规格应根据计算确定。吊索具系挂点位置和系挂方式应符合设计的规定,设计无规定时应经计算确定。

9.0.6　起重机械安装所采用的螺栓、钢楔或木楔、钢垫板、垫木和电焊条等材质应符合设计要求。起重作业前应检查起重设备的钢丝绳及端部固接方式、滑轮、卷筒、吊钩、索具、卡环、绳环和地锚、缆风绳等,所有索具设备和零部件应符合安全要求。

9.0.7　起重机械的变幅限位器、力矩限制器、起重量限制器、防坠安全器、各种行程限位开关以及滑轮和卷筒的钢丝绳防脱装置、吊钩防脱钩装置等安全保护装置,应齐全有效,严禁随意调整或拆除。严禁利用限制器和限位装置代替操纵机构。

9.0.8　吊装大、重、新结构构件和采用新的吊装工艺前应先进行试吊。

9.0.9　高空吊装预制梁、屋架等大型构件时,应在构件两端设溜绳,作业人员不得直接推拉被吊运物。

9.0.10　双机抬吊宜选用同类型或性能相近的起重机,负载分配应合理,单机载荷不得超过额定起重量的80%。两机位应协同起吊和就位,起吊速度应平稳缓慢。

9.0.11　门式起重机、架桥机、行走式塔式起重机等轨道行走类起重机械应设置夹轨器和轨道限位器。轨道的基础承载力、宽度、平整度、坡度、轨距、曲线半径等应满足说明书和设计要求。

9.0.12　塔式起重机的使用应符合下列规定:

1.塔式起重机基础应按使用说明书的要求进行设计,并应在地基验收合格后安装;基础应设置排水设施。

2.塔式起重机附着处的承载力应满足塔式起重机技术要求,附着装置的安装应符合使用说明书要求。

3.塔式起重机的高强螺栓应由专业厂家制造,高强螺栓不得进行焊接;安装高强螺栓时,应采用扭矩扳手或专业扳手,并应按装配技术要求预紧。

4.塔式起重机顶升加节应符合使用说明书要求;顶升前,应将回转下支座与顶升套架可靠连接,并应将塔式起重机配平;顶升时,不得进行起升、回转、变幅等操作;顶升结束后,应将标准节与回转下支座可靠连接。

5.塔式起重机加节后需进行附着的,应按先安装附着装置、后顶升加节的顺序进行。拆除作业时,应先降节,后拆除附着装置。

9.0.13　施工升降机的使用,应符合下列规定:

　　1.施工升降机应安装防坠安全器,防坠安全器应在1年有效标定期内使用,不得使用超过有效标定期的防坠安全器;

　　2.施工升降机使用期间,每3个月应进行不少于一次的额定载重量坠落试验;

　　3.升降机额定载重量、额定乘员数标牌应置于吊笼醒目位置,并应安装超载保护装置;

　　4.不得用行程限位开关作为停止运行的控制开关;

　　5.施工升降机每3个月应进行一次1.25倍额定载重量的超载试验,制动器性能应安全可靠;

　　6.施工升降机应设置附墙架,附墙架应采用配套标准产品,附墙架与结构物连接方式、角度应符合产品说明书要求,当标准附墙架产品不满足施工现场要求时,应对附墙架另行设计;

　　7.附墙架间距、最高附着点以上导轨架的自由高度应符合产品说明书要求。

　　9.0.14　装配式建筑施工应根据预制构件的外形、尺寸、重量,采用专用吊架配合预制构件吊装。

　　……

　　10.1.1　基坑和顶管工程施工时,应采取防淹溺措施,并应符合下列规定:

　　1.基坑、顶管工作井周边应有良好的排水系统和设施,避免坑内出现大面积、长时间积水;

　　2.采用井点降水时,降水井口应设置防护盖板或围栏,并应设置明显的警示标志,完工后应及时回填降水井;

　　3.对场地内开挖的槽、坑、沟及未竣工建筑内修建的蓄水池、化粪池等坑洞,当积水深度超过0.5m时,应采取有效的防护措施,夜间应设红灯警示。

　　10.1.2　地下水丰富地带的人工挖孔桩工程,或在雨季施工的挖孔桩工程,应采取场地截水、排水措施,下孔作业前应配备抽水设备及时排除孔内积水,井底抽水作业时,人员不得下孔作业。渗水量过大时,应采取降水措施。

　　……

　　10.1.4　围堰施工过程及围堰内作业过程中,应监控水位水情变化,根据施工区实测水位和水情预报、海事预报等信息做好相应水情变化应对工作。筑岛围堰应高出施工期间可能出现的最高水位0.7m以上。

　　10.1.5　钢板桩工程施工应采取防止淹溺的安全技术措施,并应符合下列规定:

　　1.地下水位较高时,应采用止水、导水、排水等措施;

　　2.施工过程中对钢板桩围护结构桩间等薄弱部位应设专人监视;若出现少量渗漏,应及时处理,并先堵漏后开挖;当出现大量涌水时,应及时抽排水,并回填干砌片石,注浆加固,待排除渗漏后再开挖。

　　……

　　10.2.1　在隧道工程施工中应制定预防冒顶片帮的安全专项施工方案和事故应急预案,施工前应进行安全技术交底和交底培训。

　　10.2.2　穿越特殊不良地质或围岩自稳性差的地段的隧道,应按设计要求进行超前支护或预加固处理,并应对加固效果进行验证。

　　10.2.3　隧道拱顶或侧墙穿越洞穴前应按设计要求对洞穴进行填充,符合设计要求后方可进行洞身开挖。

　　10.2.4　隧道应按设计要求进行开挖,各开挖工序应相互衔接,应按监控结果进行施工方法调整,并应根据围岩的等级控制每循环进尺。

10.2.5 开挖工作面爆破后,应进行敲帮问顶工作,并应按先机械后人工的顺序找顶,确认安全后,其他作业人员方可进入工作面进行下一道工序作业。

10.2.6 隧道工作面开挖后应按要求及时施作初期支护,并应封闭成环,严禁岩层裸露时间过长,I、IV、V级围岩封闭位置距离掌子面不得大于3.5m。施工中应随时观察支护各部位,当支护变形或损坏时,作业人员应及时撤离现场。

……

10.3.4 穿越富水底层的隧道开挖及支护各道工序应紧密衔接,应采用对围岩扰动小的掘进方式,钻爆作业应控制起爆药量和循环进尺,并结合监控量测信息,及时施作二次衬砌。

10.3.5 当发生强降雨可能造成地下工程透水补给时,应暂停隧道施工作业,待检查无误后再进洞作业。

10.3.6 隧道工程施工应设置照明设施,隧道进出道路应修整平整。

10.3.7 地下水位以下的基坑、顶管或挖孔桩施工,应根据地质钻探资料和工程实际情况,采取降水或抗渗维护措施。当有地下承压水时,应事先探明承压水头和不透水层的标高和厚度,并对坑底土体进行抗浮托能力计算,当不满足抗浮托要求时,应采取措施降低承压水头。

……

10.4.4 从事爆破工作的爆破员、安全员和保管员应经专业机构培训,并应取得相应的从业资格。

10.4.5 爆破作业单位实施爆破项目前、应办理审批手续,经批准后方可实施爆破作业。

10.4.6 预裂爆破、光面爆破、大型土石方爆破、水下爆破、重要设施附近及其他环境复杂、技术要求高的爆破工程应编制爆破设计方案,制定相应的安全技术措施;其他爆破工程可编制爆破说明书,并应经有关部门审批同意。

10.4.7 经审批的爆破作业项目,爆破作业单位应于施工前3d发布公告,并应在作业地点周围张贴,施工公告应明确工程负责人及联系方式、爆破作业时限等。

……

10.5.4 在已确定为缺氧作业环境的场所作业时,应有专人监护,并应采取下列措施:

1.无关人员不得进入缺氧作业场所,并应在醒目处设置警示标志;

2.作业人员应配备并使用空气呼吸器或软管面具等隔离式呼吸保护器具,不得使用过滤式面具;

3.当存在因缺氧而坠落的危险时,作业人员应使用安全带,并在适当位置可靠地安装必要的安全绳网设备;

4.在每次作业前,应检查呼吸器具和安全带,发现异常应立即更换,不得勉强使用;

5.在作业人员进入缺氧作业场所前和离开时应清点人数。

10.5.5 当进行钻探、挖掘隧道等作业时,应采用试钻等方法进行预测调查。当发现有硫化氢、二氧化碳或甲烷等有害气体逸出时,应先确定处理方法,调整作业方案,再进行作业。

10.5.6 在通风条件差的地下管道、烟道、涵洞等作业场所,当配备二氧化碳灭火器时,应将灭火器放置牢固。二氧化碳灭火器的有效期应符合说明书要求,放置灭火器的位置应设立明显的标志。

10.5.7 施工现场宿舍内不得使用明火取暖,同时应保持房间通风。冬季宿舍内不得使用电热毯取暖。

《装配式劲性柱混合梁框架结构技术规程》针对装配式劲性柱混合梁框架结构的技术标准做了相关规定,其中关于安全控制方面的相关条文如下:

6.1.1　原材料进场时,应按现行国家标准《混凝土结构工程施工质量验收规范》GB 50204 和《钢结构工程施工质量验收规范》GB 50205 的有关规定进行检验,合格后方可使用。

6.1.2　构件制作前应根据建筑、结构和设备等专业以及制作、运输和施工各环节的综合要求进行施工设计。

6.1.3　构件制作前,设计单位应对生产单位进行技术交底。

6.1.4　构件制作前应编制生产方案,生产方案应包括生产计划及生产工艺、模具方案及模具计划、技术质量控制措施、成品保护及运输、吊装方案等。

6.1.5　预制构件应在混凝土浇筑前进行隐蔽工程检查并做好记录。

6.1.6　构件断面的高宽比大于 2.5 时,存放时下部应加支撑或有坚固的存放架,上部应拉牢固定。

……

6.2.3　外墙板装饰层采用面砖时,面砖宜排版规则、缝隙均匀,面砖抗拔检测应符合现行行业标准《建筑工程饰面砖粘结强度检验标准》JGJ 110 的有关规定;外墙板装饰层采用石材时,应进行专项连接设计。

6.2.4　混合梁预制时模具应侧放,叠合板预制层预制时模具应平放,楼梯预制时模具宜立放,劲性柱、内外叶墙板预制时模具可平放或立放。

6.2.5　零件及部件加工应根据设计和施工详图编制制作工艺。钢构件的切割、焊接、运输、吊装、探伤检验应符合现行国家标准《钢结构工程施工质量验收规范》GB 50205 和《钢结构焊接规范》GB 50661 的有关规定。

6.2.6　栓钉焊接前,应将构件焊接面的油、锈等杂物清除;焊接后栓钉高度的允许偏差应为 ±2mm。

6.2.7　预制构件预埋吊环应使用未经冷加工的 HPB300 钢筋或 Q235B 圆钢制作,并应进行设计验算;内埋式螺母或内埋式吊杆及配套的吊具,应根据相应的产品标准选用,并应进行设计验算或试验检验,经验证合格后方可使用。

6.2.8　劲性柱钢管外混凝土宜在工厂内浇筑。

6.2.9　预制构件的混凝土强度等级应符合设计要求,并应振捣密实。

6.2.10　预制构件与后浇混凝土、灌浆料、坐浆材料的结合面应设置粗糙面或键槽,并应符合现行行业标准《装配式混凝土结构技术规程》JGJ 1 的有关规定。

6.2.11　预制构件宜采用蒸汽养护,应合理控制升温速度、降温速度和最高温度。

6.2.12　预制构件脱模起吊时,混凝土立方体抗压强度应满足设计要求,且不应小于 15N/mm²。

6.2.13　生产过程中混凝土试块的留置应符合下列规定:

1. 每条生产线每工作班拌制的同一配合比混凝土不足 100 盘时,取样不应少于一次,每拌制 100 盘且不超过 100m³ 的同配合比的混凝土,取样不应少于一次;

2. 每次取样应至少留置一组标准养护试块,同条件养护试块的留置组数应根据构件生产的实际需要确定。

......

6.3.1　应制定预制构件存放、运输方案,其内容应包括运输时间、次序、存放场地、运输线路、固定要求、堆放支垫及成品保护措施。

6.3.2　构件存放应符合下列规定:

1.预制构件运送到施工现场后,应按品种、规格、使用部位、吊装顺序分别设置存放场地和通道;

2.存放场地应设置在起重设备的有效起重范围内,场地应平整坚实并设置排水措施;

3.劲性柱、混合梁宜平放,支撑点位置应经计算确定;

4.叠合板的预制板宜沿垂直受力方向设置垫块分层叠放,每层间的垫块应上下对齐,叠放层数应根据构件、垫块的承载力和堆垛的稳定性确定;

5.内、外墙板宜采用支撑架立放,支撑架应有足够的强度和刚度,并应支垫稳固。

6.3.3　构件运输应符合下列规定:

1.运输车辆应满足构件尺寸和载重要求;

2.构件支承的位置和方法,不应引起构件损伤;

3.构件装运时应可靠固定,对构件边角部或与固定用链索接触的部位,宜采用柔性衬垫加以保护;

4.预制构件运输时,混凝土强度应达到设计要求;当设计无要求时,不应低于混凝土设计强度的 75%。

......

7.1.1　装配式劲性柱混合梁框架结构施工前,施工单位应编制装配施工专项方案。

......

7.3.1　吊具应按相应的产品标准进行设计验算或试验检验,确认可靠后,方可使用。

7.3.2　预制构件吊装应符合下列规定:

1.预制构件应按吊装顺序预先编号,吊装时应按编号顺序起吊;

2.竖向构件起吊不应少于 2 个吊点,叠合板不应少于 4 个吊点,跨度大于 6m 的叠合板宜采用 8 个吊点;

3.吊装过程中,吊索水平夹角不宜小于 60°,不应小于 45°,并应保证吊点合力与构件重心重合;

4.预制构件吊装校正,可采用起吊、就位、初步校正、精细调整的作业方式;

5.预制构件吊装就位并校准定位后,应设置临时支撑或采取临时固定措施。

......

7.4.3　劲性柱钢管内混凝土宜采用自密实混凝土,施工前应进行配合比设计,可采用高位抛落免振捣法、立式手工浇捣法、泵送顶升浇筑法进行浇筑,且应符合下列规定:

1.采用高位抛落免振捣法时,料口的下口直径应比圆形截面钢管内径、正方形截面钢管截面边长小 100mm~200mm;

2.采用立式手工浇捣法时,应采用振捣器振实混凝土;

3.采用泵送顶升浇筑法浇筑混凝土时,施工前宜进行浇筑工艺试验;

4.钢管内混凝土宜连续浇筑,间歇时间不应超过混凝土的初凝时间;

5.混凝土施工缝宜留置在钢管拼接焊口 500mm 以下的位置;

6.已浇混凝土顶部浮浆宜采用吸附式清除;

7.钢管混凝土宜采用管口封水养护。

7.4.4　叠合板叠合层、混合梁顶水平后浇带的混凝土施工应符合下列规定:

1.浇筑前应清除杂物、浮浆及松散骨料,并应清扫干净,洒水湿润,但不应有积水;

2.宜先浇筑梁柱工字形钢接头处外包混凝土,叠合板叠合层浇筑宜采用从周围向中间的浇筑方式;

3.混凝土应振捣密实,梁柱工字形钢接头处应辅以外部振动器振实;

4.混凝土强度达到设计要求后,方可拆除临时支撑。

7.4.5　外墙板接缝防水施工应符合下列规定:

1.外侧水平、竖直接缝的密封胶封堵前,侧壁应清理干净,保持干燥;

2.外侧水平、竖直接缝的密封胶应饱满、密实、连续、均匀、无气泡,注胶宽度、厚度应符合现行行业标准《玻璃幕墙工程质量检验标准》JGJ/T 139 的有关规定。

……

7.5.1　施工过程中应按现行行业标准《建筑施工安全检查标准》JGJ 59、《建筑施工现场环境与卫生标准》JGJ 146 的有关规定执行。

7.5.2　作业人员应进行安全生产教育和培训,未经安全生产和教育培训合格的作业人员不得上岗作业。

7.5.3　施工区域应配置消防设施和器材,设置消防安全标志,并定期检验、维修,消防设施和器材应完好、有效。

7.5.4　预制构件吊装应采用慢起、快升、缓放的操作方式;起吊应依次逐级增加速度,不应越挡操作。雨、雪、雾天气,或者风力大于 5 级时,不应吊装预制构件。

7.5.5　作业人员应配备劳动防护用品并正确使用;高处作业使用的工具和零配件等,应采取防坠落措施,严禁上下抛掷。

……

8.3.1　预制构件临时固定措施应符合施工方案的要求。

检查数量:全数检查。

检验方法:观察。

8.3.2　钢筋采用焊接连接时,其焊接质量应符合现行行业标准《钢筋焊接及验收规程》JGJ 18 的有关规定。

检查数量:按现行行业标准《钢筋焊接及验收规程》JGJ 18 的有关规定确定。

检验方法:检查钢筋焊接施工记录及平行加工试件的强度试验报告。

8.3.3　钢筋采用机械连接时,其接头质量应符合现行行业标准《钢筋机械连接技术规程》JGJ 107 的有关规定。

检查数量:按现行行业标准《钢筋机械连接技术规程》JGJ 107 的有关规定确定。

检验方法:检查钢筋机械连接施工记录及平行加工试件的强度试验报告。

8.3.4　预制构件采用焊接、螺栓连接时应符合国家现行标准《钢结构工程施工质量验收规范》GB 50205、《钢筋焊接及验收规程》JGJ 18 的有关规定。

检查数量:按国家现行标准《钢结构工程施工质量验收规范》GB 50205、《钢筋焊接及验收规程》JGJ 18 的有关规定确定。

检验方法:检查施工记录及平行加工试件的检验报告。

8.3.5　预制构件采用销轴连接时,销轴的规格和性能应符合设计要求及现行国家标准《销轴》GB/T 882的有关规定。

检查数量:全数检查。

检验方法:检查销轴的进场和施工记录。

8.3.6　劲性柱钢管内混凝土应浇筑密实。

检查数量:全数检查。

检验方法:检查钢管内混凝土浇筑工艺试验报告和混凝土浇筑施工记录。

《装配式混凝土结构技术规程》是针对装配式建筑混凝土结构颁布的规程,为保证装配式建筑的安全,其部分相关要求如下:

3.0.1　在装配式建筑方案设计阶段,应协调建设、设计、制作、施工各方之间的关系,并应加强建筑、结构、设备、装修等专业之间的配合。

……

4.1.1　混凝土、钢筋和钢材的力学性能指标和耐久性要求等应符合现行国家标准《混凝土结构设计规范》GB 50010和《钢结构设计规范》GB 50017的规定。

4.1.2　预制构件的混凝土强度等级不宜低于C30;预应力混凝土预制构件的混凝土强度等级不宜低于C40,且不应低于C30;现浇混凝土的强度等级不应低于C25。

4.1.3　钢筋的选用应符合现行国家标准《混凝土结构设计规范》GB 50010的规定。普通钢筋采用套筒灌浆连接和浆锚搭接连接时,钢筋应采用热轧带肋钢筋。

……

4.2.1　钢筋套筒灌浆连接接头采用的套筒应符合现行行业标准《钢筋连接用灌浆套筒》JG/T 398的规定。

4.2.2　钢筋套筒灌浆连接接头采用的灌浆料应符合现行行业标准《钢筋连接用套筒灌浆料》JG/T 408的规定。

……

4.2.5　受力预埋件的锚板及锚筋材料应符合现行国家标准《混凝土结构设计规范》GB 50010的有关规定。专用预埋件及连接件材料应符合国家现行有关标准的规定。

4.2.6　连接用焊接材料,螺栓、锚栓和铆钉等紧固件的材料应符合国家现行标准《钢结构设计规范》GB 50017、《钢结构焊接规范》GB 50661和《钢筋焊接及验收规程》JGJ 18等的规定。

4.2.7　夹心外墙板中内外叶墙板的拉结件应符合下列规定:

1.金属及非金属材料拉结件均应具有规定的承载力、变形和耐久性能,并应经过试验验证;

2.拉结件应满足夹心外墙板的节能设计要求。

……

5.1.1　建筑设计应符合建筑功能和性能要求,并宜采用主体结构、装修和设备管线的装配化集成技术。

……

5.1.3　建筑的围护结构以及楼梯、阳台、隔墙、空调板、管道井等配套构件、室内装修材料宜采用工业化、标准化产品。

5.1.4 建筑的体形系数、窗墙面积比、围护结构的热工性能等应符合节能要求。

……

5.3.3 预制外墙板的接缝应满足保温、防火、隔声的要求。

5.3.4 预制外墙板的接缝及门窗洞口等防水薄弱部位宜采用材料防水和构造防水相结合的做法,并应符合下列规定:

1.墙板水平接缝宜采用高低缝或企口缝构造;

2.墙板竖缝可采用平口或槽口构造;

3.当板缝空腔需设置导水管排水时,板缝内侧应增设气密条密封构造。

……

5.4.1 室内装修宜减少施工现场的湿作业。

5.4.2 建筑的部件之间、部件与设备之间的连接应采用标准化接口。

5.4.3 设备管线应进行综合设计,减少平面交叉;竖向管线宜集中布置,并应满足维修更换的要求。

5.4.4 预制构件中电气接口及吊挂配件的孔洞、沟槽应根据装修和设备要求预留。

5.4.5 建筑宜采用同层排水设计,并应结合房间净高、楼板跨度、设备管线等因素确定降板方案。

5.4.6 竖向电气管线宜统一设置在预制板内或装饰墙面内。墙板内竖向电气管线布置应保持安全间距。

5.4.7 隔墙内预留有电气设备时,应采取有效措施满足隔声及防火的要求。

5.4.8 设备管线穿过楼板的部位,应采取防水、防火、隔声等措施。

5.4.9 设备管线宜与预制构件上的预埋件可靠连接。

……

6.3.1 在各种设计状况下,装配整体式结构可采用与现浇混凝土结构相同的方法进行结构分析。当同一层内既有预制又有现浇抗侧力构件时,地震设计状况下宜对现浇抗侧力构件在地震作用下的弯矩和剪力进行适当放大。

……

6.4.1 预制构件的设计应符合下列规定:

1.对持久设计状况,应对预制构件进行承载力、变形、裂缝控制验算;

2.对地震设计状况,应对预制构件进行承载力验算;

3.对制作、运输和堆放、安装等短暂设计状况下的预制构件验算,应符合现行国家标准《混凝土结构工程施工规范》GB 50666 的有关规定。

6.4.2 当预制构件中钢筋的混凝土保护层厚度大于 50mm 时,宜对钢筋的混凝土保护层采取有效的构造措施。

6.4.3 预制板式楼梯的梯段板底应配置通长的纵向钢筋。板面宜配置通长的纵向钢筋;当楼梯两端均不能滑动时,板面应配置通长的纵向钢筋。

……

6.5.2 装配整体式结构中,节点及接缝处的纵向钢筋连接宜根据接头受力、施工工艺等要求选用机械连接、套筒灌浆连接、浆锚搭接连接、焊接连接、绑扎搭接连接等连接方式,并应符合国家现行有关标准的规定。

6.5.3 纵向钢筋采用套筒灌浆连接时,应符合下列规定:

1.接头应满足行业标准《钢筋机械连接技术规程》JGJ 107—2010 中Ⅰ级接头的性能要求,并应符合国家现行有关标准的规定;

2.预制剪力墙中钢筋接头处套筒外侧钢筋的混凝土保护层厚度不应小于 15mm,预制柱中钢筋接头处套筒外侧箍筋的混凝土保护层厚度不应小于 20mm;

3.套筒之间的净距不应小于 25mm。

6.5.4 纵向钢筋采用浆锚搭接连接时,对预留孔成孔工艺、孔道形状和长度、构造要求、灌浆料和被连接钢筋,应进行力学性能以及适用性的试验验证。直径大于 20mm 的钢筋不宜采用浆锚搭接连接,直接承受动力荷载构件的纵向钢筋不应采用浆锚搭接连接。

......

8.1.1 抗震设计时,对同一层内既有现浇墙肢也有预制墙肢的装配整体式剪力墙结构,现浇墙肢水平地震作用弯矩、剪力宜乘以不小于 1.1 的增大系数。

8.1.2 装配整体式剪力墙结构的布置应满足下列要求:

1.应沿两个方向布置剪力墙;

2.剪力墙的截面宜简单、规则;预制墙的门窗洞口宜上下对齐、成列布置。

8.1.3 抗震设计时,高层装配整体式剪力墙结构不应全部采用短肢剪力墙;抗震设防烈度为 8 度时,不宜采用具有较多短肢剪力墙的剪力墙结构。当采用具有较多短肢剪力墙的剪力墙结构时,应符合下列规定:

1.在规定的水平地震作用下,短肢剪力墙承担的底部倾覆力矩不宜大于结构底部总地震倾覆力矩的 50%;

2.房屋适用高度应比本规程表 6.1.1 规定的装配整体式剪力墙结构的最大适用高度适当降低,抗震设防烈度为 7 度和 8 度时宜分别降低 20m。

注:1.短肢剪力墙是指截面厚度不大于 300mm、各肢截面高度与厚度之比的最大值大于 4 但不大于 8 的剪力墙;

2.具有较多短肢剪力墙的剪力墙结构是指,在规定的水平地震作用下,短肢剪力墙承担的底部倾覆力矩不小于结构底部总地震倾覆力矩的 30% 的剪力墙结构。

8.1.4 抗震设防烈度为 8 度时,高层装配整体式剪力墙结构中的电梯井筒宜采用现浇混凝土结构。

......

8.2.6 当预制外墙采用夹心墙板时,应满足下列要求:

1.外叶墙板厚度不应小于 50mm,且外叶墙板应与内叶墙板可靠连接;

2.夹心外墙板的夹层厚度不宜大于 120mm;

3.当作为承重墙时,内叶墙板应按剪力墙进行设计。

......

8.3.4 预制剪力墙底部接缝宜设置在楼面标高处,并应符合下列规定:

1.接缝高度宜为 20mm;

2.接缝宜采用灌浆料填实;

3.接缝处后浇混凝土上表面应设置粗糙面。

......

9.1.1　本章适用于 6 层及 6 层以下、建筑设防类别为丙类的装配式剪力墙结构设计。

9.1.2　多层装配式剪力墙结构抗震等级应符合下列规定：

1. 抗震设防烈度为 8 度时取三级；

2. 抗震设防烈度为 6、7 度时取四级。

9.1.3　当房屋高度不大于 10m 且不超过 3 层时，预制剪力墙截面厚度不应小于 120mm；当房屋超过 3 层时，预制剪力墙截面厚度不宜小于 140mm。

9.1.4　当预制剪力墙截面厚度不小于 140mm 时，应配置双排双向分布钢筋网。剪力墙中水平及竖向分布筋的最小配筋率不应小于 0.15%。

......

9.3.3　预制剪力墙水平接缝宜设置在楼面标高处，并应满足下列要求：

1. 接缝厚度宜为 20mm。

2. 接缝处应设置连接节点，连接节点间距不宜大于 1m；穿过接缝的连接钢筋数量应满足接缝受剪承载力的要求，且配筋率不应低于墙板竖向钢筋配筋率，连接钢筋直径不应小于 14mm。

3. 连接钢筋可采用套筒灌浆连接、浆锚搭接连接、焊接连接，并应满足本规程附录 A 中相应的构造要求。

9.3.4　当房屋层数大于 3 层时，应符合下列规定：

1. 屋面、楼面宜采用叠合楼盖，叠合板与预制剪力墙的连接应符合本规程第 6.6.4 条的规定；

2. 沿各层墙顶应设置水平后浇带，并应符合本规程第 8.3.3 条的规定；

3. 当抗震等级为三级时，应在屋面设置封闭的后浇钢筋混凝土圈梁，圈梁应符合本规程第 8.3.2 条的规定。

9.3.5　当房屋层数不大于 3 层时，楼面可采用预制楼板，并应符合下列规定：

1. 预制板在墙上的搁置长度不应小于 60mm，当墙厚不能满足搁置长度要求时可设置挑耳；板端后浇混凝土接缝宽度不宜小于 50mm，接缝内应配置连续的通长钢筋，钢筋直径不应小于 8mm。

2. 当板端伸出锚固钢筋时，两侧伸出的锚固钢筋应互相可靠连接，并应与支承墙伸出的钢筋、板端接缝内设置的通长钢筋拉结。

3. 当板端不伸出锚固钢筋时，应沿板跨方向布置连系钢筋，连系钢筋直径不应小于 10mm，间距不应大于 600mm；连系钢筋应与两侧预制板可靠连接，并应与支承墙伸出的钢筋、板端接缝内设置的通长钢筋拉结。

......

9.3.7　预制剪力墙与基础的连接应符合下列规定：

1. 基础顶面应设置现浇混凝土圈梁，圈梁上表面应设置粗糙面；

2. 预制剪力墙与圈梁顶面之间的接缝构造应符合本规程第 9.3.3 条的规定，连接钢筋应在基础中可靠锚固，且宜伸入到基础底部；

3. 剪力墙后浇暗柱和竖向接缝内的纵向钢筋应在基础中可靠锚固，且宜伸入到基础底部。

......

12.3.4　钢筋套筒灌浆连接接头、钢筋浆锚搭接连接接头应按检验批划分要求及时灌浆，灌浆作业应符合国家现行有关标准及施工方案的要求，并应符合下列规定：

1.灌浆施工时，环境温度不应低于5℃；当连接部位养护温度低于10℃时，应采取加热保温措施；

2.灌浆操作全过程应有专职检验人员负责旁站监督并及时形成施工质量检查记录；

3.应按产品使用说明书的要求计量灌浆料和水的用量，并搅拌均匀；每次拌制的灌浆料拌合物应进行流动度的检测，且其流动度应满足本规程的规定；

4.灌浆作业应采用压浆法从下口灌注，当浆料从上口流出后应及时封堵，必要时可设分仓进行灌浆；

5.灌浆料拌合物应在制备后30min内用完。

……

12.3.7　后浇混凝土的施工应符合下列规定：

1.预制构件结合面疏松部分的混凝土应剔除并清理干净；

2.模板应保证后浇混凝土部分形状、尺寸和位置准确，并应防止漏浆；

3.在浇筑混凝土前应洒水润湿结合面，混凝土应振捣密实；

4.同一配合比的混凝土，每工作班且建筑面积不超过1000㎡应制作一组标准养护试件，同一楼层应制作不少于3组标准养护试件。

……

13.2.1　后浇混凝土强度应符合设计要求。

检查数量：按批检验，检验批应符合本规程第12.3.7条的有关要求。

检验方法：按现行国家标准《混凝土强度检验评定标准》GB/T 50107的要求进行。

13.2.2　钢筋套筒灌浆连接及浆锚搭接连接的灌浆应密实饱满。

检查数量：全数检查。

检验方法：检查灌浆施工质量检查记录。

13.2.3　钢筋套筒灌浆连接及浆锚搭接连接用的灌浆料强度应满足设计要求。

检查数量：按批检验，以每层为一检验批；每工作班应制作一组且每层不应少于3组40mm×40mm×160mm的长方体试件，标准养护28d后进行抗压强度试验。

检验方法：检查灌浆料强度试验报告及评定记录。

13.2.4　剪力墙底部接缝坐浆强度应满足设计要求。

检查数量：按批检验，以每层为一检验批；每工作班应制作一组且每层不应少于3组边长为70.7mm的立方体试件，标准养护28d后进行抗压强度试验。

检验方法：检查灌浆材料强度试验报告及评定记录。

13.2.5　钢筋采用焊接连接时，其焊接质量应符合现行行业标准《钢筋焊接及验收规程》JGJ 18的有关规定。

检查数量：按现行行业标准《钢筋焊接及验收规程》JGJ 18的规定确定。

检验方法：检查钢筋焊接施工记录及平行加工试件的强度试验报告。

13.2.6　钢筋采用机械连接时，其接头质量应符合现行行业标准《钢筋机械连接技术规程》JGJ 107的有关规定。

检查数量：按现行行业标准《钢筋机械连接技术规程》JGJ 107的规定确定。

检验方法:检查钢筋机械连接施工记录及平行加工试件的强度试验报告。

13.2.7　预制构件采用焊接连接时,钢材焊接的焊缝尺寸应满足设计要求,焊缝质量应符合现行国家标准《钢结构焊接规范》GB 50661 和《钢结构工程施工质量验收规范》GB 50205 的有关规定。

检查数量:全数检查。

检验方法:按现行国家标准《钢结构工程施工质量验收规范》GB 50205 的要求进行。

13.2.8　预制构件采用螺栓连接时,螺栓的材质、规格、拧紧力矩应符合设计要求及现行国家标准《钢结构设计规范》GB 50017 和《钢结构工程施工质量验收规范》GB 50205 的有关规定。

检查数量:全数检查。

检验方法:按现行国家标准《钢结构工程施工质量验收规范》GB 50205 的要求进行。

《建筑施工安全检查标准》适用于我国建设工程的施工现场,是建筑施工从业人员的行为规范,是施工过程建筑职工安全和健康的保障。其中有关于安全管理检查的标准条文如下:

……

3.1.1　安全管理检查评定应符合国家现行有关安全生产的法律、法规、标准的规定。

3.1.2　安全管理检查评定保证项目应包括:安全生产责任制、施工组织设计及专项施工方案、安全技术交底、安全检查、安全教育、应急救援。一般项目应包括:分包单位安全管理、持证上岗、生产安全事故处理、安全标志。

3.1.3　安全管理保证项目的检查评定应符合下列规定:

1.安全生产责任制

1) 工程项目部应建立以项目经理为第一责任人的各级管理人员安全生产责任制;

2) 安全生产责任制应经责任人签字确认;

3) 工程项目部应有各工种安全技术操作规程;

4) 工程项目部应按规定配备专职安全员;

5) 对实行经济承包的工程项目,承包合同中应有安全生产考核指标;

6) 工程项目部应制定安全生产资金保障制度;

7) 按安全生产资金保障制度,应编制安全资金使用计划,并应按计划实施;

8) 工程项目部应制定以伤亡事故控制、现场安全达标、文明施工为主要内容的安全生产管理目标;

9) 按安全生产管理目标和项目管理人员的安全生产责任制,应进行安全生产责任目标分解;

10) 应建立对安全生产责任制和责任目标的考核制度;

11) 按考核制度,应对项目管理人员定期进行考核。

2.施工组织设计及专项施工方案

1) 工程项目部在施工前应编制施工组织设计,施工组织设计应针对工程特点、施工工艺制定安全技术措施;

2) 危险性较大的分部分项工程应按规定编制安全专项施工方案,专项施工方案应有针对性,并按有关规定进行设计计算;

3) 超过一定规模危险性较大的分部分项工程,施工单位应组织专家对专项施工方案进行论证；

4）施工组织设计、专项施工方案，应由有关部门审核，施工单位技术负责人、监理单位项目总监批准；

5）工程项目部应按施工组织设计、专项施工方案组织实施。

3. 安全技术交底

1）施工负责人在分派生产任务时，应对相关管理人员、施工作业人员进行书面安全技术交底；

2）安全技术交底应按施工工序、施工部位、施工栋号分部分项进行；

3）安全技术交底应结合施工作业场所状况、特点、工序，对危险因素、施工方案、规范标准、操作规程和应急措施进行交底；

4）安全技术交底应由交底人、被交底人、专职安全员进行签字确认。

4. 安全检查

1）工程项目部应建立安全检查制度；

2）安全检查应由项目负责人组织，专职安全员及相关专业人员参加，定期进行并填写检查记录；

3）对检查中发现的事故隐患应下达隐患整改通知单，定人、定时间、定措施进行整改。重大事故隐患整改后，应由相关部门组织复查。

5. 安全教育

1）工程项目部应建立安全教育培训制度；

2）当施工人员入场时，工程项目部应组织进行以国家安全法律法规、企业安全制度、施工现场安全管理规定及各工种安全技术操作规程为主要内容的三级安全教育培训和考核；

3）当施工人员变换工种或采用新技术、新工艺、新设备、新材料施工时，应进行安全教育培训；

4）施工管理人员、专职安全员每年度应进行安全教育培训和考核。

6. 应急救援

1）工程项目部应针对工程特点，进行重大危险源的辨识；应制定防触电、防坍塌、防高处坠落、防起重及机械伤害、防火灾、防物体打击等主要内容的专项应急救援预案，并对施工现场易发生重大安全事故的部位、环节进行监控；

2）施工现场应建立应急救援组织，培训、配备应急救援人员，定期组织员工进行应急救援演练；

3）按应急救援预案要求，应配备应急救援器材和设备。

3.1.4 安全管理一般项目的检查评定应符合下列规定：

1. 分包单位安全管理

1）总包单位应对承揽分包工程的分包单位进行资质、安全生产许可证和相关人员安全生产资格的审查；

2）当总包单位与分包单位签订分包合同时，应签订安全生产协议书，明确双方的安全责任；

3）分包单位应按规定建立安全机构，配备专职安全员。

2. 持证上岗

　　1）从事建筑施工的项目经理、专职安全员和特种作业人员,必须经行业主管部门培训考核合格,取得相应资格证书,方可上岗作业;

　　2）项目经理、专职安全员和特种作业人员应持证上岗。

　　3. 生产安全事故处理

　　1）当施工现场发生生产安全事故时,施工单位应按规定及时报告;

　　2）施工单位应按规定对生产安全事故进行调查分析,制定防范措施;

　　3）应依法为施工作业人员办理保险。

　　4. 安全标志

　　1）施工现场入口处及主要施工区域、危险部位应设置相应的安全警示标志牌;

　　2）施工现场应绘制安全标志布置图;

　　3）应根据工程部位和现场设施的变化,调整安全标志牌设置;

　　4）施工现场应设置重大危险源公示牌。

　　……

　　3.2.2　文明施工检查评定保证项目应包括:现场围挡、封闭管理、施工场地、材料管理、现场办公与住宿、现场防火。一般项目应包括:综合治理、公示标牌、生活设施、社区服务。

　　3.2.3　文明施工保证项目的检查评定应符合下列规定:

　　1. 现场围挡

　　1）市区主要路段的工地应设置高度不小于2.5m的封闭围挡;

　　2）一般路段的工地应设置高度不小于1.8m的封闭围挡;

　　3）围挡应坚固、稳定、整洁、美观。

　　2. 封闭管理

　　1）施工现场进出口应设置大门,并应设置门卫值班室;

　　2）应建立门卫值守管理制度,并应配备门卫值守人员;

　　3）施工人员进入施工现场应佩戴工作卡;

　　4）施工现场出入口应标有企业名称或标识,并应设置车辆冲洗设施。

　　3. 施工场地

　　1）施工现场的主要道路及材料加工区地面应进行硬化处理;

　　2）施工现场道路应畅通,路面应平整坚实;

　　3）施工现场应有防止扬尘措施;

　　4）施工现场应设置排水设施,且排水通畅无积水;

　　5）施工现场应有防止泥浆、污水、废水污染环境的措施;

　　6）施工现场应设置专门的吸烟处,严禁随意吸烟;

　　7）温暖季节应有绿化布置。

　　4. 材料管理

　　1）建筑材料、构件、料具应按总平面布局进行码放;

　　2）材料应码放整齐,并应标明名称、规格等;

　　3）施工现场材料码放应采取防火、防锈蚀、防雨等措施;

　　4）建筑物内施工垃圾的清运,应采用器具或管道运输,严禁随意抛掷;

　　5）易燃易爆物品应分类储藏在专用库房内,并应制定防火措施。

5．现场办公与住宿

1）施工作业、材料存放区与办公、生活区应划分清晰，并应采取相应的隔离措施；

2）在建工程内、伙房、库房不得兼作宿舍；

3）宿舍、办公用房的防火等级应符合规范要求；

4）宿舍应设置可开启式窗户，床铺不得超过2层，通道宽度不应小于0.9m；

5）宿舍内住宿人员人均面积不应小于$2.5m^2$，且不得超过16人；

6）冬季宿舍内应有采暖和防一氧化碳中毒措施；

7）夏季宿舍内应有防暑降温和防蚊蝇措施；

8）生活用品应摆放整齐，环境卫生应良好。

6．现场防火

1）施工现场应建立消防安全管理制度，制定消防措施；

2）施工现场临时用房和作业场所的防火设计应符合规范要求；

3）施工现场应设置消防通道、消防水源，并应符合规范要求；

4）施工现场灭火器材应保证可靠有效，布局配置应符合规范要求；

5）明火作业应履行动火审批手续，配备动火监护人员。

《装配式住宅建筑检测技术标准》（征求意见稿）主要是对装配式建筑系统进行全面检测，装配式建筑检测若合格，也能满足装配式建筑安全管理质量要求。其检测内容部分如下。

关于装配式混凝土结构检测：

4.2.1 材料检测应包括下列内容：

1．进场预制构件中的混凝土、钢筋；

2．现场施工的后浇混凝土、钢筋；

3．连接材料。

......

4.2.4 连接材料检测应符合下列规定：

1．灌浆料的抗压强度应在施工现场制作平行试件进行检测，套筒灌浆料抗压强度的检测方法应符合现行行业标准《钢筋连接用套筒灌浆料》JG/T 408的规定，浆锚搭接灌浆料抗压强度的检测方法应符合现行国家标准《水泥基灌浆材料应用技术规范》GB/T 50448的规定；

2．坐浆料的抗压强度应在施工现场制作平行试件进行检测，检测方法应符合现行行业标准《建筑砂浆基本性能试验方法标准》JGJ/T 70的规定；

3．钢筋采用套筒灌浆连接时，接头强度应在施工现场制作平行试件进行检测，检测方法应符合现行行业标准《钢筋套筒灌浆连接应用技术规程》JGJ 355的规定；

4．钢筋采用机械连接时，接头强度应在施工现场制作平行试件进行检测，检测方法应符合现行行业标准《钢筋机械连接技术规程》JGJ 107的规定；

5．钢筋采用焊接连接时，接头强度应在施工现场制作平行试件进行检测，检测方法应符合现行行业标准《钢筋焊接及验收规程》JGJ 18的规定；

6．钢筋锚固板的检测方法应符合现行行业标准《钢筋锚固板应用技术规程》JGJ 256的规定；

7．紧固件的检测方法应符合现行国家标准《钢结构工程施工质量验收规范》GB 50205的规定；

8.焊接材料的检测方法应符合现行国家标准《钢结构工程施工质量验收规范》GB 50205的规定。

……

4.3.6　混凝土叠合板式构件结合面的缺陷检测宜采用具有多探头阵列的超声断层扫描设备进行检测,也可采用冲击回波仪进行检测,测点布置应符合下列规定:

1.测点在板上均匀布置;

2.测点上应有清晰的编号;

3.测点间距不大于1m,构件中部和距支座附近500mm范围内需布置测点;

4.每个构件上测点数不少于9个。

……

4.3.12　对进场时不做结构性能检测且无驻厂监造的预制构件,进场时应对其主要受力钢筋数量、钢筋规格、钢筋间距、混凝土保护层厚度及混凝土强度等进行实体检测。

4.3.13　当委托方有特定要求时,可对存在缺陷、损伤或性能劣化现象的部位进行专项检测。

……

4.4.1　结构构件之间的连接质量检测应包括结构构件位置与尺寸偏差、套筒灌浆质量与浆锚搭接灌浆质量、焊接连接质量与螺栓连接质量、预制剪力墙底部接缝灌浆质量、双面叠合剪力墙空腔内现浇混凝土质量等内容。

关于装配式钢结构检测:

5.2.1　材料检测应包括下列内容:

1.钢材、焊接材料及紧固件等的力学性能;

2.原材料化学成分;

3.钢板及紧固件的缺陷和损伤;

4.钢材金相。

……

5.2.9　当钢结构材料发生烧损、变形、断裂、腐蚀或其他形式的损伤,需要确定微观组织是否发生变化时,应进行金相检测。

……

5.3.3　构件尺寸检测应包括构件轴线尺寸、主要零部件布置定位尺寸及零部件规格尺寸等项目。零部件规格尺寸的检测方法应符合相关产品标准的规定。

……

5.3.7　构件腐蚀情况检测方法和要求应符合下列规定:

1.对全面均匀腐蚀情况,检测腐蚀损伤板件厚度时,应沿长度方向至少选取3个较严重的区段,每个区段选8～10个测点,采用测厚仪测量构件厚度;

2.对局部腐蚀情况,检测腐蚀损伤板件厚度时,应在腐蚀最严重部位选取1～2个截面,每个截面选8～10个测点,采用测厚仪测量板件厚度;

3.对角焊缝腐蚀情况,检测焊缝焊脚高度时,应根据焊缝的腐蚀状况,沿焊缝长度均匀布点3～10个,逐点测量焊缝厚度,取算术平均测量厚度作为焊缝实际厚度,并记录焊缝长度。

……

5.4.5 普通螺栓连接检测的抽样应符合下列规定：

1.对于常规性检测,抽检比例不应少于节点总数的 10%,且不应少于 3 个节点；

2.对于有损伤的节点和指定要检测的节点,应 100% 检测；

3.抽查位置应为结构的大部分区域以及不同连接形式的区域。

......

5.4.7 高强度螺栓连接检测的内容应包括螺栓断裂、松动、脱落、螺杆弯曲、螺纹外露圈数、滑移变形、连接板螺孔挤压破坏、连接零件是否齐全和锈蚀程度。

关于装配式木结构检测：

6.2.1 材料检测项目应包括下列内容：

1.物理性能；

2.弦向静曲强度；

3.弹性模量等内容。

6.2.2 物理性能检测应包括木材含水率检测和密度检测。

......

6.2.7 木材抗弯弹性模量检测应符合现行国家标准《木材抗弯弹性模量测定方法》GB/T 1936.2 的规定,并应符合下列规定：

1.当木材的材质或外观与同类木材有显著差异时,或树种和产地判别不清时,或因结构计算需木材强度时,可取样检测木材的抗弯弹性模量；

2.取样时应覆盖柱、梁、椽等所有构件,每栋建筑为一个检验批、一个检验批中每类构件取样数量至少 3 根,每类构件数量在 3 根以下时,全部取样；

3.每根构件应距离构件长度方向的端部 200mm 以外的部位,随机取样 3 处,应在每根构件切取 3 个试件为一组,试件尺寸和含水率应符合现行国家标准《木材抗弯弹性模量测定方法》GB/T 1936.2 规定。

......

6.3.2 单个木构件截面尺寸其偏差检测应符合下列规定：

1.对于等截面构件和截面尺寸均匀变化的变截面构件,应分别在构件的中部和两端量取截面尺寸,对于其它变截面构件,应选取构件端部、截面突变的位置量取截面尺寸；

2.应将每个测点的尺寸实测值与设计图纸规定的尺寸进行比较,计算每个测点尺寸偏差值；

3.应将构件尺寸的实测值作为该构件截面尺寸的代表值。

6.3.3 批量构件截面尺寸及其偏差的检测应符合下列规定：

1.将同一楼层、结构缝或施工段中设计截面尺寸相同的同类型构件划分为同一检验批；

2.在检验批中随机选取构件,抽样数量应符合现行国家标准《建筑结构检测技术标准》GB/T 50344 的规定；

3.按照单个构件的检测要求对每个受检构件进行检测。

6.3.4 对于跨度较大的木构件检测其尺寸及其偏差时,可采用水准仪或全站仪等仪器测量。

6.3.5 木构件变形检测应符合下列规定：

1.变形检测可分结构整体垂直度、构件垂直度、弯曲变形、跨中挠度等项目；

2. 在对木结构或构件变形检测前,宜先清除饰面层;当构件各测试点饰面层厚度接近,且不影响评定结果,可不清除饰面层。

6.3.7 木构件裂缝深度可采用直尺和超声波法检测,并符合下列规定:

1. 当木构件裂缝处在外表面部位可用钢尺量测;

2. 当木构件裂缝处在隐蔽或不利操作检查部位,裂缝宽度宜采用超声波法测试;

3. 采用超声波法测裂缝深度时,被测裂缝不得有积水和泥浆等。

6.3.8 构件裂缝长度可用钢尺或卷尺量测。

6.3.9 木构件腐朽、虫蛀等缺陷时可选用木材阻抗仪等微损检测方法检测,并应委托具有相关资质的单位进行。

……

6.4.2 普通螺栓连接应符合下列规定:

1. 螺栓孔径不应大于螺栓杆直径 1mm,也不应小于或等于螺栓杆直径。

2. 螺帽下应设钢垫板,其规格除应符合设计文件的规定外,厚度不应小于螺杆直径的 3%;方形垫板的边长不应小于螺杆直径的 3.5 倍,圆形垫板的直径不应小于螺杆直径的 4 倍,螺帽拧紧后螺栓外露长度不应小于螺杆直径的 80%。螺纹段剩留在木构件内的长度不应大于螺杆直径的 1.0 倍。

3. 连接件与被连接件间的接触面应平整,拧紧螺帽后局部缝隙宽度不应超过 1mm。

4. 检测数量应按照检验批全数检测。

6.4.3 高强度螺栓连接副终拧后,螺栓丝扣外露应为 2～3 扣,其中允许有 10% 的螺栓丝扣外露 1 扣或 4 扣。观察检查时,数量应按照节点数抽查 10%,且不应小于 10 个。

……

6.4.10 木结构植筋连接应进行现场抗拔承载力检测,并应符合下列规定:

1. 植筋抗拔承载力现场非破坏性检验可采用随机抽样办法取样;

2. 同规格,同型号,基本相同部位的锚栓组成一个检验批。抽取数量按每批植筋总数的 1‰ 计算,且不少于 3 根。

关于外围护设备检测:

7.2.3 预制外墙应进行锚栓抗拉拔强度检测,锚栓抗拉拔强度的测试仪器应符合下列规定:

1. 拉拔仪需经有关部门计量认可;

2. 拉拔仪的读数分辨率宜为 0.01kN,最大荷载宜为 5kN～10kN;

3. 拉拔仪拉拔锚栓应配有合适的夹具,满足现场拉拔行程及受力接触的要求。

……

7.2.5 预埋件与预制外墙连接应符合下列规定:

1. 连接件、绝缘片、紧固件的规格、数量应符合设计要求;

2. 连接件应安装牢固,螺栓应有防松脱措施;

3. 连接件的可调节构造应用螺栓牢固连接,并有防滑动措施;

4. 连接件与预埋件之间的位置偏差使用钢板或型钢焊接调整时,构造形式与焊缝应符合设计要求;

5. 预埋件、连接件表面防腐层应完整、不破损。

......

7.3.1 外门窗应进行气密性、水密性、抗风性能的检测。检测方法应符合现行国家标准《建筑外门窗气密、水密、抗风压性能分级及检测方法》GB/T 7106 的规定。

7.3.2 外门窗进行检测前,应对受检外门窗的观感质量进行目检,并应连续开启和关闭受检外门窗 5 次。当存在明显缺陷时,应停止检测。

......

7.4.1 建筑幕墙的检测项目及方法应符合现行行业标准《建筑幕墙工程检测方法标准》JGJ/T 324 的规定。

......

7.5.2 屋面施工完毕后,应进行蓄水试验。蓄水试验时应封堵试验区域内的排水口,且应符合下列规定:

1. 最浅处蓄水深度不应小于 25mm,且不应大于立管套管和防水层收头的高度;

2. 蓄水试验时间不应小于 24h,并应由专人负责观察和记录水面高度和背水面渗漏情况;

3. 出现渗漏时,应立即停止试验。

关于设备与管线系统检测:

8.2.2 给水排水系统的检测应包括室内给水系统、室内排水系统、室内热水供应系统、卫生器具、室外给水管网、室外排水管网等内容。

8.2.3 给水排水系统检测所用的仪器和设备应有产品合格证、检定机构的有效检定(校准)证书。新购置的、经过大修或长期停用后重新启用的设备,投入检测前应进行检定和校准。

8.2.4 架空地板施工前,架空层内排水管道应进行灌水试验。

......

8.3.1 空调系统性能的检测内容应包括风机单位风量耗功率检测、新风量检测、定风量系统平衡度检测等。检测方法和要求应符合现行行业标准《居住建筑节能检测标准》JGJ/T 132 的规定。

8.3.2 通风系统检测应包括下列内容:

1. 可对通风效率、换气次数等综合指标进行检测;

2. 可对风管漏风量进行检测;

3. 其他现行国家标准和地方标准规定的内容。

......

8.4.6 防雷与接地系统检测应包括下列项目:

1. 防雷与接地的引接;

2. 等电位连接和共用接地;

3. 增加的人工接地体装置;

4. 屏蔽接地和布线;

5. 接地线缆敷设。

行业标准针对装配式建筑安全管理体系的内容较少,传统现浇式建设工程的一些安全管理标准也可运用于装配式建筑工程安全管理。本书从建筑工程安全管理内容出发,结合装配式建筑的特点,对其安全管理体系进行分析梳理。

3.3 地方标准

各地方颁布的技术标准见表 3.3。

表 3.3 全国部分区域技术标准

地区	名称
湖北	装配式建筑施工现场安全技术规程(DB42/T 1233—2016)
	装配式混凝土结构工程施工与质量验收规程(DB42/T 1225—2016)
	湖北省装配式建筑施工质量安全控制要点(试行)(鄂建办〔2018〕56 号)
	湖北省装配式建筑施工质量安全监管要点(试行)(鄂建办〔2018〕335 号)
	预制装配式混凝土构件生产和质量检验规程(征求意见稿)
	预制装配式混凝土结构施工与验收规程(征求意见稿)
	装配整体式混凝土剪力墙结构技术规程(DB42/T 1044—2015)
	湖北省装配式建筑装配率计算规则(试行)(鄂建文〔2017〕43 号)
	装配式叠合楼盖钢结构建筑技术规程(DB42/T 1093—2015)
	预制混凝土构件质量检验标准(DB42/T 1224—2016)
	湖北省钢结构叠合装配式建筑技术规程(征求意见稿)
北京	关于加强装配式混凝土建筑工程设计施工质量全过程管控的通知(京建法〔2018〕6 号)
	关于在本市装配式建筑工程中实行工程总承包招投标的若干规定(试行)(京建法〔2017〕29 号)
	北京市建设工程计价依据——消耗量定额(装配式房屋建筑工程)(京建发〔2017〕90 号)
	装配式剪力墙住宅建筑设计规程(DB11/T 970—2013)
	装配式剪力墙结构设计规程(DB11/ 1003—2013)
	预制混凝土构件质量检验标准(DB11/T 968—2013)
	装配式混凝土结构工程施工与质量验收规程(DB11/T 1030—2013)
	北京市保障性住房预制装配式构件标准化技术要求
上海	装配整体式混凝土结构工程施工安全管理规定(沪建质安〔2017〕129 号)
	上海市装配式建筑示范项目创新技术一览表(沪建质安〔2017〕137 号)
	关于进一步加强本市装配整体式混凝土结构工程质量管理的若干规定(沪建质安〔2017〕241 号)
	关于进一步加强本市新建全装修住宅建设管理的通知(沪建建材〔2016〕688 号)
	装配整体式混凝土公共建筑设计规程(DGJ 08-2154—2014)
	工业化住宅建筑评价标准(DG/TJ 08-2198—2016)
	装配整体式混凝土构件图集(DBJT 08-121—2016)
	装配整体式混凝土住宅构造节点图集(DBJT 08-116—2013)

地区	名称
江苏	装配整体式混凝土剪力墙结构技术规程(DGJ32/TJ 125—2016)
	施工现场装配式轻钢结构活动板房技术规程(DGJ32/J 54—2016)
	预制预应力混凝土装配整体式结构技术规程(DGJ32/TJ 199—2016)
	江苏省工业化建筑技术导则(装配整体式混凝土建筑)
河北	装配整体式混合框架结构技术规程[DB13(J)/T 184—2015]
	装配式混凝土构件制作与验收标准[DB13(J)/T 181—2015]
	装配式混凝土剪力墙结构建筑与设备设计规程[DB13(J)/T 180—2015]
	装配式混凝土剪力墙结构施工及质量验收规程[DB13(J)/T 182—2015]
	装配整体式混凝土剪力墙结构设计规程[DB13(J)/T 179—2015]
河南	装配式住宅建筑设备技术规程(DBJ41/T 159—2016)
	装配式住宅整体卫浴间应用技术规程(DBJ41/T 158—2016)
	装配式混凝土构件制作与验收技术规程(DBJ41/T 155—2016)
	装配整体式混凝土结构技术规程(DBJ41/T 154—2016)

在国家大力推广装配式建筑的政策驱动下,各省市都相继颁布了有关装配式建筑的相关技术标准文件,但专门针对安全管理的文件未见出台,主要是针对生产、技术、质量等方面展开。下面选取较为典型的地区进行分析。

3.3.1 湖北省地方标准

湖北省近几年陆续出台了关于装配式建筑的地方标准,例如《装配式建筑施工现场安全技术规程》主要是为加强装配式建筑施工现场安全管理,并指导装配式混凝土结构建筑施工,保障工程安全生产。其安全管理方面内容如下:

3.0.1 承担装配式混凝土结构施工单位应具备相应的资质,并建立相应的安全与环境管理体系,制定相应的培训教育、监督检查、应急救援预案等管理规定。

3.0.2 装配式混凝土结构施工前,施工单位应准确理解设计图纸的要求,结合施工环境,与构件加工厂联系,完成预制构件的深化设计,并经设计单位审核通过,编制装配式混凝土结构专项施工方案,做到安全防护和环境保护措施"同步设计、同步施工、同步投入使用"。专项施工方案应包含下列内容:

1.确定构件相关竖向构件和水平构件的吊装顺序、安装施工工艺、吊点的设置、吊具选择、受力分析和安全防护措施。

2.卸车和垂直运输设备的选型及相应的位置。

3.预制构件场内运输道路和堆放场地的平面布置。

4.施工各过程中的施工安全防护措施、构件临时支撑和固定措施,及相应的预留预埋的深化设计。

3.0.3 对于采取新材料、新设备、新工艺的装配式建筑专用的施工操作平台、高处临边作业的防护设施等,相关单位的设计文件中应提出保障施工作业人员安全和预防生产安全事故的安全技术措施,且其专项方案应按规定通过专家论证。

3.0.4　装配式混凝土结构施工的塔吊司机、塔吊信号工、塔吊司索工等特种作业人员、装配工、灌浆工应进行专项培训,具备岗位需要的基础知识和技能,经考试合格后方可上岗作业,并必须定期进行体格检查。

......

3.0.6　进入施工现场的人员应戴安全帽、系安全带、穿防护鞋,酒后不得上岗作业。

3.0.7　施工单位应根据施工现场构件堆场设置、设备设施安装使用、因吊装造成非连续施工等特点,编制安全生产文明施工措施方案,并严格执行。

......

4.1.2　现场平面布置时应能满足各类构件运输、卸车、堆放、吊装的安全要求,场地道路平整坚实,排水畅通。

......

4.2.1　应制定预制构件的运输方案:运输时间、次序、存放场地、运输路线、固定要求码放支垫及成品保护措施等内容。对于超高、超宽、形状特殊的大型构件的运输和码放应采取质量安全专项保证措施。

4.2.2　预制构件的运输车辆应满足构件尺寸和载重的要求,装车运输时应满足下列要求:

1. 装卸构件时应考虑车体平衡;

2. 运输时应采取固定措施,防止构件移动或倾倒;

3. 运输竖向薄壁构件时应根据需要设置临时支架;

4. 对构件边角部或链锁接触处的混凝土,宜采用垫衬加以保护。

......

4.3.1　根据现场吊装平面规划位置,按照类型、编号、吊装安装顺序、方向等确定运输、堆放计划,分类存放,堆场应设置围护,并悬挂标牌、警示牌。

4.3.2　预制构件堆场应平整,表面硬化,并有排水措施。构件之间应有充足的作业空间。

4.3.3　预制构件堆场地基承载力需根据构件重量进行承载力验算,满足要求后方能堆放。在软弱地基、地下室顶板等部位设置的堆场,必须有经过设计单位复核的支撑措施。

4.3.4　构件应按设计支撑位置堆放平稳,底部设置垫木;对重心较高的竖向构件应设置专门的支承架,采用背靠法或插放法堆放,两侧设置不少于2道支撑使其稳定;对于超高、超宽、形状特殊的大型构件的堆码设计针对性的支撑和加垫措施。

4.3.5　预制楼板叠放层数不宜大于6层,梁柱叠放层数不宜大于2层;堆垛之间留置2米的通道。

4.3.6　除吊运期间的司索工、信号工外,堆场内禁止其他人员停留。

......

5.1.1　塔式起重机、施工升降机等垂直运输设备应办理相应的备案登记、检验检测、验收和使用登记等手续;安装前应编制安全专项方案。

5.1.2　塔式起重机、施工升降机等垂直运输设备附着支座应根据结构特点单独设计,并经设计单位认可。

5.1.3　附着支座预埋件宜设置在现浇部位,若设计在预制构件内,则需在预制构件生产时预埋,不得在施工现场加装。在结构达到设计承载力并形成整体前,不得附着。

5.1.5　吊装用内埋式螺母、吊杆、吊钩应有制造厂的合格证明书,表面应光滑,不应有裂纹、刻痕、剥裂、锐角等现象存在,否则严禁使用。

5.1.6　吊索、横吊梁(桁架)等吊具应有明显的标识:编号、限重等。

5.1.7　吊装用的钢丝绳、吊装带、卸扣、吊钩等吊具经检查合格,并在其额定范围内使用,每周检查至少一次。

根据构件特征、重量、形状等选择合适的吊装方式和配套的吊具;竖向构件起吊点不少于2个,预制楼板起吊点不少于4个;构件调运过程中应保持平衡、稳定,吊具受力均衡。

……

5.2.1　吊装时要遵循"慢起、快升、缓降"原则,吊运过程应平稳;每班作业时先试吊一次,测试吊具与塔吊是否异常;每次起吊瞬间应停顿15秒,确保平衡状态后,方可继续提升;异形构件必须设计平衡用的吊具或配重,达到平衡后方可提升。

……

5.2.3　吊车吊装时应观测吊装安全距离、吊车支腿处地基变化情况及吊具的受力情况。

5.2.4　应选择有代表性的单元进行试安装,安装经验收后再进行正式施工。吊装工每次应有安全的站立位置。

5.2.5　结构吊装前,对预埋件、临时支撑、临时防护等进行再次检查,配齐装配工人、操作工具及辅助材料。

5.2.6　构件就位后,对未形成空间稳定体系的部分,采用有效的临时固定或支撑措施,方可缓慢松吊钩;临时固定或支撑措施应在预制构件与结构之间可靠连接,形成永久固定连接,且装配式结构能达到后续施工承载要求,经验收合格报批后方可拆除。

5.2.7　吊装作业时,吊装区域设置警戒区,非作业人员严禁入内,起重臂和重物下方严禁有人停留、工作或通过,应待吊物降落至作业面1m以内方准靠近。

5.2.8　构件卸车时充分考虑构件的卸车的顺序,保证车体的平衡。构件卸车挂吊钩、就位摘取吊钩应设置专用登高工具及其他防护措施,不允许沿支承架或构件等攀爬。

5.2.9　进入施工现场内行驶的机动车辆,必须按照指定的线路和速度(5~10公里/小时)进行安全行驶,严禁违章行驶、乱停乱放;司乘人员应做好自身的安全防护,遵守现场安全文明施工管理规定。

5.2.10　起重设备、吊索、吊具等保养中的废油脂应集中回收处理;操作工人使用后的废旧油手套、棉纱等应集中回收处理。

5.2.11　吊装作业不宜夜间施工,在风级达到5级及以上或大雨、大雪、大雾等恶劣天气时,应停止露天吊装作业。重新作业前,应先试吊,检查确认各种安全装置灵敏可靠后才能进行作业。

……

5.3.1　构件安装就位后应及时校准,校准后须及时将构件固定牢固,防止变形和位移。

5.3.2　当采用焊接或螺栓连接时,须按设计要求连接,对外露铁件采取防腐和防火措施。

……

5.4.1　对进场的外墙板应注意保护其空腔侧壁、立槽、滴水槽以及水平缝的防水台等部位,以免损坏而影响使用功能。

5.4.2 密封防水部位的基层应牢固,表面应平整、密实,不得有蜂窝、麻面、起皮和起砂现象,嵌缝密封材料的基层应干净、干燥。应事先对嵌缝材料的性能、质量和配合比进行检验,嵌缝材料必须与板材牢固粘接,不应有漏嵌和虚粘的现象。

5.4.3 抽查竖缝与水平缝的勾缝,不得将嵌缝材料挤进空腔内。外墙十字缝接头处的塑料条须插到下层外墙板的排水坡上。外墙接缝应进行防水性能抽查,并做好施工记录。发现有渗漏,须对渗漏部位及时进行修补,确保防水作用。

  ……

5.5.1 现浇混凝土浇筑前应清除浮浆、松散骨料和污物,并采取湿润技术措施,构件与现浇结构连接处应进行构件表面拉毛或凿毛处理。

5.5.2 立柱模板宜采用工具式的组合模板。根据混凝土量的大小选用合适的输送方式,连接处须一次连续浇筑密实,混凝土强度等性能指标须符合设计规定。并应做好接头和拼缝的混凝土或砂浆的养护。

5.5.3 结构的临时支撑应保证所安装构件处于安全状态,当连接接头达到设计工作状态,并确认结构形成稳定结构体系时,方可拆除临时支撑。

  ……

7.0.1 高处作业的安全技术措施应在施工方案中确定,并在施工前完成,最后经验收确认符合要求。

7.0.2 装配式建筑工程外围防护应结合施工工艺专项设计,宜采用整体操作架、围挡式安全隔离、外挂式防护架。

7.0.3 当建筑物周边搭设落地式或悬挑式脚手架时,应在构件深化设计时,细化附墙点或受力点的预留预埋;先防护后施工。

7.0.4 外围防护设施应编制专项方案,包括搭设、安装、吊装和制作等,在预制构件深化设计时明确其预留预埋设置,保证与主体结构可靠连接;防护设施的安装拆除应由专业人员操作,经检验检测、验收合格后方可使用。

7.0.5 整体操作架应由具备相应资质的队伍施工,安装完成后经检验检测、验收合格方可投入使用。

7.0.6 外挂式防护架宜采用方钢、槽钢、钢管作为主体结构框架;人员通道宜采用花纹钢板铺设;架体外侧防护高度应大于1.5m。挂架应采用穿墙螺杆、螺母、钢板垫片与预制墙体进行紧固连接,每一支架处不得少于2道穿墙螺杆。

外挂式防护架设置不得少于两层,拆除、安装转换工序应严格按照操作工序实施,不宜直接将外挂架体吊至空中,在作业结构上进行安装。

7.0.7 高处作业人员按规定配备安全防护用品,并正确使用。高处作业使用的工具和零配件等应采取防坠落措施,严禁上下抛掷。

7.0.8 整体操作架、围挡式安全隔离、外挂式防护架在吊升安装阶段,在吊装区域下方设置安全警示区域,安排专人监护,人员不得随意进入。

7.0.9 阳台、楼梯间、电梯井、卸料台、楼层临边防护及平面洞口等临边、洞口的防护应牢固、可靠,符合《建筑施工高处作业安全技术规范》JGJ 80相关要求。

7.0.10 现场吊篮的设计、施工应执行《建筑施工工具式脚手架安全技术规范》JGJ 202

的规定；吊篮的悬挂机构前支撑不宜支撑在悬挑构件和悬臂构件上。

......

8.1.1 施工项目部应贯彻职业健康方针，制定职业健康管理计划，按规定程序经批准后实施。项目职业健康管理计划内容包括：

1. 项目职业健康管理目标。

2. 项目职业健康管理组织机构和职责。

3. 项目职业健康管理的主要措施。

8.1.2 施工项目部应对项目职业健康管理计划的实施进行管理。主要内容包括：

1. 施工项目部应为实施、控制和改进项目职业健康管理计划提供必要的资源，包括人力、技术、物资、专项技能和财力等资源。

2. 施工项目部应通过项目职业健康管理组织网络，进行职业健康的培训，保证项目部人员和分包人等人员，正确理解项目职业健康管理计划的内容和要求。

3. 施工项目部应建立并保持项目职业健康管理计划执行状况的沟通与监控程序，保证随时识别潜在的危害健康因素，采取有效措施，预防和减少可能引发的伤害。

4. 施工项目部应建立并保持对相关方在提供物资和劳动力等所带来的伤害进行识别和控制的程序，有效控制来自外部的影响健康的因素。

8.1.3 施工项目部应制定并执行项目职业健康的检查制度，记录并保存检查的结果。对影响职业健康的因素应采取措施。

......

8.2.2 施工过程中，应采取建筑垃圾减量化措施。施工过程中产生的建筑垃圾，应进行分类、统计和处理。

8.2.3 施工过程中，应采取防尘、降尘措施。施工现场的主要道路，宜进行硬化处理或采取其他扬尘控制措施。可能造成扬尘的露天堆储材料，宜采取扬尘控制措施。

8.2.4 施工过程中，应对材料搬运、施工设备和机具作业等采取可靠的降低噪声措施，施工作业在施工场界的噪声级，应符合现行国家标准《建筑施工场界噪声限值》GB 12523 的有关规定。

8.2.5 施工过程中，应采取光污染控制措施。可能产生强光的施工作业，应采取防护和遮挡措施。夜间施工时，应采取低角度灯光照明。

8.2.6 应采取沉淀、隔油等措施处理施工过程中产生的污水，不得直接排放。

8.2.7 宜选用环保型脱模剂。涂刷模板脱模剂时，应防止洒漏。含有污染环境成分的脱模剂，使用后剩余的脱模剂及其包装等不得与普通垃圾混放，并应由厂家或有资质的单位回收处理。

8.2.8 施工过程中，对施工设备和机具维修、运行、存储时的漏油，应采取有效的隔离措施，不得直接污染土壤。漏油应统一收集并进行无害化处理。

8.2.9 混凝土外加剂、养护剂的使用，应满足环境保护和人身安全的要求。

8.2.10 施工过程中可能接触有害物质的操作人员应采取有效的防护措施。

8.2.11 不可循环使用的建筑垃圾，应集中收集，并应及时清运至有关部门指定的地点。可循环使用的建筑垃圾，应加强回收利用，并应做好记录。

......

9.0.1 现场建立安全生产责任制：

1. 建设单位应对安全措施和安全专项施工方案的审核、论证和使用过程中的检查、验收等情况加强管理，定期组织施工现场安全生产情况开展检查，及时消除隐患。

2. 监理单位应对特种设备合格证及其作业人员的资格等进行审查；开展现场巡视和日常安全检查，对危险性较大分部分项工程作业时应实行旁站监理，发现安全隐患要督促限期整改，对拒不整改的，应及时向建设单位和建设行政主管部门报告。

3. 施工单位建立各级管理人员的安全生产责任；按照规定配备项目专职安全员；开展安全培训；对项目的安全生产责任目标进行分解，并定期进行考核；落实项目安全资金的使用；制定各工种的安全技术操作规程；要定期组织检查、验收，对存在的安全隐患及时整改；建立应急救援机制。

9.0.2 构件的吊装安装应编制专项施工方案，经施工单位技术负责人审批、项目总监理工程师审核合格后实施。

9.0.3 施工单位现场施工负责人在分派生产任务时，对相关的管理人员、作业人员进行书面安全技术交底。

9.0.4 施工单位应建立安全巡查制度，定期或不定期组织对现场的安全进行巡视，对发现的事故隐患及时组织定人、定时间、定措施进行整改。

9.0.5 定期对进场的安装和吊装工人、设备操作人员、灌浆工等进行安全教育、考核。项目经理、专职安全员和特种作业人员应持证上岗。

9.0.6 对现场的垂直运输设备，按照"一机一档"原则，建立设备出厂、现场安拆、安装验收、使用检查、维修保养等资料。

9.0.7 现场应建立消防安全管理机构，制定消防管理制度，定期开展消防应急演练。现场消防设施应符合《建设工程现场消防安全技术规范》GB 50720 规定，临时消防设施应与工程施工进度同步设置。

构件之间连接材料、接缝密封材料、外墙装饰、保温材料要求是不燃材料、A 级防火材料。

9.0.8 针对现场可能发生的危害、灾害和突发事件等危险源，制定专项应急救援预案，定期组织员工进行应急救援演练。

9.0.9 在临建设计、材料选择、各施工工序中做好相应的环境保护工作，并加强监督落实。

9.0.10 雨季施工中，应经常检查起重设备、道路、构件堆场、临时用电等；冬季施工中，吊装作业面低于零摄氏度时不宜施工。

9.0.11 施工临时用电应符合《施工现场临时用电安全技术规范》JGJ 46 相关规定。

《装配式混凝土结构工程施工与质量验收规程》（DB42/T 1225—2016）适用于湖北省装配式混凝土结构工程的施工与质量验收。装配式混凝土结构施工与质量验收除应执行本规程外，尚应符合现行国家、行业和湖北省有关技术标准的规定。

5.0.4 装配式结构施工前，施工单位应按照装配式结构施工的特点和要求，对管理人员及安装人员进行专项培训，并对塔吊作业人员和施工操作人员进行吊装前的安全技术交底。

5.0.5 装配式结构施工前，应对施工现场重大危险源进行识别并编制相应的应急预案，并应进行安全技术交底和培训，必要时应进行演练。

5.0.6 装配式结构施工，应编制相应的安全、劳动保护、防火等专项施工方案。

5.0.7 施工现场从事特种作业的人员应取得相应的特种作业操作证书后才能上岗作业。

5.0.8 预制构件吊装、安装施工应严格按照各项施工方案执行,各工序的施工,应在前一道工序质量检查合格后进行,工序控制应符合规范和设计要求。

5.0.9 施工单位应对施工过程实施全面和有效的管控,保证工程质量;工程质量验收应在施工单位自检基础上,按照检验批、分项工程、分部(子分部)工程进行。

......

6.1.1 装配式结构现场施工模板与支撑体系应根据施工过程中的各种工况进行设计,应具有足够的承载力、刚度并保证其整体稳定性,保证施工质量和安全。

6.1.2 装配式结构现场施工模板与支撑体系应保证工程结构和构件的各部分形状尺寸、相对位置的准确,且应便于钢筋安装和混凝土浇筑、养护。

6.1.4 预制构件接缝处模板宜选用工具式模板,并与预制构件可靠连接,模板安装应牢固,模板拼缝应严密、平整、不漏浆。

6.1.5 装配式结构模板与混凝土的接触面应涂隔离剂脱模,宜选用水性脱模剂,严禁隔离剂污染钢筋与混凝土接茬处。脱模剂不应影响脱模后混凝土的表面观感及饰面施工。

6.1.6 装配式结构在浇筑混凝土前,模板以及叠合类构件内的杂物应清理干净,模板安装和混凝土浇筑时,应确保模板及其支撑体系的质量及安全性能符合要求。

......

6.2.1 预制叠合板类构件模板安装与支架应符合下列规定:

1.预制叠合板支架形式应与预制构件匹配,且符合施工方案要求。

2.预制叠合板下部支架宜选用定型独立钢支柱,竖向支架间距应根据设计及施工荷载验算确定;叠合板边缘,应增设竖向支架杆件。预制叠合板竖向支架点位置应靠近起吊点。

3.在水平支架上安装预制叠合板时,应顺序铺设,避免集中堆载、机械振动影响支撑体系。

4.安装预制叠合板的现浇混凝土剪力墙结构,宜采取措施控制叠合板板底标高,浇筑混凝土前应按设计标高进行调整后固定定位。

6.2.2 预制叠合梁模板安装与支架应符合下列规定:

1.预制叠合梁下部的竖向支架可采取点式支架,支架间距应根据设计及施工荷载验算确定;叠合梁与现浇部位的交接处,应增设竖向支架杆件。

2.预制叠合梁竖向支架宜选用定型独立钢支柱。

......

6.2.4 预制柱安装与支撑应符合下列规定:

1.预制柱吊装就位后,应立即进行临时固定后,方可撤除起重设备;

2.预制柱临时固定须符合施工方案规定,可采用支撑杆、缆风绳等方式。

......

8.1.2 混凝土运输应符合下列规定:

1.预拌混凝土运输车辆应符合国家现行有关标准的规定;

2.运输过程中应保证混凝土拌合物的均匀性和工作性;

3.应采取保证连续供应的措施,并应满足现场施工的需要。

8.1.3 混凝土浇筑施工前应进行钢筋工程隐蔽验收。

......

8.2.1　叠合层混凝土浇筑前应清除叠合面上的杂物、浮浆及松散骨料,表面干燥时应洒水润湿,洒水后不得留有积水。

……

8.2.4　叠合层混凝土浇筑时,不应移动预埋件的位置,且不得污染预埋件连接部位。

……

8.2.6　叠合层混凝土浇筑完成后可采取洒水、覆膜、喷涂养护剂等养护方式,养护时间不宜少于14d。

8.2.7　叠合构件现浇混凝土分段施工应符合设计及施工方案要求。

……

9.1.1　预制构件进场前,应由加工厂家根据设计文件对每个构件进行编号,设置起吊方向标示,方便现场存放、检查、验收、吊装顺序的控制。

9.1.2　预制构件进场时应有出厂合格证、质量证明文件。混凝土强度应符合设计要求。当设计无具体要求时,混凝土同条件立方体抗压强度不宜小于混凝土强度等级值的75%。

9.1.3　预制构件进场时,要对构件外观质量、结构性能、预留预埋质量等指标进行检验,合格后方可进场。

9.1.4　采用装饰、保温一体化等技术体系生产的预制部品、构件,其质量需符合现行国家、行业及地方有关标准。

9.1.5　预制构件进场前应制定运输、进场计划与存放方案。

9.1.6　施工现场内道路应按照构件运输车辆的要求合理设置转弯半径及道路坡度。

9.1.7　现场运输道路和存放堆场应平整坚实,并有排水措施。运输车辆进入施工现场的道路,应满足预制构件的运输要求。卸放、吊装工作范围内不应有障碍物,并应有满足预制构件周转使用的场地。

9.1.8　预制构件装卸时应采取绑扎固定措施;预制构件边角部或与紧固用绳索接触部位,宜采用垫衬加以保护。

9.1.9　预制构件运送到施工现场后,应按规格、品种、使用部位、吊装顺序分别设置存放场地。存放场地应设置在吊车有效起重范围内,并设置通道。

9.1.10　预制墙板可采用插放或靠放,堆放工具或支架应有足够的刚度,并支垫稳固。预制外墙板宜对称靠放、饰面朝外,且与地面倾斜角度不宜小于80°。

9.1.11　预制水平类构件可采用叠放方式,层与层之间应垫平、垫实,各层支垫应上下对齐。垫木距板端不大于200mm,且间距不大于1600mm,最下面一层支垫应通长设置。叠放层数不宜大于6层,堆放时间不宜超过两个月。

9.1.12　预应力构件需按其受力方式进行存放,不得颠倒其堆放方向。对于存放错误的构件,需进行100%复检,合格后方能使用。

9.1.13　安装准备应符合下列规定:

1.施工前,应根据设计文件要求,针对在建工程使用到的构件的外形、重量、编号、标识等特点编制专项吊装施工方案、模板支撑方案。方案应明确施工工艺及工序,承载力验算。满足现行设计规范及施工验收规范要求。

2.经验算后选择起重设备、吊具和吊索,在吊装前,应由专人检查核对确保型号、机具与方案一致。

3. 装配式结构施工前,宜选择有代表性的单元或构件进行试安装,根据试安装结果及时调整完善施工方案。

4. 安装施工前应按工序要求检查核对已施工完成结构部分的质量,测量放线后,做好安装定位标志,必要时应提前安装限位装置。

5. 预制构件搁置的底面应清理干净。

6. 吊装机具应满足吊装重量、构件尺寸及作业半径等施工要求,并调试合格。

9.1.14 装配式结构的连接节点及叠合构件的施工应进行隐蔽工程验收。

9.1.15 预制构件在安装过程中,应符合下列规定:

1. 预制构件起吊时的吊点合力应与构件重心重合,宜采用标准吊具均衡起吊就位,吊具可采用预埋吊环或埋置式接驳器的形式。专用内埋式螺母或内埋式吊杆及配套的吊具,应根据相应的产品标准和应用技术规定选用。

2. 应根据预制构件形状、尺寸及重量和作业半径等要求选择适宜的吊具和起重设备;在吊装过程中,吊索与构件的水平夹角不宜小于60°,不应小于45°。

9.1.16 装配式结构的施工全过程宜对预制构件及其上的建筑附件、预埋件、预埋吊件等采取保护措施,不得出现损伤或污染。

9.1.17 预制构件的缺陷修补应制定专项方案并应经设计认可后执行,缺陷修补完成后,应重新检查验收。

......

9.2.1 预制构件应按照施工方案吊装顺序提前编号,吊装时严格按编号顺序起吊;预制构件吊装就位并校准定位后,应及时设置临时支撑或采取临时固定措施。

......

10.1.1 装配式结构施工过程中的安全、职业健康和环境保护等要求应按照《建筑施工安全检查标准》JGJ 59 和《建设工程施工现场环境与卫生标准》JGJ 146 的有关规定执行。

10.1.2 施工单位应对预制构件吊装的作业及相关人员进行安全培训与交底,明确预制构件进场、卸车、存放、吊装、就位各环节的作业风险,并制订防止危险情况的处理措施。

10.1.3 预制构件卸车时,应按照规定的装卸顺序进行卸车,确保车辆平衡,避免由于卸车顺序不合理导致车辆倾覆。

10.1.4 预制构件卸车后,应将构件按编号或按使用顺序,依次存放于构件堆放场地,构件堆放场地应设置临时固定措施,避免构件存放工具失稳造成构件倾覆。

10.1.5 安装作业开始前,应对安装作业区进行围护并树立明显的标识,拉警戒线,并派专人看管,严禁与安装作业无关的人员进入。

10.1.6 应定期对预制构件吊装作业所用的工具、吊具、锁具进行检查,发现有可能存在的使用风险,应立即停止使用。

10.1.7 吊机吊装区域内,非操作人员严禁进入。吊运预制构件时,构件下方严禁站人,应待吊物降落至离地 1m 以内方准靠近,就位固定后方可脱钩。

10.1.8 装配式结构在绑扎柱、墙钢筋时,应采用专用高凳作业,当作业面高于围挡时,作业人员应佩戴穿芯自锁保险带。

10.1.9 遇到雨、雪、雾天气,或者风力大于 5 级时,不得进行吊装作业。

......

10.2.2 预制构件运输过程中,应保持车辆整洁,防止对场内道路的污染,并减少扬尘。

10.2.3 现场各类预制构件应分别集中堆放整齐,并悬挂标识牌,严禁乱堆乱放,不得占用施工临时道路,并做好防护隔离。

10.2.4 采用外墙内保温系统时,其材料应符合室内环境要求。

10.2.5 在施工现场应加强对废水、污水的管理,现场应设置污水池和排水沟。废水、废弃涂料、胶料应统一处理,严禁未经处理而直接排入下水管道。

10.2.6 预制构件施工中产生的粘接剂、稀释剂等易燃、易爆化学制品的废弃物应及时收集送至指定储存器内并按规定回收,严禁丢弃未经处理的废弃物。

《预制装配式混凝土构件生产和质量检验规程》(征求意见稿)适用于湖北省预制装配式混凝土构件生产,目的是保障构件的安全质量,避免出现因构件不合格而导致的安全问题。其相关内容如下:

3.0.1 预制构件的生产单位应有保证生产质量要求的生产工艺和设施设备,建立健全的质量管理体系、环境管理体系和职业健康安全管理体系及相应的试验检测手段。

……

3.0.4 预制构件的制作应有构件深化设计。其设计内容应满足工厂制作、施工装配等相关承接工序的技术和安全要求。各种预埋件、连接件、节点设计应准确、清晰、合理,满足结构安全使用性能要求。

3.0.5 预制构件制作前,设计单位应针对技术要求和质量标准进行设计交底。由生产单位根据设计要求编制生产方案;生产方案应包括生产工艺、模具方案、生产计划、技术质量控制措施、成品保护、堆放及运输方案等内容;生产方案的编制工作应与预制构件平面布置图与预制详图设计、施工安装方案制定同步进行,以保证协调一致。

3.0.6 构件生产过程包括模具及工装安装、钢筋及预埋件加工和安装、混凝土搅拌和浇筑等,分别按工作班次或生产批次进行检验和验收。

3.0.7 预制构件生产应建立首件验收制度,生产企业生产的同类型首个预制构件,应由设计单位、施工总承包单位、监理单位、生产单位共同进行验收,合格后方可进行批量生产。

3.0.8 构件生产过程中的模具组装、钢筋安装、混凝土浇筑、养护、脱模吊装、表面修补、存储、运输等各工序应制定相应操作规程。

3.0.9 预制构件的各种原材料如混凝土、钢筋、连接套筒、连接件、预埋件、保温材料等预制构件组成部分的质量除应符合本标准要求外,尚应符合国家现行有关标准的规定。

关于材料检验方面除要符合现阶段相关标准要求外,还应符合如下要求:

4.1.1 钢筋进场时,应按国家现行相关标准的规定抽取试件作屈服强度、抗拉强度、伸长率、弯曲性能和重量偏差检验,检验结果应符合相关标准的规定。

检查数量:按进场批次和产品的抽样检验方案确定。

检验方法:检查质量证明文件和抽样检验报告。

……

4.4.1 夹心保温外墙板用保温板材进厂时,应对其导热系数、吸水率、燃烧性能进行检验,检验结果应符合《装配式混凝土结构技术规程》JGJ 1 的规定。

检查数量:同一厂家、同一品种且连续进场的保温板,不超过 $10000m^2$ 为一批,每批抽样数量不应少于一次。

检验方法:检查质量证明文件和抽样检验报告。

4.4.2 外墙板接缝处、门窗与墙板接缝处的密封材料进场时,应对其变形能力、防水、防火、耐候性能进行检验,检验结果应满足《硅酮建筑密封胶》GB/T 14683、《聚氨酯建筑密封胶》JC/T 482、《聚硫建筑密封胶》JC/T 483 等现行国家、行业标准的规定。

检查数量:同一厂家、同一品种且连续进场的密封材料,不超过1t为一批,每批抽样数量不应少于一次。

检验方法:检查质量证明文件和抽样检验报告。

在钢筋和预埋件加工安装检验、混凝土和构件成品生产检验、构件标识和质量证明文件和构件吊装、存放和运输四个方面,该规程也做了相关规定。

《湖北省装配式建筑施工质量安全控制要点(试行)》(鄂建办〔2018〕56号)具体内容如下:

1 总则

1.0.1 为规范和指导我省装配式建筑施工质量安全控制,依据法律、法规和工程建设强制性标准,制定本要点。

1.0.2 本要点适用于湖北省范围内新建、改建、扩建的混凝土结构和钢结构装配式建筑工程。

1.0.3 本要点是湖北省装配式建筑施工质量安全管理的指导性文件,也是对装配式建筑施工过程质量安全管理进行监督检查、巡查的依据。

1.0.4 装配式建筑应加强质量常见问题防控和积极开展精品工程创建工作。

1.0.5 装配式建筑施工质量安全控制应符合国家和湖北省相关工程建设规定及标准规范。

2 基本规定

2.0.1 装配式建筑参建各方主体应增强质量安全意识,履行质量安全职责,规范质量安全行为,加强施工过程监控,确保质量安全和使用功能,依法承担工程质量终身责任。

2.0.2 建设单位应确定合理投资、造价和工期,严格遵守工程审批和报建的各项规定,委托具备相应资质的检测机构进行检测,工程完工后负责组织竣工验收,验收合格方可交付使用。

2.0.3 装配式建筑工程宜采用工程总承包模式。工程总承包单位应统筹设计、生产、施工各环节。

2.0.4 设计单位应严格审核施工过程中出现的设计变更,按标准规范规定参与质量验收。

2.0.5 预制构件生产单位应具备相应的生产工艺设施,并应有完善的质量安全管理体系和相应的实验检测设备。

2.0.6 预制构件生产单位应对所生产的构件质量负责,并提供相应质量证明文件。

2.0.7 监理单位应严格执行国家和湖北省相关标准规范,切实履行监理责任。根据委托合同,结合装配式建筑工程特点,派驻监理到生产工厂驻场监督。

2.0.8 监理单位应根据装配式建筑质量安全管理难点,制定监理规划和监理实施细则,重要部位和关键工序应实行旁站监理。上道工序质量验收不合格的,不得允许进入下道工序。

2.0.9 施工单位应确保质量安全管理体系有效运行,要结合装配式建筑特点制定质量安全防控措施,严格执行施工图设计文件和技术标准,对使用的材料、施工工艺严格管理,强化施工质量安全过程控制。

2.0.10　装配式建筑工程施工前,施工单位应按照装配式建筑施工特点和要求,编制施工组织设计和各专项施工方案及应急预案,对作业人员进行培训,并对作业人员进行技术、安全交底。必要时应进行应急预案的演练。

2.0.11　装配式建筑施工前,宜选择有代表性的单元进行预制构件试安装,并应根据试安装结果及时调整完善施工方案和施工工艺。

2.0.12　预制构件安装、钢结构吊装、机电设备安装应严格按照各项施工方案执行。各工序的施工,应在前一道工序质量验收合格后进行。预制构件节点区灌浆施工应有影像资料。

3　装配式混凝土结构施工质量控制要点

3.1　主要规范

《混凝土结构工程施工质量验收规范》GB 50204

《混凝土结构工程施工规范》GB 50666

《装配式混凝土建筑技术标准》GB/T 51231

《装配式混凝土结构技术规程》JGJ 1

《钢筋焊接及验收规程》JGJ 18

《钢筋机械连接技术规程》JGJ 107

《钢筋焊接网混凝土结构技术规程》JGJ 114

《钢筋锚固板应用技术规程》JGJ 256

《钢筋套筒灌浆连接应用技术规程》JGJ 355

《钢筋连接用灌浆套筒》JG/T 398

《钢筋连接用套筒灌浆料》JG/T 408

《聚氨酯建筑密封胶》JC/T 482

《聚硫建筑密封胶》JC/T 483

《装配整体式混凝土剪力墙结构技术规程》DB42/T 1044

《预制混凝土构件质量检验标准》DB42/T 1224

《装配式混凝土结构工程施工与质量验收规程》DB42/T 1225

3.2　原材料

3.2.1　混凝土、钢筋和钢材的力学性能指标和耐久性要求等应符合现行国家标准。

3.2.2　预制构件的吊环应采用未经冷加工的HPB300级钢筋制作。吊装用内置式螺母或吊杆的材料应符合国家现行相关标准的规定。

3.2.3　钢筋套筒灌浆料连接接头采用的套筒应符合现行行业标准《钢筋连接用灌浆套筒》JG/T 398的规定。

3.2.4　钢筋套筒灌浆料连接接头采用的灌浆料应符合现行行业标准《钢筋连接用套筒灌浆料》JG/T 408的规定。

3.2.5　外墙板接缝处的密封材料应符合现行标准《装配式混凝土结构技术规程》JGJ 1的规定。

3.2.6　墙板保温材料应符合设计和规范要求。

3.3　预制构件生产

3.3.1　模具要求

1.预制构件模具应满足湖北省地方标准 DB42/T 1224 第 6 章模具和工装安装检验相关要求。

2.预制构件模具安装的偏差及检验方法应符合 DB42/T 1224 第 6 章模具和工装安装检验相关要求。

3.3.2　钢筋、预埋件加工和安装

1.钢筋、预埋件加工和安装应满足湖北省地方标准 DB42/T 1224 第 7 章钢筋和预埋件加工安装检验相关要求。

2.钢筋、预埋件加工和安装的允许偏差表应符合 DB42/T 1224 第 7 章钢筋和预埋件加工安装检验相关要求。

3.3.3　混凝土生产

混凝土生产、养护应符合湖北省地方标准 DB42/T 1224 第 8 章混凝土检验相关要求及相关标准。

3.4　预制构件成品验收

3.4.1　预制构件成品验收应满足湖北省地方标准 DB42/T 1224 第 9 章预制构件成品生产检验相关要求及相关标准。

3.4.2　预制构件的一般尺寸允许偏差和检验方法应符合 DB42/T 1224 第 9 章预制构件成品生产检验相关要求。

3.5　预制构件运输和存放

预制构件运输、存放应符合 DB42/T 1224 第 10 章构件吊装、存放和运输相关规定。

3.6　预制构件现场安装

3.6.1　模板工程

模板工程应满足湖北省地方标准 DB42/T 1225 第 6 章模板工程相关规定。

3.6.2　钢筋工程

装配式混凝土结构所采用的钢筋连接接头应符合湖北省地方标准 DB42/T 1225 第 7 章钢筋工程的有关规定。

3.6.3　混凝土工程

混凝土工程应满足湖北省地方标准 DB42/T 1225 第 8 章混凝土工程相关规定。

3.6.4　构件现场安装

构件现场安装应满足湖北省地方标准 DB42/T 1225 第 9 章装配式结构工程相关规定。

3.7　其他相关专业

3.7.1　基本要求

1.其他相关专业指机电、装饰等非主体结构专业。

2.施工前应对施工图进行会审,熟悉图纸,掌握设计要求和标准。

3.装配式建筑施工前对装配式建筑机电施工图进行深化设计,深化设计时应对各系统的线管进行综合布置,减少管线交叉,无法避免交叉的地方应设置过路线盒,保证楼板内只有一层线管。

4.按设计要求和质量标准编制专项施工方案。

5.装配式建筑的机电部分,应严格控制机电管线预留预埋及现场接驳。包括预制构件厂内的线管预留预埋、施工现场的预留预埋,以及现场管线与预制构件厂内管线的接驳。

6.装配式建筑装饰装修工程,应结合装配式结构的特点,集成设计,确保装饰工程、装配式工程自身质量以及各个分项工程交接处的质量。

3.7.2　质量控制要点

1.预制构件内线盒预埋时应在模台上固定牢固,不得出现偏移。

2.构件生产时应将预埋线盒连接线管所需的锁母安装好,并做好封堵。

3.构件内线管出端面时应预留好PVC线管直接头,并做好封堵。

4.线管出楼板面应做好接口封堵。

5.跨过梁连接管应精确下料长短,保证管道顺直且与两端直接头连接完好。

6.叠合板内地漏止水节应定位准确,固定牢固。

7.PVC短管露出楼板的端头应使用胶带封堵完好,并进行保护。

8.预埋穿墙套管应严格按照设计尺寸及位置进行安装,且套管应保证横平竖直。

9.混凝土浇筑时,需派人现场检查是否有线管被破坏或是突出浇筑完成面的情况,及时进行修复。

10.装饰工程设计及施工需要考虑装配式结构构造,不得在结构上随意打凿、开孔、切割。

4　装配式钢结构施工质量控制要点

4.1　主要规范

《碳素结构钢》GB/T 700

《钢结构用大六角头螺栓》GB/T 1228

《低合金高强度结构钢》GB/T 1591

《钢结构用扭剪型高强度螺栓连接副》GB/T 3632

《碳钢焊条》GB/T 5117

《低合金钢焊条》GB/T 5118

《钢焊缝手工超声波探伤方法和探伤结果分级》GB/T 11345

《钢结构设计规范》GB 50017

《钢结构工程施工质量验收规范》GB 50205

《钢结构焊接规范》GB 50661

《高层民用建筑钢结构技术规程》JGJ 99

《钢结构防火涂料应用技术规程》CECS 24:90

4.2　原材料

4.2.1　钢材、钢铸件的品种、规格、性能等应符合现行国家产品标准和设计要求。进口钢材产品的质量应符合设计和合同规定标准的要求。

4.2.2　焊接材料的品种、规格、性能等应符合现行国家产品标准和设计要求。

4.2.3　钢结构连接用高强度大六角头螺栓连接副、扭剪型高强度螺栓连接副、钢网架用高强度螺栓、普通螺栓、铆钉、自攻钉、拉铆钉、射钉、锚栓、地脚螺栓等紧固标准件及螺母、垫圈等标准配件,其品种、规格、性能等应符合现行国家产品标准和设计要求。高强度大六角螺栓连接副和扭剪型高强度螺栓连接副出厂时应分别随箱带有扭矩系数和紧固轴力(预拉力)的检验报告。

4.2.4　钢结构防腐涂料、稀释剂和固化剂等材料的品种、规格、性能等应符合现行国家产品标准和设计要求。

4.2.5　钢结构防火涂料的品种和技术性能应符合设计要求,并应经过具有资质的检测机构检测符合国家现行有关标准的规定。

4.2.6　钢结构工程所涉及到的其他特殊材料,其品种、规格、性能等应符合现行国家产品标准和设计要求。

4.3　钢结构制作

4.3.1　零部件下料

1.钢材切割面或剪切面应无裂纹、夹渣、分层和缺棱。

2.零部件矫正和成型应符合《钢结构工程施工质量验收规范》GB 50205 第七章钢零件及钢部件加工工程的相关规定。

3.A、B级螺栓孔(Ⅰ类孔)应具有 H12 的精度,其孔径的允许偏差符合《钢结构工程施工质量验收规范》GB 50205 中的相关规定;C级螺栓孔(Ⅱ类孔)允许偏差应符合《钢结构工程施工质量验收规范》GB 50205 中的相关规定。

4.3.2　钢构件组装

1.焊接 H 型钢的翼缘板和腹板的拼接长度和拼接缝的间距应符合《钢结构工程施工质量验收规范》GB 50205 第八章钢构件组装工程的相关规定。

2.组装所需使用的吊车梁和吊车桁架不应下挠。

3.焊接连接组装的允许偏差应符合《钢结构工程施工质量验收规范》GB 50205 中的相关规定。

4.端部铣平的允许偏差应符合《钢结构工程施工质量验收规范》GB 50205 中的相关规定。

5.钢构件外形尺寸主控项目的允许偏差应采用钢尺全数检查,相关偏差应满足《钢结构工程施工质量验收规范》GB 50205 中的有关规定。

4.3.3　钢构件焊接

1.焊条、焊丝、焊剂、电渣焊熔嘴等焊接材料与母材的匹配应符合设计要求及国家现行行业标准《钢结构焊接规范》GB 50661 的规定。焊条、焊剂、药芯焊丝、熔嘴等在使用前,应按其产品说明书及焊接工艺文件的规定进行烘焙和存放。

2.焊工必须经考试合格并取得合格证书。持证焊工必须在其考试合格项目及其认可范围内施焊。

3.相关单位对其首次采用的钢材、焊接材料、焊接方法、焊后热处理等,应进行焊接工艺评定,并应根据评定报告确定焊接工艺。

4.焊缝施焊后应在工艺规定的焊缝及部位打上焊工钢印。

4.3.4　焊缝检测

1.碳素结构钢应在焊缝冷却到环境温度、低合金结构钢应在完成焊接 24h 以后,进行焊缝探伤检验。

2.设计要求全熔透的一、二级焊缝应采用超声波探伤进行内部缺陷的检查,超声波探伤不能对缺陷做出判断时,应采用射线探伤,其内部缺陷分级及探伤方法应符合现行国家标准《钢焊缝手工超声波探伤方法和探伤结果分级》GB 11345 或《钢熔化焊对接接头射线照相和质量分级》GB 3323 的规定。

3.一级、二级焊缝的质量等级及缺陷分级应符合《钢结构工程施工质量验收规范》GB

50205 中的有关规定。

4.焊缝表面不得有裂纹、焊瘤等缺陷。一级、二级焊缝不得有表面气孔、夹渣、弧坑裂纹、电弧擦伤等缺陷。且一级焊缝不得有咬边、未焊满、根部收缩等缺陷。

4.3.5　构件涂装

1.钢结构普通涂料涂装工程应在钢结构构件组装、预拼装或钢结构安装工程检验批的施工质量验收合格后进行。钢结构防火涂料涂装工程应在钢结构安装工程检验批和钢结构普通涂料涂装检验批的施工质量验收合格后进行。

2.涂装时的环境温度和相对湿度应符合涂料产品说明书的要求,当产品说明书无要求时,应符合《钢结构工程施工质量验收规范》GB 50205 中的有关规定。

3.涂装前钢材表面除锈应符合设计要求和国家现行有关标准的规定。处理后的钢材表面不应有焊渣、焊疤、灰尘、油污、水和毛刺等。当设计无要求时,钢材表面除锈等级应符合《钢结构工程施工质量验收规范》GB 50205 中的有关规定。

4.涂料、涂装遍数、涂层厚度均应符合设计要求,应符合《钢结构工程施工质量验收规范》GB 50205 中的有关规定。

5.防火涂料涂装前钢材表面除锈及防锈底漆涂装应符合设计要求和国家现行有关标准的规定。

6.钢结构防火涂料的粘结强度、抗压强度应符合国家现行标准《钢结构防火涂料应用技术规程》CECS 24:90 的规定。检验方法应符合现行国家标准《建筑构件防火喷涂材料性能试验方法》GB 9978 的规定。

4.4　钢构件安装

4.4.1　钢结构安装现场应设置专门的构件堆场,并应采取防止构件变形及表面污染的保护措施。

4.4.2　钢构件应符合设计要求和相关规范的规定。运输、堆放和吊装等造成的钢构件变形及涂层脱落,应进行矫正和修补。

4.4.3　安装时,必须控制屋面、楼面、平台等的施工荷载,施工荷载和冰雪荷载等严禁超过梁、桁架、楼面板、屋面板、平台铺板等的承载能力。

4.4.4　安装的测量校正、高强度螺栓安装、负温度下施工及焊接工艺等,应在安装前进行工艺试验或评定,并应在此基础上制定相应的施工工艺或方案。

4.4.5　安装柱时,每节柱的定位轴线应从地面控制轴线直接引上,不得从下层柱的轴线引上。

4.4.6　结构的楼层标高可按相对标高或设计标高进行控制。

4.4.7　在形成空间刚度单元后,应及时对柱底板和基础顶面的空隙进行细石混凝土、灌浆料等二次浇灌。

4.4.8　安装偏差的检测,应在结构形成空间刚度单元并连接固定后进行。

4.4.9　建筑物的定位轴线、基础上柱的定位轴线和标高、地脚螺栓(锚栓)的规格和位置、地脚螺栓(锚栓)紧固件应符合设计要求。当设计无要求时,应符合《钢结构工程施工质量验收规范》GB 50205 中的有关规定。

4.4.10　柱子安装的允许偏差应符合《钢结构工程施工质量验收规范》GB 50205 中的有关规定。

4.4.11 设计要求顶紧的节点，接触面不应少于 70% 紧贴，且边缘最大间隙不应大于 0.8mm。

4.4.12 钢主梁、次梁及受压杆件的垂直度和侧向弯曲矢高的允许偏差应符合《钢结构工程施工质量验收规范》GB 50205 中的有关规定。

4.4.13 多层及高层钢结构主体结构的整体垂直度和整体平面弯曲的允许偏差应符合《钢结构工程施工质量验收规范》GB 50205 中的有关规定。

5 装配式建筑施工安全控制要点

5.1 主要规范

《塔式起重机安全规程》GB 5144

《建设工程施工现场消防安全技术规范》GB 50720

《建筑机械使用安全技术规程》JGJ 33

《施工现场临时用电安全技术规范》JGJ 46

《建筑施工安全检查标准》JGJ 59

《建筑施工高处作业安全技术规范》JGJ 80

《建筑施工扣件式钢管脚手架安全技术规范》JGJ 130

《建设工程施工现场环境与卫生标准》JGJ 146

《建筑施工模板安全技术规范》JGJ 162

《建筑施工工具式脚手架安全技术规范》JGJ 202

《建筑施工起重吊装工程安全技术规范》JGJ 276

《装配式建筑施工现场安全技术规程》DB42/T 1233

5.2 一般规定

5.2.1 构件的吊装安装应编制专项施工方案，经施工单位技术负责人审批、项目总监理工程师审核合格后实施。

5.2.2 施工单位在分派生产任务时，对相关的管理人员、作业人员进行书面安全技术交底。

5.2.3 施工单位应建立安全巡查制度，组织对现场的安全进行巡视，对事故隐患应及时定人、定时间、定措施进行整改。

5.2.4 雨季施工中，应经常检查起重设备、道路、构件堆场、临时用电等；冬季施工中，吊装作业面低于零摄氏度时不宜施工。

5.2.5 定期对进场的安装和吊装工人、设备操作人员、灌浆工等进行安全教育、考核。项目经理、专职安全员和特种作业人员应持证上岗。

5.2.6 对现场的垂直运输设备，建立设备出厂、现场安拆、安装验收、使用检查、维修保养等资料。

5.2.7 针对现场可能发生的危害、灾害和突发事件等危险源，制定专项应急救援预案，定期组织员工进行应急救援演练。

5.2.8 危险性较大工程以及采用安全性能不明确的工艺技术的工程，应根据相关规定及工程实际，组织相应的评审、论证。

5.3 构件的进场、运输与堆放

5.3.1 预制构件进场、运输与堆放应编制相应方案，其技术、安全要求应符合湖北省地方标准《装配式建筑施工现场安全技术规程》DB42/T 1233 第 6 章构件的进场、运输与堆放的相关规定。

5.3.2 施工现场场地、道路应满足预制构件运输、堆放的要求。当堆场设置在地下室顶板上时,应对地下室结构进行验算。

5.4 预制构件安装

5.4.1 预制构件吊装

1.预制构件吊装、吊具、连接及临时支撑应符合湖北省地方标准《装配式建筑施工现场安全技术规程》DB42/T 1233 第 7 章构件安装的相关规定。

2.外挂式防护架的设置、安拆应符合湖北省地方标准《装配式建筑施工现场安全技术规程》DB42/T 1233 第 8 章高处作业的相关规定。

3.钢筋材料禁止集中堆放在某一块叠合板上,应放置在小跨度板上,且材料重心搁置在墙体上,避免集中荷载出现叠合板断裂情况;禁止把钢筋堆放在外挂架上或楼层边缘。

4.钢筋材料应轻拿轻放,禁止大力撞击叠合板。

5.在墙柱钢筋、模板登高作业时,使用可移动的操作平台,杜绝使用靠墙梯、站立在墙体或墙体斜支撑上操作的情况。

5.4.2 混凝土浇筑

1.检查楼层临边、阳台临边、楼梯临边、采光井、烟道口、电梯井口等部位安全防护设施是否完善;检查人员上下通道是否安全可靠,照明是否充足。

2.检查叠合板支撑、墙体支撑杆件、外挂架穿墙螺栓是否有松动、缺失等情况。

3.吊斗卸放混凝土时,操作人员禁止站在外架上或楼层边缘,应站立在楼层内侧,避免吊斗摆动撞击人员。

4.在浇筑叠合板混凝土时,吊斗应降至离板面约 30cm 位置,且混凝土应慢放,禁止出现高度过高,混凝土卸放瞬间荷载过大,造成叠合板断裂现象。

5.4.3 墙体封堵与注浆

1.封堵注浆外墙外侧时,作业人员应使用安全带,站立于安全区域。

2.注浆机应配备单独的三级配电箱,并应按照"一机、一闸、一漏保、一箱"的原则进行接电。

3.电缆线应沿墙角布置,避免物体撞击,导致漏电伤人。

4.每块墙体注浆完毕后,及时用清水进行冲洗,做好工完场清、成品保护工作。

5.4.4 高处作业

高处作业应符合湖北省地方标准装配式建筑施工现场安全技术规程 DB42/T 1233 第 8 章高处作业的相关规定。

5.5 钢结构安装

5.5.1 操作平台设置

1.操作平台应经过设计计算、方案审批、制作和验收,其强度和稳定性应满足设计要求。

2.按照设计要求进行制作,操作平台的具体尺寸按照实际情况而定,操作平台外围边到柱边的距离不小于 700mm。

3.操作平台制作、安装完成后,经验收合格后挂牌,方可使用。

4.固定式操作平台与悬挑式操作平台部分参数尺寸及材料选用可参考《建筑工程钢结构

施工安全防护设施技术规程》DB42/T 990。

5.5.2 安全网设置

1.安全网的质量应符合《安全网》GB 5725 的规定,进场前须进行验收,经验收合格后,方可投入使用。

2.对使用中的安全网,应进行定期或不定期的检查,并及时清理网中落下的杂物,当受到较大冲击时,应及时更换安全网。

3.安全网相关挂设具体要求可参考《建筑工程钢结构施工安全防护设施技术规程》DB42/T 990。

5.5.3 垂直登高挂梯设置

1.挂钩、支撑的组件圆钢与扁钢之间采用双面角焊焊接成型,挂钩为备选挂件,挂梯顶部挂钩及连接方式可根据工程实际情况单独设计,严禁使用螺纹钢。

2.钢柱吊装前,应将垂直登高挂梯安装就位后,方可进行吊装。

3.每副挂梯应设置两道支撑,挂梯与钢柱之间的间距以 120mm 为宜,挂梯顶部挂件应挂靠在牢固的位置并保持稳固,荷载 2kN 以内。

4.挂梯梯梁及踏棍分别采用 60×6mm 的扁钢及直径不小于 15mm 的圆钢塞焊而成。

5.单副挂梯长度以 3m 为宜,挂梯宽度以 350mm 为宜,踏棍间距以 300mm 为宜,挂梯连接增长超过 6m 应增加固定点。

6.垂直登高挂梯建议尺寸及相关材料可参考《建筑工程钢结构施工安全防护设施技术规程》DB42/T 990。

5.5.4 钢斜梯设置

1.钢斜梯垂直高度不应大于 6m,水平跨度不应大于 3m。

2.梯梁采用 12.6 槽钢,喷涂橘黄色防腐油漆,通过夹具固定在钢梁上。

3.斜梯设置双侧护栏,喷涂防腐警示油漆,油漆每段长度以 300mm 为宜。护栏的立柱、扶手、中间栏杆均采用 ϕ30×2.5 钢管,套管连接件为 ϕ38×2.5 钢管,上下两道横杆的高度分别为 1.2m 和 0.6m,立柱间距不大于 2m。

4.立柱与连接板焊接形成整体,栓接于梯梁上。

5.转换平台采用 4mm 厚花纹钢板制作,平台底部侧面设置高 200mm、厚 1mm 的踢脚板。

6.钢斜梯相关尺寸参数与材料可参考《建筑工程钢结构施工安全防护设施技术规程》DB42/T 990。

5.5.5 水平通道设置

1.钢制组装通道相关尺寸参数及材料可参考《建筑工程钢结构施工安全防护设施技术规程》DB42/T 990。

2.抱箍式安全绳通道,其抱箍采用 PL30×6 扁钢制作,其尺寸根据钢柱直径而定,制作完成后,喷涂防腐警示油漆。

3.安全绳采用 ϕ9 镀锌钢丝绳,其技术性能应符合《一般用途钢丝绳》GB/T 20118 中的相关规定。

4.端部钢丝绳使用绳卡进行固定,绳卡压板应在钢丝绳长头的一端,绳卡数量应不少于 3 个,绳卡间距 100mm,钢丝绳固定后弧垂应为 10~30mm。

5.抱箍式安全绳通道相关尺寸参数及材料可参考《建筑工程钢结构施工安全防护设施技

术规程》DB42/T 990。

6.立杆式安全绳通道中的立杆应由规格为 φ48×3.5 的钢管、直径为 6mm 的圆钢拉结件及底座组成。

7.立杆与底座之间除焊接固定外,还应有相应的加固措施。

8.钢丝绳两端分别用 D=9mm 的绳卡固定,绳卡数量不得少于 3 个,绳卡间距保持在 100mm 为宜,最后一个绳卡距绳头的长度不得小于 140mm。

5.5.6　接火盆设置

1.焊接、气割作业应设置接火措施。

2.接火盆在使用时应在盆底满铺石棉布。

3.接火盆相关设计要求、尺寸参数及装配流程可参考《建筑工程钢结构施工安全防护设施技术规程》DB42/T 990。

5.6　消防安全

5.6.1　现场应建立消防安全管理机构,制定消防管理制度,定期开展消防应急演练。现场消防设施应符合《建设工程施工现场消防安全技术规范》GB 50720 规定,临时消防设施应与工程施工进度同步设置。

5.6.2　构件之间连接材料、接缝密封材料、外墙装饰、保温材料要求是不燃材料,或 A 级防火材料。

5.6.3　施工临时用电应符合《施工现场临时用电安全技术规范》JGJ 46 相关规定。

5.6.4　装配式混凝土建筑密封胶配套的清洗液和底涂液均属于易燃易爆物品,并具有一定的毒性,使用者应采取必要的防护措施,工作场所应有良好的通风条件,严禁烟火。

5.7　职业健康安全与环境保护

5.7.1　职业健康安全

1.装配式建筑工程应制定职业健康管理计划,按规定程序经批准后实施。

2.应对职业健康管理计划的实施进行管理。

3.应制定并执行职业健康的检查制度,记录并保存检查的结果。对影响职业健康的因素应采取措施。

5.7.2　环境保护措施

1.施工过程中,应采取建筑垃圾减量化措施。施工过程中产生的建筑垃圾,应进行分类处理。

2.在临建设计、材料选择、各施工工序中做好相应的环境保护工作,并加强监督落实。

3.施工过程中,应采取防尘、降尘措施。施工现场的主要道路,宜进行硬化处理或采取其他扬尘控制措施。可能造成扬尘的露天堆储材料,宜采取扬尘控制措施。

4.施工过程中,应对材料搬运、施工设备和机具作业等采取可靠的降低噪声措施,施工作业在施工场界的噪声级,应符合现行国家标准《建筑施工场界噪声限值》GB 12523 的有关规定。

5.施工过程中,应采取光污染控制措施。可能产生强光的施工作业,应采取防护和遮挡措施。夜间施工时,应采取低角度灯光照明。

6.应采取沉淀、隔油等措施处理施工过程中产生的污水,不得直接排放。

7.宜选用环保型脱模剂。涂刷模板脱模剂时,应防止洒漏。含有污染环境成分的脱模剂,使用后剩余的脱模剂及其包装等不得与普通垃圾混放,并应由厂家或有资质的单位回收处理。

8.施工过程中,对施工设备和机具维修、运行、存储时的漏油,应采取有效的隔离措施,不得直接污染土壤。漏油应统一收集并进行无害化处理。

9.起重设备、吊索、吊具等保养中的废油脂应集中回收处理;操作工人使用后的废旧油手套、棉纱等应集中回收处理。

10.密封胶、涂料等化学物质应按规定进行存放、使用、回收,严禁随意处置。混凝土外加剂、养护剂的使用,应满足环境保护和人身安全的要求。

11.施工过程中可能接触有害物质的操作人员应采取有效的防护措施。

12.不可循环使用的建筑垃圾,应集中收集,并应及时清运至有关部门指定的地点。可循环使用的建筑垃圾,应加强回收利用,并应做好记录。

13.施工中产生的粘结剂、稀释剂等易燃、易爆化学制品的废弃物应及时收集送至指定存储器内并按规定回收,严禁随意丢弃和堆放。

《湖北省装配式建筑施工质量安全监管要点(试行)》(鄂建办〔2018〕335号)具体内容如下:

1 总则

1.1 为推进我省装配式建筑健康发展,规范和指导我省装配式建筑施工质量安全监管,根据相关法律法规、规范标准及质量安全管理规定,结合我省实际,制定本要点。

1.2 本要点所称装配式建筑,是指主体结构全部或部分采用预制混凝土构件或钢结构构件装配而成的钢筋混凝土房屋建筑工程或钢结构房屋建筑工程。

1.3 湖北省行政区域内装配式建筑的建设及相关质量安全监督管理活动,适用本要点。

1.4 省住房和城乡建设厅负责全省装配式建筑质量安全监督管理工作。

县级以上地方人民政府住房城乡建设主管部门及其所属的质量安全监督机构具体负责本行政区域内装配式建筑质量安全监督管理工作。

1.5 装配式建筑应优先采用设计、构件生产、施工一体化总承包和全装修模式;鼓励通过信息技术实现装配式建筑全过程质量安全管理和责任可追溯;鼓励相关单位通过购买工程质量安全保险等方式降低装配式建筑建造风险。

2 基本规定

2.1 装配式建筑的建设、勘察、设计、施工、监理、施工图审查、预制构件生产制作、质量检测等相关单位或机构应遵守现行相关法律法规、规范标准,建立健全质量安全保证体系,落实工程质量终身责任,依法对工程质量安全负责。

2.2 加强装配式建筑全过程监管,建设和监理等相关方可采用驻厂监造等方式加强预制构件生产质量管控;工程竣工后,在建筑物明显部位设置永久性标牌,公示质量安全责任主体和主要责任人。

2.3 装配式建筑预制构件安装,应以首层或首个代表性施工段为样板,按试安装方案进行试安装,根据试安装情况研究确定后续施工方案、明确质量安全控制措施及其关键控制点后方可继续施工。

3 质量安全责任

3.1 建设单位

3.1.1 应将工程发包给具备相应资质的设计(含预制构件深化设计)、施工等单位。宜委托进行建筑、结构、机电、装修一体化设计。

3.1.2　应委托施工图审查机构对施工图设计文件进行审查,不得擅自变更审查合格的施工图设计文件。确需变更的,应将施工图设计文件涉及结构安全、主要使用功能、建筑节能、装配率等方面的重大变更委托原施工图审查机构重新进行审查,并报住房城乡建设主管部门重新备案。

3.1.3　装配式建筑采用的设计无国家、行业和地方工程建设标准等相关依据的,建设单位应在初步设计阶段组织专家论证,论证意见作为初步设计和施工图设计文件审查的重要内容和依据。

3.1.4　应组织首批预制构件、首层或首个代表性施工段试安装验收。

3.1.5　工程建设全过程中,负责工程设计、预制构件生产制作、施工、监理等参建各方之间的综合协调,促进各方紧密协作。

3.2　预制构件生产企业

3.2.1　应根据施工图设计(含预制构件深化设计)文件和相关规范标准编制预制构件生产制作方案,方案应包含预制构件生产工艺、模具、生产计划、技术质量控制、质量常见问题防治、检测验收、成品保护、堆放及运输等内容,并综合考虑建设(监理)、施工单位关于质量安全、进度等方面的要求,经企业技术负责人审批后实施。

3.2.2　预制构件生产制作前,应就预制构件生产制作关键工序、关键部位的施工工艺向管理及操作人员进行技术交底;预制构件生产制作过程中,应按相关规范规定对隐蔽工程进行验收并形成纸质及影像记录,生产制作过程按相关规定全程进行信息化管理;预制构件安装前,应就关键工序、关键部位的安装注意事项向施工单位进行技术交底。

3.2.3　预制构件用混凝土所需原材料及其存放条件、混凝土制备及试验以及搅拌站(楼)或搅拌设备等应满足《混凝土搅拌站(楼)》(GB/T 10171)及混凝土相关规范标准规定。

3.2.4　应建立健全原材料质量检测制度,检测程序、检测方案等应符合法律法规及《房屋建筑和市政基础设施工程质量检测技术管理规范》(GB 50618)等相关规范标准的规定。

3.2.5　应建立健全预制构件成品及节点连接质量检验制度。委托具备资质的检测机构对钢筋连接套筒与工程实际采用的钢筋、灌浆料的匹配性进行工艺检验。

3.2.6　应建立预制构件出厂检验和信息化标识制度。在构件显著位置进行唯一性信息化标识,并提供构件出厂合格证和使用说明书。预制构件出厂检验及信息化标识要求参见附件1。

3.2.7　预制构件堆放及运输过程中,应采取可靠措施避免构件受损、破坏。

3.2.8　应及时收集整理预制构件生产制作过程的质量控制资料,并按规定存档。

3.2.9　应参加首批预制构件、首层或首个代表性施工段试安装及装配式混凝土结构子分部工程质量验收,对施工过程中发现的生产问题提出改进措施,并及时对预制构件生产制作方案进行调整改进。

3.3　施工单位

3.3.1　应根据装配式建筑的特点,建立健全质量安全保证体系,建立预制构件进场验收、节点连接质量控制、首层或首个代表性施工段试安装验收等内部质量管理制度。

3.3.2　应对预制构件生产制作过程履行施工总承包质量管理责任,实施首批预制构件生产制作过程驻厂监造。对后续预制构件生产制作过程,视进场预制构件质量状况,采取相应延伸管理措施。

3.3.3 应根据施工图设计(含预制构件深化设计)文件和相关规范标准编制施工组织设计,制定质量安全专项施工方案,报监理单位审批。应根据首层或首个代表性施工段试安装情况完善专项施工方案。对无相关技术标准的专用施工操作平台和超过一定规模的危险性较大的分部分项工程的安全专项施工方案,应按规定组织专家论证。施工组织设计基本内容参见附件2。

3.3.4 应就预制构件吊装及钢筋套筒灌浆连接等安装关键工序、关键部位的施工工艺向施工管理及操作人员进行技术交底。

3.3.5 应建立健全预制构件安装质量检查验收制度,制定装配式建筑结构工程质量验收方案并遵照执行。预制构件安装质量检查验收工作包括:会同预制构件生产企业、监理单位对进场预制构件信息化标识、出厂合格证及使用说明书、外观质量及质量控制资料等进行验收;对预制构件安装过程的隐蔽工程、检验批及常见质量问题防治措施落实情况进行检查,在自检合格基础上报监理单位验收;对预制构件节点连接等关键工序实施全过程质量管控,形成可追溯的文档记录及影像记录资料。

3.3.6 应及时收集整理预制构件进场验收及安装过程的质量控制资料,并按规定存档。

3.4 监理单位

3.4.1 应根据施工图设计文件(含预制构件深化设计)和相关规范标准,结合装配式建筑的特点,编制监理规划和监理实施细则,经审批后实施。

3.4.2 应审核预制构件生产企业、施工单位的质量安全保证体系,审核预制构件安装专项施工方案,并跟踪检查、督促落实。

3.4.3 应对预制构件安装过程进行监理。包括组织施工单位对进场预制构件及相关原材料、构配件等进行验收;核查施工管理人员对预制构件吊装及节点连接等关键工序操作人员技术交底情况;对首层或首个代表性施工段试安装、预制构件节点连接、装配式结构与现浇结构连接等关键工序、关键部位实施旁站监理;对外围护预制构件密封防水施工进行重点巡视;对预制构件安装过程的隐蔽工程、检验批及常见质量问题防治情况等进行验收并形成记录资料。

3.4.4 发现装配式建筑存在质量安全隐患的,应责令整改;情况严重的,应责令停止施工;拒不整改或不停止施工的,应及时向建设单位和质量安全监督机构报告。

3.5 检测机构

3.5.1 应按照有关工程建设标准进行检测,出具检测报告。

3.5.2 检测报告应反映工程实际情况,检测数据必须真实准确,不得弄虚作假。

3.5.3 应在24小时内将不合格检测报告报送工程所在地质量安全监督机构。

3.5.4 应严格落实见证取样送检制度,没有见证人员见证取样、送检的材料,检测报告不得加盖"见证取样"章。

4 监督管理

4.1 质量监督机构在工程开工前,应督促建设、勘察、设计、施工、监理单位及预制构件生产企业提交法定代表人签署的授权书及项目负责人签署的质量终身责任承诺书。

4.2 质量监督机构应严格按照监督工作要求,对装配式建筑实施监督管理,包括下列工作内容:

4.2.1 编制监督工作计划,进行监督工作交底;

4.2.2 抽查建设、施工、监理、预制构件生产企业等质量责任主体及质量检测机构的质量行为,督促各方履行质量责任;

4.2.3 抽查进场预制构件、原材料及构配件质量;

4.2.4 抽查涉及结构安全、建筑节能、主要使用功能的工程实体质量及质量控制资料;

4.2.5 对重要分部(子分部)工程质量验收及竣工验收进行监督,重点对验收组织形式、验收程序及执行验收标准是否符合有关规定和验收结论是否明确等进行监督,并形成监督记录。

4.3 质量监督机构对所监管的每栋装配式建筑的监督抽查频次原则上不少于6次,且每1个月不少于1次;应当重点抽查构件安装与连接、预制构件与现浇结构连接、防水处理等部位或环节,加强对工程地基基础、主体结构和竣工验收的监督检查;对需要进行监督抽测的建筑材料和施工现场预制构件等项目,可以委托有资质的质量检测机构进行抽样检测。

4.4 质量监督机构发现在方案编制审批、预制构件生产制作、预制构件堆放、运输及吊装、节点连接、防水施工等关键环节存在质量缺陷的,应责令改正,并对相关责任单位和个人依法进行处理。

4.5 安全监督机构应对建设、施工、监理单位的安全生产行为、施工现场的安全生产状况和安全生产标准化开展情况进行抽查。

4.6 安全监督机构发现施工现场存在安全生产隐患、文明施工管理混乱或发生安全生产事故的,应依法依规对负有责任的建设、施工、监理单位及个人实施处罚。

5 附 则

5.1 装配式建筑工程质量安全监督管理除执行本要点外,尚应遵守国家、省现行有关法律法规和规范标准等的相关规定。

5.2 本要点自发布之日起施行。

附件

1.预制构件出厂检验内容及要求

2.施工组织设计基本内容

附件1

预制构件出厂检验内容及要求

1.型式检验

不同混凝土强度、规格、材料、工艺的预制构件每年应委托具备相应资质的检测机构进行型式检验,提供检验合格报告。

型式检验报告的内容应包括混凝土强度、外观质量、外形几何尺寸、耐久性能、耐火性能、钢筋保护层厚度等;对涉及结构安全的构件应进行承载力等结构性能检验;对外墙、屋面等有防水防渗要求的构件应进行抗渗性能检验;对有保温隔热等要求的构件应进行保温隔热性能等检验。

2.结构性能检验

预制构件进场时应按《混凝土结构工程施工质量验收规范》(GB 50204)的相关规定进行结构性能检验,未经检验或检验不合格的不得使用。当预制构件进场不做结构性能检验时,应按《混凝土结构工程施工质量验收规范》(GB 50204)第9.2.2条第3款的规定进行驻厂监造或实体检验。

预制构件结构性能检验应按标准图或设计要求的试验参数实施。

3. 出厂检验

预制构件出厂检验由生产厂家专职质检人员等组织实施。

预制构件出厂前应进行混凝土强度、外观质量、外形尺寸、预埋件、钢筋位置安装偏差等检验,检验批的划分应在有关方案中明确,并应符合相应规范规定。预制构件生产制作隐蔽工程检查验收记录应齐全。

预制构件出厂检验外观质量不宜有一般缺陷,不应有严重缺陷。存在一般缺陷的构件,应按技术处理方案进行处理;存在严重缺陷的构件,一律不得出厂。

预制构件出厂的预留钢筋、连接件、预埋件和预留孔洞的规格、数量、位置等应符合设计要求,允许偏差应符合相应规范要求。

4. 信息化标识

预制构件生产企业应通过统一的信息系统制作带有唯一性识别码的芯片或二维码,出厂构件采用预埋芯片或粘贴二维码进行标识,芯片或二维码信息内容应包含工程名称、构件名称、构件编号、规格型号、生产企业、执行标准、生产日期、出厂日期、检验结论、生产负责人、质检员、驻厂监理员等。检验不合格、标识不全的构件不得出厂。

附件 2

施工组织设计基本内容

1. 施工计划:包括总体施工进度计划、预制构件需求计划、预制构件安装计划等。

2. 预制构件运输及堆放质量保证措施:应进行预制构件起吊、运输、码放承载力等验算,明确预制构件吊装顺序、码放及固定方式、堆放层数、防损防污措施等。

3. 试安装专项施工方案:明确首层或首个代表性施工段工艺工序要求、执行标准、预制构件安装先后顺序及编号、质量控制措施及其关键控制点等。

4. 装配式建筑质量常见问题专项治理方案:应对装配式建筑工程质量常见问题的部位、阶段等进行识别,对产生原因进行分析,明确防治的技术、组织、管理和经济等措施。

5. 预制构件吊装质量保证措施:应进行预制构件支撑系统和临时固定装置承载力验算等,明确混凝土强度最低起吊限值,明确吊装方式、设备选型、配套吊具种类、规格型号和吊装作业相关人员配备要求及相关职责,明确吊装前应完成的相关准备工作和安装过程中预制构件就位、调节、临时支撑、固定的基本方法和操作要点。

6. 预制构件安装节点连接施工方案:应明确预制构件与现浇结构连接、预制构件安装节点连接处钢筋或预埋件接头连接方法、预制构件结合面表面处理措施、预制构件连接处现浇混凝土模板固定措施及混凝土浇筑、预制构件拼缝、外墙及拼缝防裂、密封、防水处理措施等内容;当多层预制剪力墙底部采用坐浆材料时,坐浆应满铺,其厚度不宜大于20mm,强度应符合设计及相关规范要求。

7. 规范规定及实际需要编制的其他内容。

3.3.2 北京市地方标准

北京市在发展装配式建筑方面在国内较为领先,其相关标准文件较为丰富,有利于装配式建筑安全管理的有效进行。

　　《关于加强装配式混凝土建筑工程设计施工质量全过程管控的通知》（征求意见稿）主要是针对北京市装配式建筑质量安全全过程，有较为详细的责任分配与质量管理要求，有关安全管理的内容如下：

　　一、明确工程总承包单位的质量责任

　　（一）本市装配式建筑项目原则上应采用工程总承包模式，建设单位应将项目的设计、施工、采购一并进行发包，中标后应与工程总承包单位签订建设工程合同。建设单位应当履行支付相应工程价款的基本义务，并依法对建设工程质量负责，加强工程总承包项目的全过程管理。

　　（二）工程总承包单位应当履行按质按期进行工程建设的基本义务，对其承包工程的设计、施工、采购等全部建设工程质量负责。工程总承包单位应当根据法律法规、建设工程强制性标准、建设工程设计深度要求、合同约定等进行建设工程设计，对建设工程的设计质量负责，并按照施工图设计文件和施工技术标准施工，保证工程质量，同时按法律法规规定承担质量保修责任。

　　禁止工程总承包单位允许其他单位或者个人以本单位的名义承揽工程。禁止工程总承包单位通过挂靠方式，以其他单位名义承揽工程。不得转包或者违法分包工程。

　　（三）工程总承包单位应具有与工程建设规模和复杂程度相适应的项目设计管理、采购管理、施工组织管理等专业技术能力和综合管理能力。工程总承包单位应当按照工程建设规模和技术要求设立工程总承包项目管理机构，设置设计、施工、技术、质量、安全、造价、设备和材料等主要管理部门及岗位，配备工程总承包项目经理及相应管理人员，全面负责设计、施工、采购的综合协调和统筹安排。工程总承包项目经理应按照法律、法规和有关规定，对建设工程的设计、施工、采购、质量、安全等负责。

　　三、提升设计质量水平

　　（二）施工图设计文件的设计深度应符合《建筑工程设计文件编制深度规定》以及我市装配式建筑相关技术要求，并对可能存在的施工重大风险，提出具体质量和安全保障措施。设计合同对设计文件编制深度另有要求的，设计文件应同时满足设计合同要求。施工图设计文件应明确装配式建筑各单体的预制率和装配率，装配率应按相关标准和要求明确装配率评分表。

　　（三）施工图审查机构应依据国家和本市相关规范或规定对装配式混凝土结构工程施工图设计文件进行审查，重点审查结构体系的可靠性、安全性，以及节能、防水、防火、预留预埋等涉及主要使用功能的关键环节，并复核装配式建筑预制率。施工图设计文件变更涉及装配式建筑结构体系等重大变更的，建设单位应按照规定重新报原审查机构审查。

　　（五）施工图设计应以交付全装修成品建筑为目标。施工图设计文件应满足建筑主体和全装修施工需要，应明确相关材料、施工及质量验收标准和要求，包括采用材料、部品部件的名称、规格型号、主要性能指标，平面布局方案，给排水、电气、通风空调、采暖等系统设计，以及细部构造节点设计等。

　　四、强化施工过程质量管控

　　（一）工程总承包单位（未实行工程总承包项目的施工单位）应当组织对施工组织设计进行专家评审，重点审查施工组织设计中技术方案可靠性、安全性、可行性，包括技术措施、质量安全保证措施、验收标准、工期合理性等内容，并形成专家意见。施工组织设计发生重大变更的，应按照规定重新组织专家评审。

（二）施工组织设计评审专家组应当由结构设计、施工、预制混凝土构件生产（混凝土制品）、机电安装、装饰装修等领域的专家组成，成员人数应当为 5 人以上单数，其中北京市装配式建筑专家委员会成员应不少于专家组人数的 3/5，结构设计、施工、预制混凝土构件生产（混凝土制品）的专家各不少于 1 名。建设、工程总承包（未实行工程总承包项目的设计、施工单位）、监理以及预制混凝土构件生产等相关单位应当参加。

（七）工程总承包单位（未实行工程总承包项目的施工单位）应加强预制混凝土构件安装、预制混凝土构件与现浇结构连接节点、预制混凝土构件之间连接节点的施工，并加强预制外墙板接缝处、预制外墙板和现浇墙体相交处、预制外墙板预留孔洞处等细部防水和保温的质量控制。当连接钢筋位置存在严重偏差影响预制混凝土构件安装时，应会同设计人员制定专项处理方案，严禁随意切割、调整定位钢筋。设备与管线施工前，工程总承包单位（未实行工程总承包项目的施工单位）应对结构构件预埋套管及预留孔洞的尺寸、位置进行复核，合格后方可施工。

（八）工程总承包单位（未实行工程总承包项目的施工单位）应根据装配式建筑一体化设计、建造的要求，有效衔接主体结构与内装修工序，重点加强管线综合、部品集成等环节管控。严格实施样板引路制度，用工艺样板间统一现场工艺实施标准，用试错样板间磨合优化方案，用成品样板间接受社会监督，确保装修品质。

（九）建设单位应在工程主体结构验收前，组织工程总承包（未实行工程总承包项目的设计、施工单位）、监理等单位进行装配式建筑预制率验收，形成装配式建筑预制率验收表；在竣工阶段组织工程总承包（未实行工程总承包项目的设计、施工单位）、监理等单位进行装配式建筑装配率验收，形成装配式建筑装配率验收表，并将装配式建筑实施情况纳入工程竣工验收报告。

（十）建设单位应当按照规定组织勘察、工程总承包（未实行工程总承包项目的设计、施工单位）、监理、预制混凝土构件生产等单位进行单位工程质量竣工验收和工程竣工验收。工程总承包单位（未实行工程总承包项目的施工单位）应当按照规定对隐蔽工程、检验批、分项、分部和单位工程进行质量自检，并负责组织各分包单位配合建设单位完成单位工程质量竣工验收和工程竣工验收。在永久性标识、质量终身责任信息表中应当增加工程总承包单位及其项目经理信息，并依法承担质量终身责任。

（十一）监理单位应根据装配式混凝土结构工程特点编制施工现场监理细则，加强对预制混凝土构件进场检验的审查，对灌（座）浆料、灌浆套筒连接接头、灌（座）浆料抗压强度试块进行见证取样和送检，对预制混凝土构件安装和灌浆套筒连接的灌浆过程进行旁站。

……

六、加强设计和施工作业人员培训

（一）工程总承包单位（未实行工程总承包项目的设计单位）应组织设计人员积极参与主管部门、行业协会、企业内部的培训活动，提升设计人员装配式建筑设计理论水平和全产业链统筹把握能力。

（二）按照"谁培训，谁负责"的原则，各培训机构、企业培训中心（统称培训考核机构）应当依据职业技能标准，开展构件装配工、构件制作工、灌浆工、预埋工职业道德、理论知识和操作技能培训，并按有关要求核发职业培训合格证，对培训质量负责。

（三）健全装配式建筑工人岗前培训、岗位技能培训制度，将装配式建筑相关内容纳入建筑行业专业技术人员继续教育范围。施工作业前,工程总承包单位(未实行工程总承包项目的施工单位)应组织构件装配工、灌浆工、预埋工等作业人员参与培训考核机构的专项培训,培训合格且取得由培训考核机构颁发的职业培训合格证后,方可从事装配式建筑施工。

北京市《关于在本市装配式建筑工程中实行工程总承包招投标的若干规定(试行)》旨在加快推进装配式建筑和工程总承包模式发展,提升工程建设管理水平,相关内容如下:

一、本市行政区域内装配式建筑工程的工程总承包发包承包活动,适用本规定。

二、装配式建筑原则上应采用工程总承包模式,建设单位应将项目的设计、施工、采购一并进行发包。

三、装配式建筑进行工程总承包发包时,应当在本市公共资源交易平台开展招标投标活动,并接受市规划国土主管部门和市、区住房城乡建设主管部门的监督管理。

市规划国土主管部门和市、区住房城乡建设主管部门按照其职责分工,分别负责各自职责范围内工程总承包招标投标活动的监督管理。

四、装配式建筑工程总承包发包,可以采用以下方式实施:

(一)项目审批、核准或者备案手续完成,其中政府投资项目的工程可行性研究报告已获得批准,进行工程总承包发包;

(二)方案设计或者初步设计完成,进行工程总承包发包。

采用第(一)项情形发包的,工程项目的建设规模、建设标准、功能需求、技术标准、工艺路线、投资限额及主要设备规格等均应确定。

五、工程总承包项目的承包人应当是具有与发包工程规模相适应的工程设计资质和施工总承包资质的企业或联合体。试行期内,发包人不宜将工程总承包业绩设定为承包人的资格条件。

六、工程总承包项目的承包人不得是工程总承包项目的代建单位、项目管理单位、工程监理单位、招标代理单位以及其他为招标项目的前期准备提供设计、咨询服务的单位。

七、工程总承包项目负责人应当具备工程建设类注册执业资格或者高级专业技术职称,并担任过工程总承包项目负责人、设计项目负责人或者施工项目负责人。同时,工程总承包单位的施工项目负责人和设计项目负责人应当是具备相应注册执业资格的人员。

八、工程总承包评标办法宜采用综合评估法,其中施工部分的相对权重一般应为55%~60%,设计部分的相对权重一般应为40%~45%。

九、评标委员会应依据国家和本市有关规定,由招标人代表和有关技术、经济等方面的专家组成,其中技术、经济专家不得少于评标委员会成员总数的三分之二,评标专家应通过随机抽取的方式产生。

十、建设单位应当严格按照国家和本市有关招标投标的相关法律法规,遵循"公开、公平、公正"的原则开展招标活动,不得借装配式建筑或工程总承包的名义随意改变招标范围、招标方式及法定程序,擅自设置排斥潜在投标人的资格条件。

十一、本规定自发布之日起开始试行,试行期两年。

《装配式剪力墙住宅建筑设计规程》主要内容包括:基本规定、建筑模数协调、平面设计、预制墙体设计、楼面设计、内装修与设备管线设计等。

3.0.1　装配式剪力墙住宅在保证安全和质量的前提下,应在承重外墙、内墙、楼板等主要受力构件全部或部分采用工业化生产的预制构件,宜在楼梯、阳台、空调板等部位配套采用预制构件。

3.0.2 应采用标准化、系列化设计方法，做到基本单元、连接构造、构件、配件及设备管线的标准化与系列化。

3.0.3 装配式剪力墙住宅设计应满足以下要求：

1. 在前期规划与方案设计阶段，各专业应充分配合，结合预制构件的生产运输条件和工程经济性，安排好装配式剪力墙结构实施的技术路线、实施部位及规模。

2. 在总平面设计中应考虑预制构件及设备的运输通道、堆放以及起重设备所需空间。

3. 应考虑好施工组织流程，保证各施工工序的有效衔接，提高效率，缩短施工周期。

3.0.4 选用的各类预制构配件的规格与类型，室内装修系统与设备管线系统等，应符合建造标准和建筑功能的需求，并适应建筑主要功能空间的灵活可变性。

3.0.5 应遵守模数协调的原则，实现建筑产品、部件的尺寸及安装位置的模数协调。

3.0.6 建筑体型、平面布置及构造应符合抗震设计的原则和要求。

3.0.7 预制构件（梁、墙、板）的划分，应遵循受力合理、连接简单、施工方便、少规格、多组合的原则。

3.0.8 施工图设计文件应完整成套，预制构件的加工图纸应全面准确反映预制构件的规格、类型、加工尺寸、连接形式、预埋设备管线种类与定位尺寸，满足预制构件工厂化生产及机械化安装的需要。

3.0.9 宜实现室内装修、管道设备与主体结构的分离，以延长建筑的使用寿命。

……

5.0.1 平面设计应重视其规则性对结构安全及经济合理性的影响，宜择优选用规则的形体，考虑承重墙体上下对应贯通，避免形体过大的凹凸变化。

5.0.2 门窗洞口宜规整有序，不宜开设转角窗。

5.0.3 宜选用大空间的平面布局方式，合理布置承重端及管井位置，满足住宅空间的灵活性、可变性。公共空间及户内各功能空间分区明确、布局合理。

5.0.4 应考虑设备管线与结构体系的关系，竖向管线等宜集中设置，水平布线的排布及走位应降低各工种之间的交叉及干扰。

5.0.5 应考虑卫生间、厨房的设备和家具产品及其管线布置的合理性，宜采用标准化的整体卫浴及整体厨房。

5.0.6 装配式剪力墙住宅的面积计算应符合国家标准《住宅设计规范》GB 50096及《建筑工程建筑面积计算规范》GB/T 50353的要求，当外墙为预制夹心外墙板时，应按保温层外表面计算住宅楼建筑面积。

……

6.1.1 预制外端的设计应充分考虑其制作工艺、运输及施工安装的可行性，满足施工安装的三维可调性要求，做到标准化、系列化，实现构件的不断复制和工业化生产。

6.1.2 预制外墙要做好构件拆分设计，满足功能、结构、经济性和立面形式等要求，便于建筑立面的表现和结构合理性，便于运输、施工和安装。

6.1.3 预制外墙的各种接缝部位、门窗洞口等构配件组装部位的构造设计及材料的选用应满足建筑的各类物理性能、力学性能、耐久性能及装饰性能的要求。

6.1.4 预制外端板与部品及预制构配件的连接（如门、窗、管线支架等）应牢固可靠。

......

6.3.1　预制外墙板的饰面宜采用装饰混凝土、涂料、面砖、石材等耐久，不易污染的材料。考虑外立面分格、饰面颜色与材料质感等细部设计要求，并体现装配式建筑立面造型的特点。

6.3.2　装配式剪力墙住宅的预制构配件之间的接缝应对位精确。

6.3.3　预制外墙的面砖或石材饰面宜在构件厂采用反打或其他工厂预制工艺完成，不宜采用后贴面砖，后挂石材的工艺和方法。

6.3.4　预制外墙使用装饰混凝土饰面时，设计人员应在构件生产前先确认构件样品的表面颜色，质感、图案等要求。

......

6.4.1　装配式剪力墙住宅的分户墙宜作为预制承重内墙，在分户墙上宜设置备用门洞。

6.4.2　预制承重内墙应结合住宅功能要求和精装修做好点位、管线等的预留预埋接口。

6.4.3　住宅部品与预制内墙的连接（如热水器、脱排油烟机附墙管道、管线支架、卫生设备等）应牢固可靠。

6.4.4　预制非承重内墙宜采用自重轻的材料，内墙的侧面、顶端及底部与主体结构的连接应满足抗震及日常使用安全性要求，同时应满足不同使用功能房间的防火、隔声等要求。用作厨房及卫生间等潮湿房间的内墙应满足防水要求。

6.4.5　预制非承重内墙的接缝处理宜根据板材端部形式和工程实际需要采用适宜的连接方法，并采取构造措施防止装饰面层开裂剥落。

......

7.0.1　装配式剪力墙住宅的楼板宜采用叠合楼板。

7.0.2　装配式剪力墙住宅的楼板与楼板、楼板与墙体之间的接缝宜采取混凝土后浇带等保证结构整体性的措施。

7.0.3　叠合楼板的建筑设备管线布线宜结合楼板的现浇层或建筑垫层统一考虑。

7.0.4　需要降板的房间（包括卫生间、厨房）的位置及降板范围，应结合结构的板跨、设备管线等因素进行设计，并为房间的可变性留有余地。

7.0.5　住宅底层厨房的地面遇有室外燃气管接入时，应采用实铺地面。

......

8.0.1　装配式剪力墙住宅的外围护结构热工设计应符合国家和北京市现行的建筑节能设计标准，并应从外墙、屋顶、门窗、楼板、分户墙、窗墙面积比以及外墙外饰面材料的色彩等方面进行节能设计。

8.0.2　预制外墙的保温材料及其厚度应按北京地区的气候条件和建筑围护结构热工设计要求确定，并符合下列要求：

1.当采暖居住建筑采用预制夹心外墙板时，其保温层宜连续，保温层厚度应满足北京地区建筑围护结构节能设计要求。

2.宜采用轻质高效的保温材料，安装时保温材料重量含水率应符合相关国家标准的规定。穿过保温层的连接件，应采取与结构耐久性相当的防腐蚀措施，如采用铁件连接时，宜优先选用不锈钢材料并应考虑连接铁件对保温性能的影响。

3.预制外墙板有产生结露倾向的部位，应采取提高保温材料性能或在板内设置排除湿气的孔槽。

8.0.3 穿透保温材料的连接件,宜采用非金属材料。当采用钢筋(丝)桁架来连接内外两层混凝土板时,应考虑连接钢筋所产生的热桥对复合外墙板传热系数的影响。

8.0.4 预制外墙与梁、板、柱相连时,其连接处宜采取措施,保持墙体保温的连续性。

8.0.5 带有门窗的预制外墙,其门窗洞口与门窗框间的密闭性不应低于门窗的密闭性。

8.0.6 应根据预制夹心保温外墙板的建筑结构构造,计算其平均传热系数,使其满足居住建筑节能标准的外墙限值。

……

9.0.1 宜通过装配式结构与装修设计的产业化集成,建立起装配式剪力墙产业化住宅体系。实现装配式剪力墙住宅功能,安全、美观和经济性的统一。

9.0.2 装配式剪力墙住宅的室内装修的主要标准构配件宜以工厂化加工为主,部分非标准或特殊的构配件可由现场安装时统一处理。

9.0.3 室内装修所需的构配件、饰面材料及建筑部品,应结合房间使用功能要求,满足国家和本市现行有关标准的规定。

9.0.4 建筑装饰材料,设备在需要与预制构件连接时宜采用预留预埋的安装方式,当采用膨胀螺栓、白攻螺丝、钉接、粘接等固定法后期安装时,应在预制构件允许范围内,不得剔凿预制构件及其现浇节点,影响结构安全。

9.0.5 宜对装修的住宅部品部件进行模数协调和规模化生产,通过部品的标准化、系列化、配套化,实现内装部品、厨卫部品、设备部品和智能化部品等的产业化集成。

……

10.1.1 装配式剪力墙住宅的机电管线应进行综合设计,公共部分和户内部分的管线连接宜采用架空连接的方式,如须暗埋,则应结合结构楼板及建筑垫层进行设计,集中敷设在现浇区域内。

10.1.2 预制结构构件中宜预埋管线,或预留沟、槽、孔洞的位置,预留预埋应遵守结构设计模数网格,不应在围护结构安装后凿剔沟、槽、孔、洞。

10.1.3 装配式住宅建筑卫生间宜采用同层排水方式;给水、采暖水平管线宜暗敷于本层地面下的垫层中;空调水平管线宜布置在本层顶板吊顶下;电气水平管线宜暗敷于结构楼板叠合层中,也可布置在本层顶板吊顶下。

10.1.4 户内配电盘与智能家居布线箱位置宜分开设置,并进行室内管线综合设计。

……

10.2.1 室内供暖系统宜优先采用低温热水地面辐射供暖系统,也可采用散热器供暖系统。

10.2.2 有外窗的卫生间,当采用整体卫浴或采用同层排水架空地板时,宜采用散热器供暖。

10.2.3 供暖系统的主立管及分户控制阀门等部件应设置在公共部位管道井内;户内供暖管线宜设置为独立环路。

10.2.4 分、集水器宜设置在便于维修管理的位置。

10.2.5 散热器的挂件或可连接挂件的预埋件应预埋在实体结构上。

10.2.6 穿越预制墙体的管道应预留套管;穿越预制楼板的管道应预留洞;穿越预制梁的管道应预留钢套管。

10.2.7 立管穿各层楼板的上下对应留洞位置应管中定位,并应满足公差不大于3mm。

10.2.8 整体卫浴、整体厨房内的设备及管道应在部品安装完成后进行水压试验,并预留和明示与外部管道的接口位置。

10.2.9 隐藏在装饰墙体内的管道,其安装应牢固可靠,管道安装部位的装饰结构应采取方便更换、维修的措施。

......

10.3.1 共用给水、排水立管应设在独立的管道井内,且布置在现浇楼板处。公共功能的控制阀门、检查口和检修部件应设在公共部位。雨水立管、消防管道应布置在公共部品内。

10.3.2 套内排水管道宜优先采用同层敷设。同层排水的卫生间地坪应有可靠的防渗漏水措施。

10.3.3 给水系统的给水立管与部品水平管道的接口宜设置内螺纹活接连接。

10.3.4 穿越预制墙体的管道应预留套管;穿越预制楼板的管道应预留洞;穿越预制梁的管道应预留钢套管。

10.3.5 整体卫浴、整体厨房的同层排水管道和给水管道,均应在设计预留的安装空间内敷设。同时预留和明示与外部管道接口的位置。

10.3.6 固定设备、管道及其附件的支吊架安装应牢固可靠,并具有耐久性,支吊架应安装在实体结构上,支架间距应符合相关工艺标准的要求,同一部品内的管道支架应设置在同一高度上。

10.3.7 任何设备、管道及器具都不得作为其它管线和器具的支吊架。

10.3.8 成排管道或设备应在预制构件上预埋用于支吊架安装的埋件。

10.3.9 太阳能热水系统集热器、储水罐等的安装应考虑与建筑一体化,做好预留预埋。

......

10.4.1 分户墙两侧暗装电气设备不应连通设置。

10.4.2 凡在预制墙体上设置的电气开关、插座、弱电插座及其必要的接线盒,连接管等均应由结构专业进行预留预埋。

10.4.3 在预制内墙板、外墙板的门窗过梁钢筋锚固区内不应埋设电气接线盒。

10.4.4 沿叠合楼板现浇层暗敷的照明管路,应在预制楼板灯位处预埋深型接线盒。

10.4.5 沿结构叠合楼板、预制墙体预埋的电气灯头盒、接线盒及其管路与现浇相应电气管路连接时,墙面预埋盒下(上)宜预留接线空间,便于施工接管操作。

10.4.6 暗敷的电气管路宜选用有利于交叉敷设的难燃可挠管材。

《装配式剪力墙结构设计规程》在装配式混凝土剪力墙结构的设计中贯彻执行国家和北京市的技术经济政策,做到安全适用、经济合理、技术先进、保证质量,促进了住宅产业化的发展。本规程适用于北京市抗震设防类别为标准设防类、抗震设防烈度为7度及8度的装配式剪力墙结构设计。装配式剪力墙结构适用的最大高度应符合本规程的有关规定。本规程不适用于平面或竖向特别不规则的建筑。

3.0.1 装配式剪力墙结构设计应重视概念设计和预制构件的连接设计。应采用合理的结构方案和可靠的连接构造措施,加强结构的整体性和冗余度。必要时,应进行防连续倒塌设计。对新型、复杂的装配式剪力墙结构构件和连接节点构造,应进行专门研究。

3.0.2 装配式剪力墙结构的连接节点构造应受力明确、传力可靠、施工方便、质量可控,满足结构的承载力、延性和耐久性要求。预制构件的拼接部位宜设置在构件受力较小的部位，相关的连接构造应简单。

3.0.3 装配式剪力墙结构的设计，应满足下列要求：

1. 预制构件宜符合模数协调原则，优化预制构件的尺寸，减少预制构件的种类；

2. 预制构件应满足制作、存储、运输、施工吊装等要求，且应便于施工安装和进行质量控制。

3.0.4 应根据预制构件的功能部位、采用的材料、加工制作等因素，确定合理的公差。在必要的精度范围内，宜选用较大的基本公差。

3.0.5 装配式剪力墙结构施工图部分的设计应包括结构施工图和预制构件制作详图设计两阶段，并应符合下列规定：

1. 结构施工图设计的内容和深度除应满足现行国家和北京市有关施工图设计文件编制深度的规定外，还应满足预制构件制作详图的编制需求和安装施工的要求，应根据建设项目的具体情况，增加如下设计内容：

1) 预制构件制作和安装施工的设计说明；

2) 预制构件模板图和配筋图；

3) 预制构件明细表或索引图；

4) 预制构件连接计算和连接构造大样图；

5) 预制构件安装大样图；

6) 对建筑、机电设备、精装修等专业在预制构件上的预留洞口、预埋管线、预埋件和连接件等进行设计综合；

7) 预制构件制作、安装施工的工艺流程及质量验收要求；

8) 连接节点施工质量检测、验收要求。

2. 预制构件制作详图设计应根据结构施工图的内容和要求进行编制，设计深度应满足预制构件制作、工程量统计的需求和安装施工的要求，且应包括如下内容：

1) 预制构件制作和使用说明，包括对材料、制作工艺、模具、质量检验、运输要求、堆放存储和安装施工要求等的规定；

2) 预制构件的平面和竖向布置图，包括预制构件生产编号、布置位置和数量等内容；

3) 预制构件模板图、配筋图和预埋件布置图的深化及调整；

4) 预制夹心外墙板内外叶之间的连接件布置图和计算书、保温板排板图等，带饰面砖或饰面板构件的排砖图或排板图；

5) 预制构件材料和配件明细表；

6) 预制构件在制作、运输、存储、吊装和安装定位、连接施工等阶段的复核计算和预设连接件、预埋件、临时固定支撑等的设计。

......

5.1.4 装配式剪力墙结构的建筑平面和整向布置应综合考虑安全性能、使用性能、经济性能等因素，宜选择简单、规则、均匀、对称的建筑方案。剪力墙的布置尚应符合下列规定：

1. 宜沿两个主轴或其他方向双向布置，且两个主轴方向的侧向刚度不宜相差过大。

2. 自下而上宜连续布置，避免层间抗侧刚度突变。

3. 门窗洞口宜上下对齐、成列布置，形成明确的墙肢和连梁；抗震设计时，一、二、三级剪力墙底部加强部位不应采用错洞墙,结构全高均不应采用叠合错洞墙。

4.剪力墙墙段长度不宜大于8m,各墙段高度与长度的比值不宜小于3。

5.内墙采用部分装配、部分现浇的结构形式时,现浇剪力墙的布置宜均匀、对称,应对预制墙板形成可靠拉结。宜在下列部位布置现浇剪力墙:

1)电梯筒、楼梯间、公共管道井和通风排烟竖井等部位;

2)结构重要的连接部位;

3)应力集中的部位。

5.1.5 装配式剪力墙高层建筑宜设置地下室,地下室应采用现浇混凝土结构。抗震等级为一级时,高层建筑底部加强部位应采用现浇剪力墙;抗震等级为二、三级时,高层建筑底部加强部位宜采用现浇剪力墙;抗震等级为二、三级且底层墙肢轴压比不大于0.3或抗震等级为四级时,底部加强部位也可部分装配,但应对预制墙板的连接采取加强措施。

5.1.6 装配式剪力墙结构伸缩缝的最大间距不宜大于60m。

5.1.7 抗震设防烈度为7度时,不宜采用具有较多短肢剪力墙的装配式剪力墙结构;8度时不应采用具有较多短肢剪力墙的装配式剪力墙结构。

......

5.3.1 装配式剪力墙结构可采取与现浇剪力墙结构相同的方法进行结构分析,且应符合下列规定:

1.预制夹心外墙板的外叶墙板不应作为受力构件考虑。

2.预制构件应对脱模、起吊、运输、安装等制作和施工阶段进行承载力和裂缝控制验算,此时结构重要性系数 r_0 可取0.9。

5.3.2 抗震设防烈度为7度和8度、高宽比分别大于5.0和4.0时,应补充结构在设防烈度水平地震作用下的内力分析,并宜避免预制墙板构件出现小偏心受拉。分析时,可采用弹性假定进行计算,荷载分项系数可取1.0;如出现小偏心受拉,预制墙板构件平均拉应力不应大于预制墙板构件混凝土抗拉强度标准值。

5.3.3 按弹性方法计算的风荷载或多遇地震标准值作用下的楼层层间最大水平位移与层高之比不宜大于1/1000。

......

7.1.2 预制圆孔板剪力墙结构整体计算分析及墙肢和连梁承载力计算时,墙肢、连梁的截面厚度应取预制圆孔墙板的厚度,门洞上方连梁的截面高度应取圈梁的截面高度,窗洞上方连梁的截面高度可取窗上圈梁的截面高度与上一层窗下墙截面高度之和。

7.1.3 预制圆孔板剪力墙结构墙肢承载力计算应符合下列规定:

1.可采用现浇剪力墙结构墙肢承载力的计算公式计算;

2.计算墙肢受剪承载力时,应考虑预制圆孔墙板水平箍筋的作用;

3.计算墙肢受弯承载力时,应考虑圆孔内钢筋网竖向钢筋的作用,不应考虑预制圆孔墙板整向钢筋的作用。

7.1.4 预制圆孔板剪力墙结构连梁的承载力计算应符合下列规定:

1.可采用现浇剪力墙结构连梁承载力的计算公式计算;

2.洞口上方连梁的受弯承载力可取洞口上方圈梁的受弯承载力;

3.窗洞上方连梁的受剪承载力可取窗洞上方圈梁的受剪承载力与上层相应位置窗下墙的

受剪承载力之和,窗下墙的受剪承载力不应计入预制圆孔板内钢筋的作用。

7.1.5 计算墙肢轴压比时,墙肢的截面面积不应扣除圆孔的面积。

7.1.6 当预制墙板满足本规程第 6.2 节的规定,且预制墙板的连接构造满足本规程的各项规定时,对预制墙板底部水平接缝的正截面受压、受拉、受弯承载力和预制墙板两侧竖向接缝的受剪承载力可不进行验算。

    ……

8.1.2 型钢混凝土剪力墙结构计算时可采用现浇剪力墙结构的计算方法。计算中,墙体竖缝处可采用连梁模拟,模拟时应考虑竖缝处混凝土截面和钢板预埋件的刚度和强度。

8.1.3 预制墙板底部水平接缝的抗剪承载力,除应满足本规程 5.5.1 的要求外,尚应满足设防烈度地震作用下的承载力要求。

    ……

8.2.1 型钢混凝土剪力墙墙板厚度不应小于 180mm。墙板形状、开洞尺寸等应能满足本规程第六章的相关规定。

8.2.2 型钢混凝土剪力墙墙板中的型钢与板面之间混凝土的最小厚度不应小于 50mm。

8.2.3 型钢混凝土剪力墙墙板的配筋应符合下列要求:

1. 应配置横向箍筋和竖向分布钢筋形成双层钢筋网,钢筋网之间应配置拉结筋;

2. 横向箍筋和竖向分布钢筋的直径均不应小于 8nm,拉结筋的直径不应小于 6mm;

3. 横向箍筋的间距不应大于 200mm,墙板两端 300mm 高度范围内横向箍筋的间距不应大于 100mm。

8.2.4 型钢混凝土剪力墙墙板的顶面和底面应制作成粗糙面,凹凸不宜小于 4mm。

《装配式剪力墙住宅建筑设计规程》、《装配式剪力墙结构设计规程》适用于在北京市采用装配式剪力墙结构方式建设的新建住宅,是为了提高北京市装配式建筑的施工质量与水平。其主要是针对装配式建筑剪力墙设计方面,没有直接有关安全管理的内容,但在一定程度上保证了安全管理的施工基础,有利于装配式建筑工程安全管理的发展。

3.3.3 上海市地方标准

上海积极响应全国建筑产业现代化发展要求,把大力推进装配式建筑作为加快生态文明建设、推动先进制造业发展、建成绿色宜居城市的一项重点工作。在住房城乡建设部的大力支持及上海市委、市政府的领导下,上海聚焦体制机制建设、市场培育和产业链发展,加快推进装配式建筑发展。

上海市装配式建筑地方标准相对其他地区较为健全,且颁布时间较早。例如《装配整体式混凝土结构工程施工安全管理规定》是为了加强本市装配整体式混凝土结构工程施工安全管理,防范事故发生,保障人民群众生命财产安全。关于各单位职责管理如下:

第五条(建设单位职责)

建设单位应履行下列主要职责:

(一)依据施工深化设计制度,统一协调施工、设计、构件生产等单位明确深化施工设计责任;

(二)应依据装配施工构件驳运、堆场加固、构件安装等特点,合理确定安全生产文明施工措施费用。

（三）负责协调预制构件的生产进度及施工现场的工期进度；协调总包和各专业分包的施工进度及工作配合。

第六条（设计单位职责）

设计单位应履行下列主要职责：

（一）设计文件应考虑构件吊点、施工设施、设备附着点、拉结点等因素。

（二）依据施工深化设计制度，核定涉及工程结构安全的施工方案。

（三）依据设计文件和现场实际情况进行现场指导、交底。

第七条（施工总包单位职责）

施工总包单位应履行下列主要职责：

（一）严格落实项目经理带班制度，并依据《现场施工安全生产管理规范》，落实各岗位的安全职责。

（二）根据装配式建筑施工特点，结合深化施工设计，编制专项施工方案，组织专家论证。

（三）总分包合同中明确预制构件运输、机械设备维护管理等安全职责，协调督促各分包单位相互配合。

第八条（监理单位职责）

监理单位应履行下列主要职责：

（一）针对装配施工特点，编制监理实施细则，明确监理重点和要求。

（二）加强预制构件进场验收的审核。

（三）强化对吊装作业的安全生产措施、条件的监控。

第九条（预制混凝土构件生产单位职责）

预制混凝土构件生产单位应履行下列主要职责：

（一）提供预制构件吊点、施工设施设备附着点的专项隐蔽验收记录。

（二）确保预制构件的吊点、施工设施设备附着点、临时支撑点的成品保护，不得损坏。

（三）在预制构件吊点、施工设施设备附着点、临时支撑部位做好相应标识。

第十条（作业人员的职责）

作业人员应履行下列主要职责：

（一）严格执行安全操作规程。

（二）严格执行持证上岗制度。

（三）高处作业人员应按规定佩戴伸缩式安全带等个人防护用品。定期体检，加强自我保护。

其他要求如下：

第十一条（专项施工方案编制要求）

专项施工方案应包括以下主要内容：

（一）预制构件堆放、驳运及吊装，包括：现场装卸、堆放及驳运、吊装方式和路线，构件堆场的地基承载力计算，吊装设备选型，吊具设计，构件吊点、塔吊施工升降机附墙点等设计；

（二）高处作业的安全防护，包括：因临边安装构件、连接节点现浇混凝土及成品保护修补所采取的防护措施以及交叉作业安全防护等；

（三）专用操作平台、脚手架、垂直爬梯及吊篮等设施，及其附着设施；

（四）构件安装的临时支撑体系等。

第十二条（预制构件堆场及其他要求）

预制构件堆场应符合下列要求：

（一）预制构件应设置专用堆场，构件堆放区应设置隔离围栏，无关的人员、材料、设备等不得进入。

（二）应根据预制构件的类型选择合适的堆放方式，规定堆放层数，构件之间应设置可靠的垫块；若使用货架堆置，货架应进行力学计算。

（三）预制构件堆场的选址应结合垂直运输设备起吊半径、施工便道布置及卸货车辆停靠位置等因素综合考虑，尽可能设置在相应建筑单体的周边，避免交叉作业。

（四）预制构件进场时应复核预制构件质保书，查验吊点的隐蔽工程验收记录、混凝土强度等相关内容。查验吊点及构件外观。

（五）堆场、货架、高处作业专用操作平台、脚手架及吊篮等辅助设施、预制构件安装的临时支撑体系等应经验收通过并挂牌方可投入使用。

（六）起吊使用的钢丝绳、手拉葫芦等起重工具应根据使用频率，增加检查频次，根据检查结果定期更换。严禁使用自编的钢丝绳接头；严禁使用无设计依据的自制吊索具。

第十三条（监督管理）

市、区建设工程监督机构应针对装配式建筑施工的特点，重点开展下列监管工作：

（一）针对装配式建筑施工连续性强的特点，加强监管，督促参建各方安全职责的落实。违反本规定，存在严重安全隐患的，应责令局部暂缓施工整改，直至全面停工整改。

（二）装配整体式混凝土结构工程作为市、区两级建设行政主管部门巡查工作的重点。

第十四条（违规处理）

装配整体式混凝土结构工程施工安全管理纳入安全生产标准化和动态考核。对违反规定的相关责任单位或个人实施约谈、通报、记分等行政处分；对违法违规行为，应依照现行法律、法规作出相应的行政处罚。

《关于进一步加强本市装配整体式混凝土结构工程质量管理的若干规定》（沪建安质〔2017〕241号）中关于责任划分内容如下：

二、建设单位的责任和义务

（一）建设单位应当按照国家和本市有关规定、合同约定督促建设工程各参与单位落实工程质量管理责任，负责建设工程各阶段质量工作的协调管理，建立装配式混凝土结构工程质量追溯管理体系，对工程质量负有重要责任。

（二）建设单位应当根据现行《全国建筑设计周期定额》、《建筑安装工程工期定额》等规定和工程实际，确定设计、施工工期，将合理的工期安排作为招标文件的实质性要求和条件。直接发包的，应当在合同中约定有关内容。确需调整且具备技术可行性的，应当提出保证工程质量和安全的技术措施和方案，经专家论证后方可实施。

（三）建设单位应当按照规定，将施工图设计文件送施工图设计文件审查机构审查。涉及预制率、装配率，主体结构受力构件截面、配筋率，预制构件钢筋接头连接方式，夹心保温板连接件以及其他影响结构安全和重要使用功能等主要内容变更的，应当经原施工图设计文件审查机构重新审查，审查合格后方可实施。

（四）建设单位应当按照规定，组织设计单位对预制构件生产单位、施工单位和监理单位等进行设计交底。

（五）建设单位应当组织设计、施工、监理、预制构件生产单位进行"首段安装验收"。装配整体式结构，应当选择具有代表性的单元进行试安装，试安装过程和方法应当经参加验收单位和验收人员共同确认。

三、设计单位的责任和义务

（一）设计单位应当严格按照国家和本市有关法律法规、现行工程建设强制性标准进行设计，对设计质量负责。

（二）施工图设计文件应当满足现行《建筑工程设计文件编制深度规定》和《上海市装配式混凝土建筑工程设计文件编制深度规定》等要求。装配式混凝土建筑工程结构专业设计图纸包括结构施工图和预制构件制作详图。

结构施工图除应满足计算和构造要求外，其设计内容和深度还应满足预制构件制作详图编制和安装施工的要求。

预制构件制作详图深化设计，应包括预制构件制作、运输、存储、吊装和安装定位、连接施工等阶段的复核计算和预设连接件、预埋件、临时固定支撑等的设计要求。

（三）设计单位应当对工程本体可能存在的重大风险控制进行专项设计，对涉及工程质量和安全的重点部位和环节进行标注，在图纸结构设计说明中明确预制构件种类、制作和安装施工说明，包括预制构件种类、常用代码及构件编号说明，对材料、质量检验、运输、堆放、存储和安装施工要求等。

（四）设计单位应当参加建设单位组织的设计交底，向有关单位说明设计意图，解释设计文件。交底内容包括：预制构件质量及验收要求、预制构件钢筋接头连接方式，预制构件制作、运输、安装阶段强度和裂缝验算要求，质量控制措施等。

（五）设计单位应当按照合同约定和设计文件中明确的节点、事项和内容，提供现场指导服务，解决施工过程中出现的与设计有关的问题。当预制构件在制作、运输、安装过程中，其工况与原设计不符时，设计单位应当根据实际工况进行复核验算。

四、预制构件生产单位的责任和义务

（一）预制构件生产单位应当按照有关规定，对其营业执照、试验室情况等有关信息以及其生产的预制构件产品进行备案。未按照规定办理备案手续的，其预制构件产品不得用于本市建设工程。预制构件生产单位应当对其生产的产品质量负责。

（二）预制构件生产单位应当具备相应的生产工艺设施，并具有完善的质量管理体系和必要的试验检测手段，按照有关规定和技术标准，对主要原材料以及与预制构件配套的钢筋连接用灌浆套筒、保温材料、门窗等进行质量检测。

预制构件生产单位自行实施建筑材料、构配件、工程实体质量等检测的，其试验室条件、检测人员、检测资质等应符合国家和本市有关规定。

（三）预制构件生产单位应当根据有关标准和施工图设计文件等，编制预制构件生产方案，包括生产工艺、模具方案、生产计划、技术质量控制措施、成品保护、堆放、运输方案，以及预制构件生产清单等，预制构件生产方案应当经预制构件生产单位技术负责人审批。

（四）预制构件生产单位应当建立预制构件"生产首件验收"制度。以项目为单位，对同类型主要受力构件和异形构件的首个构件，由预制构件生产单位技术负责人组织有关人员验收，并按照规定留存相应的验收资料；验收合格后方可进行批量生产。

（五）预制构件生产单位应当加强制作过程质量控制。在混凝土浇筑前，应按照规定进行预制构件的隐蔽工程验收,形成隐蔽验收记录,并留存相应影像资料。预制构件采用钢筋套筒灌浆连接时,应在构件生产前进行钢筋套筒灌浆连接接头的抗拉强度试验,每种规格的连接接头试件数量不应少于3个。

(六)预制构件生产单位应当建立健全预制构件质量追溯制度。预制构件应当具有生产单位名称、制作日期、品种、规格、编号(可采用条形码、芯片等形式)、合格标识、工程名称等信息的出厂标识,出厂标识应设置在便于现场识别的部位。预制构件应当按品种、规格分区分类存放,并按照规定设置标牌。

(七)预制构件交付时,预制构件生产单位应当按照规定提供相应的产品质量证明文件。

五、施工单位的责任和义务

(一)施工单位必须按照工程设计图纸和施工技术标准施工,不得擅自修改工程设计,不得偷工减料,应当对建设工程的施工质量负责。

(二)施工前,施工单位应当编制施工组织设计、施工方案。施工组织设计的内容应当符合现行国家标准《建筑工程施工组织设计规范》(GB/T 50502)的规定;施工方案的内容应符合现行标准《装配整体式混凝土结构施工及质量验收规范》(DGJ08-2117—2012)的规定。

(三)施工单位应当建立健全工程质量追溯制度,健全台账管理,加强预制构件进场验收,按照规定对预制构件的标识、外观质量、尺寸偏差以及预埋件数量、位置等进行检查、记录,并将预制构件质量证明文件等按照规定归档。

(四)施工单位应当按设计要求和现行国家标准《混凝土工程施工质量验收规范》(GB 50204)的有关规定,对预制构件进行结构性能检验。专业企业生产的梁板类简支受弯预制构件或者设计有要求进行结构性能检验的,进场时应按照规范要求进行结构性能检验。

对进场时可不做结构性能检验的预制构件,无驻厂监督的,预制构件进场时应按照规定,对其主要受力钢筋数量、规格、间距、保护层厚度及混凝土强度等进行实体检验。

(五)采用钢筋灌浆套筒连接的,施工单位应当编制套筒灌浆连接专项施工方案,加强钢筋灌浆套筒连接接头质量控制,并重点做好以下工作:

1.灌浆套筒进厂(场)时,应按照规范要求,抽取灌浆套筒检验其外观质量、标识和尺寸偏差,检验结果应符合有关规定。

2.钢筋套筒灌浆连接的施工及验收应符合现行《钢筋套筒灌浆连接应用技术规程》(JGJ 355)和其他有关标准的规定,灌浆施工应按照关键施工工序进行质量控制。

3.施工单位应当对灌浆施工的操作人员组织开展职业技能培训和考核,取得合格证书后,方可进行灌浆作业。

4.灌浆施工前,应按照规定对进场钢筋进行接头工艺检验;施工过程中,当更换钢筋生产企业,或同生产企业生产的钢筋外形尺寸与已完成工艺检验的钢筋有较大差异时,应再次进行工艺检验。

5.钢筋套筒灌浆前,应在现场模拟构件连接接头的灌浆方式,每种规格钢筋应制作不少于3个套筒灌浆连接接头,进行灌注质量以及接头抗拉强度的检验;经检验合格后,方可进行灌浆作业。

6.现场使用的产品应与钢筋灌浆套筒连接型式检验报告中的接头类型,灌浆套管规格、级别、尺寸,灌浆料型号一致。

7.预制构件钢筋连接用灌浆料,其品种、规格、性能等应符合现行标准和设计要求,灌浆料应按规定进行备案,现场见证取样,送具有相应资质的质量检测单位进行检测。

8.灌浆施工时,环境温度应符合灌浆料产品使用说明书要求;环境温度低于5℃时不宜施工,低于0℃时不得施工;当环境温度高于30℃时,应采取降低灌浆料拌合物温度的措施。

9.灌浆操作全过程应有专职检验人员负责旁站监督并及时形成施工质量检查记录;实际灌入量应当符合规范和设计要求,并做好施工记录,灌浆施工过程应按照规定留存影像资料。

10.工程实体的钢筋灌浆套筒连接质量检测,应当符合有关技术标准、规范等有关规定。

(六)应加强预制外墙板拼缝处、预制外墙板与现浇墙体相交处等细部防水和保温的施工质量控制。

外墙板接缝防水施工应按设计要求填塞背衬材料,密封材料嵌填应饱满、密实、均匀、顺直、表面平滑,其厚度符合设计要求。按照规定,在拼缝处进行现场淋水试验,试验方法参照现行《建筑幕墙》(GB/T 21086)附录 D 实施。对有渗漏部位,应及时修复,不得留有渗漏质量缺陷。

(七)未经设计允许,严禁擅自对预制构件进行切割、开洞。预制构件安装过程的临时支撑和拉结应具有足够的承载力和刚度。构件连接部位后浇混凝土及灌浆料的强度达到设计要求后,方可拆除临时固定措施。

六、监理单位的责任和义务

(一)工程监理单位应当依照法律、法规以及有关技术标准、设计文件和建设工程承包合同,代表建设单位对施工质量实施监理,并对施工质量承担监理责任。

(二)项目监理机构应当按照相关规定编制监理规划,明确装配式建筑施工中采用旁站、巡视、平行检验等方式实施监理的具体范围和事项,并根据装配整体式混凝土结构工程体系、构件类型、施工工艺等特点编制构件施工监理实施细则。

(三)项目监理机构应当在工程开工前,审核施工单位报送的施工组织设计文件、专项施工方案。审核意见经总监理工程师签署后,报建设单位。

(四)项目监理机构应当对进入施工现场的建筑材料、预制构(配)件等进行核验,并提出审核意见。未经审核的,不得在工程上使用或者安装。

(五)项目监理机构应当对施工单位报送的检验批、分部工程、分项工程的验收资料进行审查,并提出验收意见。分部工程、分项工程未经项目监理机构验收合格,施工单位不得进入下一工序施工。应加强旁站及巡视等工作,加强预制构件吊装、灌浆套筒连接等工序的监理。

(六)监理平行检验中的检测工作,应当委托具有相应资质的检测单位实施。检测比例应当符合国家和本市有关规定。

全装修住宅是指新建住宅交付使用前,套内和公共部位的固定面、设备管线及开关插座等全部装修并安装完成,厨房和卫生间的固定设施安装到位的住宅。上海市住房和城乡建设管理委员会《关于进一步加强本市新建全装修住宅建设管理的通知》中相关内容如下:

二、从 2017 年 1 月 1 日起,凡出让的本市新建商品房建设用地,全装修住宅面积占新建商品住宅面积(三层及以下的低层住宅除外)的比例为:外环线以内的城区应达到 100%,除奉贤区、金山区、崇明区之外,其他地区应达到 50%。奉贤区、金山区、崇明区实施全装修的比例为30%,至 2020 年应达到 50%。本市保障性住房中,公共租赁住房(含集中新建和商品住房中配建)的全装修比例为 100%。实施的全装修住宅工程,以单位工程(幢号)为计量单位。

三、以出让(划拨)方式供应土地的住宅项目,在用地招拍挂前期征询供地条件环节,住房建设等相关管理部门反馈征询意见时,应按上述要求落实全装修比例要求,并在土地出让(划拨)合同中予以明确。

四、建设单位必须按照有关规定和程序,对全装修住宅工程整体办理相关工程建设管理手续。住宅项目所属地块有全装修住宅建设要求的,在办理报建手续时,必须提供该项目所属地块的《上海市国有土地建设用地使用权出让合同》,登记录入实施全装修住宅建设比例,有条件的需注明全装修住宅单位工程(幢号)。

凡建设单位在新建住宅开发中,自愿增加全装修实施比例,行政受理部门应简化补办报建手续,对于要求减少全装修比例的信息不予支持。

五、全装修住宅项目应采用建筑、装修一体化设计,预埋机电、管线等内装设计必须同步到位。建设单位在提交总体设计(初步设计)文件及施工图设计文件时,必须在设计总说明中,明确实施全装修的单位工程(幢号)、面积、比例等相关信息。审图机构在对施工图等文件进行审核时,应对实施全装修单位工程(幢号)、面积、比例等相关技术指标予以把关,并对审查文件中涉及全装修落实指标(含变更的全装修数据)等信息予以确认,同时在施工图审查备案时予以上报。

六、建设单位系全装修住宅建设工程责任主体,应按分户验收管理相关规定,实行"一房一验"工程及装修工程一次验收,可以委托第三方机构具体实施。竣工验收管理部门应根据施工图文件总说明中,涉及全装修单位工程(幢号)、面积、比例等信息进行复核。分户验收不合格的,必须整改通过后方可进行竣工验收。

七、建设单位在全装修住宅项目预(销)售中,必须在《上海市商品房预(销)售合同》条款中,约定全装修房的总价,并在附件中注明装修标准、所使用的主要设备和材料的品牌、型号。样板房可以作为装修交付标准的参照。

八、建设单位在办理竣工备案时,必须注明全装修单位工程(幢号)等相关信息。行政受理部门出具的《建设工程竣工验收备案证书》中,也应注明全装修单位工程(幢号)等相关信息。

九、新建住宅使用许可管理部门应根据土地出让(划拨)合同、竣工验收备案资料等,审核资料要件、统计建设项目实施全装修的相关信息。未按土地出让(划拨)合同中有关全装修比例要求的新建住宅项目,不予颁发新建住宅交付使用许可证。

十、建设单位应按国家相关法规和《上海市新建住宅质量保证书》、《上海市新建住宅使用说明书》的要求,承担相应的保修责任,装修工程的质量最低保修期限,按国家及本市相关法律法规执行。鼓励、倡导引入全装修住房的质量保险机制。

十一、实施全装修的住宅项目,应大力推进建筑节能,推广可循环、高性能、低材耗的材料部品的应用。推广支撑体与填充体分离 SI 内装技术,鼓励整体卫浴和厨房等部品模块化应用,以及集成吊顶、设备管线等内装工业化生产方式。推广采用节水型器具,倡导遮阳节能等设备的使用,减少建筑垃圾排放,改善和提高室内居住环境的质量。

4 装配式建筑工程安全管理队伍及制度建设体系

4.1 总 体 思 路

　　装配式建筑工程的特点是其安全管理队伍建设的立足点,预制构件生产企业、运输企业、施工企业通过优化机构职能,实现"责权利"统一,提高部门协调性,建立协同推进机制。

　　创建安全管理队伍及制度体系,要严格落实国家、行业和地方现行法律法规、政策文件规定、工程建设标准和技术规范的有关规定,建立健全的贯穿装配式建筑工程全过程、涵盖各主要参与方的安全管理体系。持续促进装配式建筑安全管理队伍及制度建设的系统化、规范化和精细化,最大限度地规避工程建设安全事故的风险,确保装配式建筑工程安全,合理控制施工工程投资和进度,有序推进和有效实现装配式建筑工程的安全、质量、成本、进度四目标的平衡与统一。

　　从构建理念上看,装配式建筑工程安全管理队伍及制度建设应涵盖各个参与主体,保证全员参与,贯穿工程建设的全过程和各个环节,以预防与控制为主,同时包含过程控制、动态和闭合管理等内容。装配式建筑工程安全管理队伍及制度建设是装配式建筑工程安全管理体系的重要组成部分,是政策及技术标准的具体体现,如从工作阶段和环节上,包括预制构件生产质量管理涉及的预制构件生产厂的安全管理内容,预制构件运输过程涉及的运输企业的安全管理控制内容,装配式现场施工的安全管理控制等。

　　有关装配式建筑工程安全管理队伍及制度建设的依据必不可少,且必须合理合规,主要来自两方面:一是现行法规政策文件和相关技术标准的规定或要求;二是各个单位安全管理的管控经验和优秀做法,其中重点以全国成熟地区的管理经验为基础,构建适用于当地城市装配式建筑工程安全管理队伍建设的体系。

4.2 安 全 监 管

4.2.1 监管主体

　　根据有关法律、法规规定,我国建筑工程政府监管主体是各级政府建设行政部门以及其他有关部门;国务院建设行政主管部门对全国的建筑活动实施统一的监督管理;国务院有关部门按照规定的职责分工,负责对全国有关专业建设工程质量、安全生产进行监督管理。同时,各级政府建设行政部门及其他有关部门可以将施工现场的质量,安全生产工作的监督检查委托给政府认可的第三方机构、建设工程质量监督机构和建设工程安全生产监督机构（建设监理），由其代表政府履行建设工程质量和安全生产监管职责。这是目前政府履行监管职责的主要执法方式。

4.2.2　监管范围和手段

从范围上看，我国建设工程政府监管制度涵盖了工程建设"事前，事中，事后"三个阶段，是全方位、全过程的监管。事前主要采取行政许可如安全生产许可、规划许可、施工许可等行政法律行为，通过市场准入制度来确保质量；事中主要监督检查参建各方的建设行为，看工程实体质量和安全是否达到法律、法规、强制性标准的要求；事后则针对违法行为采取行政处罚、行政处分等手段进行监管。

从手段上看，表现为两种手段，一是宏观管理的法律、经济性手段，二是微观控制的行政手段。一方面政府承担着制定行政法规、规章、规范性文件以及方针政策等立法、宏观管理的职能；另一方面，在现有政府监管模式下，政府相关机构承担着大量的监管职责，渗透到建设过程的诸多方面。例如，当前我国建设工程质量管理机构需履行"三到场"的职责，参加工程建设的地基基础、主体结构工程、竣工验收的监督。

4.2.3　监管制度的趋势

从我国建设工程政府监管制度的改革进程可以看出，政府监管逐渐从微观管理向宏观管理转变；从单一监管方式向多种方式转变；从只强调政府监管作用向同时注重社会监管作用转变。从法律层面已经将"监理制度"作为社会监管的角色推向市场，以期通过监理制度的实施进一步降低政府监管成本，明确各方责任，以此推动建筑事业的发展。这些变化体现了我国建设工程监管模式社会化的走向，更加重视社会性主体的能动作用。政府监管、行业自律、市场机制三位一体的监管模式是未来的发展趋势。

4.3　预制部品部件生产企业

预制构件生产是装配式建筑实施过程中考验技术和设备开发能力的关键环节。目前，装配式混凝土结构设计、施工、构件制作和检验的国家、行业技术标准已经实施，基本满足装配式建筑的实施要求，同时各地也在编制符合本地的地方标准。构件生产企业通过和建设、设计、施工等单位进行合作，加快推进预制混凝土工程建设。

预制构件生产企业施工条件稳定，施工程序规范，比现浇构件更易于保证质量；利用流水线能够实现成批工业化生产，节约材料，提高生产效率，降低施工成本；可以提前为工程施工做准备，通过现场吊装，可以缩短施工工期，减少材料消耗，减少人工费用，降低建筑垃圾和扬尘污染。

装配式建筑最后的整体质量很大程度上由构件本身质量和安装质量决定，传统混凝土构件在质量上已经不成问题。部分新建构件生产企业，因缺乏专业技术人员，加之自动化生产线运行稳定性差等原因，导致生产的构件质量参差不齐，构件报废率较高（有的初期竟然达到30％）。其中混凝土质量，叠合板等薄壁构件裂缝控制，建筑构件水、暖、电预留预埋质量是出现问题最多的地方。尤其是混凝土质量应该引起企业高度重视,混凝土质量决定混凝土预埋构件的质量。由于混凝土硬化阶段的问题不便于发现与纠正,在混凝土拌和阶段只能依靠经验丰富的技术人员进行质量判定和控制,因此设立混凝土专业工程师和试验技术人员做好混凝土原材料质量控制和生产质量控制是至关重要的。

针对目前预制构件生产的现状而言,企业内部会出现责任分配不平衡,不能够对出现的构件不合格等安全事故做好预防措施,亟须对其进行一定的研究,找出适用于装配式建筑预制构件生产企业的安全管理模式。

4.3.1　主要问题

(1)参建各方安全管理责任不明确。由于目前还未出台针对预制构件安全管理的政策,参建各方对自身的安全责任不明确,不能进行高效到位的安全管理。设计师也无法明确自身定位,无法对生产过程进行及时指导。

(2)安全管理人员经验不足,对预制构件生产过程的安全管理要点不太明确。现阶段掌握预制构件相关技术的专业管理人员太少,大部分安全管理人员未经过专业系统的培训,导致对构件生产过程中的部分安全隐患不能提早识别,对现场人员的安全管理也不到位。

(3)现场操作人员安全技术培训工作不到位。预制构件的生产是按生产线划分的,产业化程度较高,对操作人员技术要求较高。但由于装配式建筑还未全面推广,没有系统的安全培训体制,操作人员只能边工作边摸索,安全隐患大。

(4)未构建完善的安全监管制度。由于尚未出台与预制构件生产的安全监管有关的政策,监理人员对工厂生产监督无法可依,由于自身也无丰富的经验,极易出现安全监管盲区。由于没有相关制度,在监管过程中,也无法对工厂相关人员提出强有力的监管指令,不利于监管工作的进行。

4.3.2　安全责任体系

4.3.2.1　公司领导和职能管理部门安全生产职责

1.安全生产委员会(简称"安委会")

(1)研究、统筹、协调公司重大的安全生产事项。

(2)研究安全资金的落实,对安全费用的提取与使用实施监督检查。

(3)研究决定安委会成员组成变动。

(4)讨论决定对安全生产具有突出贡献单位和个人的考核、奖励。

(5)进行事故调查及讨论,决定对发生事故的单位和个人的处罚。

(6)公司安全管理规章制度的审核。

(7)协调重大安全隐患的治理和排除。

(8)研究讨论其他需要通过集体决定的事项。

2.公司总经理

总经理为公司安全生产第一责任人,对公司安全生产全面负责。总经理具体有以下安全职责:

(1)贯彻执行国家安全生产方针、政策,执行国家法律法规及上级指示,批阅上级下发的有关安全方面的文件。

(2)签发有关安全生产的重大决定,紧急情况下,有对安全生产重大事项做出决定的权力。

(3)审批安全生产各项费用,解决各项安全费用的落实,并监督费用使用情况。

(4)健全公司安全管理机构,负责落实各级安全生产责任制。

(5)组织审定并批准企业安全规章制度和重大的安全技术措施。

(6)组织制定并实施本单位的安全生产事故应急救援预案,敦促事故应急预案的演练。

(7)组织落实重大事故的调查处理,坚持"四不放过"原则。

(8)向上级主管部门报告安全生产事故。

(9)决定安全生产奖惩,组织总结和推广安全生产中的先进事例,对做出较大贡献的职工进行表彰,对负有安全事故责任的相关人员进行处分。

3.公司总工程师

(1)对公司安全生产负技术领导责任。

(2)协助总经理贯彻执行国家安全生产方针政策、法律法规、标准规范,督促各职能部门落实公司安全生产责任制;组织开展安全生产技术研究工作,推广应用先进的安全防护技术和安全防护设施。

(3)组织制定本公司中长期、年度、特殊时期安全工作规划、目标及实施计划,并组织实施。

(4)在计划、布置、检查、总结、评比生产工作的时候,同时计划、布置、检查、总结、评比安全工作(即五同时)。

(5)定期听取质安部的工作汇报,及时研究解决或审批有关安全生产中的重大问题。

(6)审批本公司的安全技术管理措施,组织制订安全技术措施经费使用计划,并监督实施审核、批准安全技术规程;对使用新材料、新技术、新工艺审查其安全性并审定相应的操作规程。

(7)领导组织本公司的安全生产宣传教育和安全技术培训工作,总结推广安全生产典型经验。

(8)定期召开安全生产工作会议。分析安全生产动态,制定事故紧急救援预案;总结经验、吸取教训,按照公司安全生产奖罚规定奖优罚劣;对事故或重大隐患做出处理或提出处理意见。

(9)组织制订安全生产资金投入使用计划,有效使用安全生产资金。

4.主管生产副总经理

(1)协助总经理领导公司的安全生产管理日常工作,对公司的安全工作负重要和直接领导责任,对分管的部门、工厂及属地的安全管理工作负领导责任。

(2)负责组织召开公司生产安全会议,并对安全工作提出具体要求。

(3)组织建立、健全公司各工厂事故应急救援体系,并负责组织应急预案演练、修改。

(4)组织公司各工厂每月一次的定期安全检查和不定期的安全生产抽查,及时发现和解决工厂中的安全问题,督促有关部门和单位及时整改。

(5)对发现的重大安全隐患,立即组织有关部门研究解决,或向上级有关部门报告。在上报的同时,组织制定可靠的临时安全措施。

(6)对公司的设备设施的正常使用负直接责任。对因设备设施原因造成的伤亡事故负领导责任,并追究有关人员责任。

(7)发生重伤及死亡事故,应组织相关部门抢救伤员、保护现场,及时、准确向上级报告。

(8)监督检查项目"三同时"的落实工作。

(9)对公司安全生产工作提出建议。

5.公司副总经理

（1）对分管业务范围内的安全生产工作负责。

（2）负责分管业务范围安全生产所需资源（资金、人员及其他资源）的具体落实。

（3）负责业务范围内安全工作的协调。

（4）对安全生产提供相关的支持。

（5）参与组织重大安全生产事故的调查处理。

（6）参加安委会会议及与本职业务有关的安全专题会议。

6.质安部

（1）质安部负责公司安全生产的综合管理及监察。

（2）在公司领导班子的指导下，贯彻执行国家和上级的安全生产要求。

（3）建立健全公司安全管理体系，保持正常运行，并不断完善、改进。

（4）负责安委会的日常工作，包括会议组织、事务协调、问题跟踪等。

（5）制订安全生产发展规划、年度工作计划。

（6）组织制定、修订公司安全规章制度，上报安委会进行审核、发布。

（7）监督检查工厂安全生产工作，及时发现构件生产环节的重大安全隐患并督促整改。

（8）向各工厂明确应及时上报的重要事项范围。

（9）负责公司安全生产标准化建设推进和考核的组织管理。

（10）负责公司安全培训计划的制订及实施。

（11）对各工厂进行安全检查、重大危险源辨识，对事故隐患进行分级管理，监督隐患整改，跟踪整改结果。

（12）组织建立、健全各工厂事故应急救援体系，组织制定公司应急救援预案，落实应急组织机构及人员、应急装备及设备。

（13）参与事故的调查处理工作，监督监察事故处理结果的落实工作。

（14）及时向上级单位提交各类安全工作报表及报告。

（15）按照权限对事故单位及人员提出处罚意见。

（16）组织推进公司安全文化建设及安全活动。

7.工厂管理部

（1）贯彻执行国家及上级关于设备使用、检修及维护保养等方面的安全规程和规定，负责制定和修订各类设备设施的操作规程和管理制度。

（2）监督检查工厂安全生产工作，及时发现构件生产环节的重大安全隐患并督促整改。

（3）监督检查项目安全施工工作，及时发现构件安装环节的重大安全隐患并督促整改。

（4）参与工厂及项目安全事故的调查处理工作，监督监察事故处理结果的落实工作。

（5）负责生产设备的管理和参与各类设备事故的调查处理。

（6）负责组织并参与工厂综合大检查，及时发现和解决工厂中的安全问题，并对安全隐患进行排查，督促有关部门和单位及时整改。

（7）负责新建工厂建设施工过程中的安全管理。

（8）完成领导交办的其他安全工作。

8.综合办公室

（1）协助公司领导贯彻上级有关安全生产指示，及时转发上级和有关部门的安全生产文件、资料。

(2)负责做好公司级的安全会议记录。

(3)负责公司办公区与生活区的安全工作。

(4)在评选先进时,要把安全工作作为重要内容。

(5)负责车辆和驾驶员的安全管理。

(6)参加公司安全制度的审核工作。

(7)负责对职工遵守规章制度和劳动纪律进行教育和检查。

(8)负责职工工伤保险费用的缴纳。

(9)负责工伤人员的费用核销工作。

(10)协助质安部解决安全工作中的各种政府事务问题。

9.财务部

(1)执行国家关于企业安全技术措施经费提取使用的有关规定,核定年度安全费用额度。

(2)编制年度财务预算计划时,将安全生产费用列入公司财务预算中;年度安全生产费用预算由质安部编制,于每年10月份提交财务部汇编下一年度预算。

(3)做好安全费用专户的管理,及时根据质安部提供各工厂及项目安全费用开支明细进行安全生产费用的核算,审核和监督安全生产各项费用支出。

10.技术中心

(1)为安全生产提供有关生产技术、工艺等方面的咨询服务。

(2)为公司安全生产标准化工作提供技术支持。

11.商务招采部

(1)负责供应商(投标方)的资质审核及招标文件安全保密管理。

(2)负责设备、物资采购,设备、物资运输,保险购买安全告知,劳保用品的购买及监督使用。

(3)负责分包方安全生产资质及履约能力审核,宣传贯彻建筑施工安全生产知识。

(4)负责制定工程勘察、设计劳务分包方安全防护措施,告知分包方工程勘察安全隐患及协助发包方编制应急预案。

(5)对制造成本核算时,应明确安全技术措施费用,做到专款专用。

(6)对劳务合同结算时,做到严守审批程序,层层管控。

(7)负责把控合同主体、责任划分、权利义务关系、缔约过失等各方面的法律风险点;负责合同安全及台账管理。

(8)积极参加安全教育培训并做好记录。

12.市场投资部

负责组织合同交底会,汇报合同基本情况、合同执行计划、生产安全质量要求、违约责任划分及处罚等,并解答工厂及各部门提出的项目履约问题,最后形成书面交底记录;工厂及相关部门负责人必须参与合同交底会。

4.3.2.2 工厂安全责任制

1.厂长

(1)厂长是工厂安全工作第一责任人,对本工厂安全生产负全面的领导责任。

（2）认真贯彻落实党和国家安全生产方针、政策等，支持质量安全组开展安全管理和安全检查等工作。

（3）组织并参与工厂安全生产责任制和各项管理制度的编写和修订。

（4）组织编制工厂应急预案，组织应急救援演练等安全活动。

（5）督促安全检查整改意见的落实整改。

（6）组织一般事故的调查、分析和处理，严格遵守"四不放过"原则，参与配合较大事故的调查、分析处理。

（7）全面落实安全生产标准化工作。

（8）督促安全技术交底、安全培训等相关工作，参加公司安全会议并传达公司会议精神。

（9）组织编制并审核重大或特殊工程安全技术措施、季节性安全技术措施或方案并进行安全技术交底。

（10）参与和指导管理人员及特种作业人员的安全培训与考核工作。

2.副厂长/厂长助理

（1）对工厂安全生产直接负责。

（2）协助厂长配合质量安全组开展安全管理和安全检查等工作。

（3）参与安全生产责任制和各项管理制度的编写和修订。

（4）参与编制工厂应急预案及应急救援演练等安全活动。

（5）按照安全检查整改意见落实整改。

（6）参与事故的调查、分析和处理，严格遵守"四不放过"原则。

（7）配合厂长落实安全生产标准化工作。

（8）组织开展安全技术交底、安全培训等相关工作。

3.生产部各主管

（1）努力做好现场"定置管理"，消除不安全状态，熟练掌握安全生产知识，纠正自己和他人的不安全行为。

（2）积极参加安全生产活动，执行安全质量标准化，对保障安全生产、改善作业环境、维护职工健康等方面提出合理化建议。

（3）有责任劝阻纠正他人的违章作业、冒险蛮干行为。

（4）有权拒绝不符合安全要求或违反制度的指挥。

（5）做好劳动防护，正确使用个人劳动防护用品，做到"不伤害自己、不伤害他人、不被他人伤害、保护他人不受伤害"（即四不伤害）。

（6）对所管辖的作业线和作业线班组（包括外包队）的安全生产负直接责任。认真执行公司有关安全生产的规定，坚持"管生产必须管安全"的原则。

（7）参与本作业线安全危害因素的辨识与评价，参与制定控制措施并认真实施；参与制定本车间作业线事故应急与救援预案并进行演习；参与对本车间作业线重大危险源的定期检测、评估和监控。

（8）针对作业任务特点，向班组进行书面安全技术交底，履行签字手续，并对执行情况进行检查，随时纠正违章作业；经常检查所辖班组作业环境及各种设备、设施的安全状况，发现问题及时纠正解决。

（9）认真执行安全技术措施及安全技术操作规程，不违章指挥；接受质量安全组的监督检查,及时整改所发现的隐患。

(10)组织所管辖班组开展班前安全活动,确保安全技术交底落实到每个工人,及时传达上级有关安全生产文件精神。

(11)对分管工程应用新材料、新技术、新工艺严格执行申报、审批制度,发现问题,立即停止使用并上报。

(12)发生因工伤亡及未遂事故要保护现场,抢救伤亡人员并立即上报,如实向事故调查组反映事故情况。

4.安全主管

(1)对工厂的安全管理工作进行监督检查,督促落实。

(2)认真执行国家有关安全生产方针、政策、法规和企业各项规章制度;认真贯彻实施国家有关部门安全生产标准、规范、规程。

(3)组织工厂生产安全危害因素的辨识与评价,参与制定控制措施并认真实施;制定本工厂事故应急与救援预案并进行演习;负责对本工程重大危险源的定期检测、评估和监控,对重大危险源进行登记归档并加强监控。

(4)掌握安全生产情况,查出安全隐患,及时提出整改意见和措施。制止违章指挥和违章作业,遇有严重险情,有权暂停生产,并报告领导处理。

(5)参加工厂定期组织的安全检查,做好检查记录,及时填写隐患整改通知书,并督促相关人员认真进行整改。

(6)监督、检查班组开展班前安全活动,定期收集班前安全活动记录。

(7)对劳动保护用品、保健食品和清凉饮料的发放使用情况进行监督检查。

(8)收集、整理工厂安全管理资料。

(9)发生因工伤亡及未遂事故要保护现场,抢救伤亡人员并立即上报,如实向事故调查组反映事故情况。

5.设备主管

(1)负责公司所有设备全过程的管理工作。

(2)负责组织设备操作人员和维修人员的培训工作。

(3)负责制定设备操作规程和设备维修规程。

(4)贯彻执行国家有关设备管理方针、政策及法规,制定本公司设备管理制度。

(5)组织设备操作工进行设备安全技术交底。

(6)每天组织维修人员对设备进行巡检,发现问题及时处理并做好巡检记录。

(7)负责组织设备大中小修计划的编制和实施工作,进行安全检修。

(8)组织做好设备备品备件计划和设备备品备件的到货质量验收。

(9)负责组织各种设备档案的建立。

(10)负责设备事故的调查、分析、处理和上报工作。

6.综合主管

(1)负责工厂办公区与生活区的安全工作。

(2)在安排总结工作时,安排总结安全工作。

(3)在评选先进时,要把安全工作作为重要考核内容。

(4)负责对职工遵守规章制度和劳动纪律进行教育和检查。

（5）协助采购应急药品及其他相关物资（增加）。

7. 技术主管

（1）对工厂安全生产负技术责任。

（2）组织制定有针对性的安全技术措施。

（3）审核本厂的安全技术管理措施；对使用新材料、新技术、新工艺进行安全技术交底。

（4）组织本厂的安全技术培训工作及技术交底，总结安全生产典型经验。

（5）参与制定事故紧急救援预案；总结经验、吸取教训；对事故或重大隐患做出处理或提出处理意见。

8. 实验室主管

（1）负责实验室的全面管理工作。

（2）负责组织本实验室内仪器设备的调试验收、维修和更新工作。

（3）积极参加安全生产活动，执行安全标准化，对保障安全生产、改善作业环境、维护职工健康，提出合理化建议。

（4）对检验产品安全性能负责。

（5）负责对实验人员的安全技术交底工作。

（6）参与制定本工厂事故应急与救援预案并进行演习。

（7）组织实验室设施设备的定期检测、评估和检修。

（8）负责组织实验室安全卫生工作，及时发现并排除安全隐患。

9. 物料主管

（1）负责材料及现场材料囤放的场地建设，负责生产所需材料、半成品及设备的采购、搬运、储存及发放管理工作。

（2）做好物资的保管工作，防止物资锈蚀、损坏、变质等。

（3）做好物资的防火、防盗工作。

（4）对特殊的材料设备的运输、存放制定相应的安全技术措施。

（5）收集整理材料设备的合格证、出厂检验单等相关的技术资料。

10. 安全员

（1）对工厂的安全管理工作进行监督检查，督促落实。

（2）协助安全组长参与工厂生产安全危害因素的辨识与评价，参与制定控制措施并认真实施；参与制定本工厂事故应急与救援预案并进行演习；负责对本工程重大危险源的定期检测、评估和监控，对重大危险源进行登记归档并加强监控。

（3）负责组织开展本班组各种安全活动，认真做好班组安全活动记录，提出改进安全工作的意见和建议。

（4）负责新工人入厂安全教育及其他安全教育。

（5）严格执行有关安全生产的各项规章制度，及时制止违章行为，并报告领导。

（6）检查督促各线人员遵守劳动纪律、安全技术操作规程，正确使用劳保用品和消防器材。

（7）每天对各工位进行安全检查，掌握安全生产情况，查出安全隐患并及时提出整改意见和措施。制止违章指挥和违章作业，遇有严重险情，有权暂停生产，并报告领导处理。

（8）参加工厂组织的定期安全检查，做好检查记录，及时填写隐患整改通知书，并督促认真进行整改。

(9)监督、检查班组开展班前安全活动,收集班前安全活动记录。

(10)编制、整理工厂安全管理资料。

(11)发生因工伤亡及未遂事故要保护现场,抢救伤亡人员并立即上报,如实向事故调查组反映事故情况。

11.班组长

(1)对本班组人员在作业中的安全负责,认真执行安全生产规章制度及本工种的安全操作规程,严格执行施工员的安全技术交底,合理、安全地组织班组人员施工。

(2)坚持开展班前安全活动,组织班组人员学习安全操作规程和其他安全生产的规章制度,监督班组人员正确使用个人劳保用品,不断提高自我防护能力。

(3)认真落实安全技术交底,做好班前安全讲话,不违章指挥、冒险蛮干。

(4)经常检查班组作业现场安全生产状况,发现问题及时解决并上报有关领导。

(5)认真配合做好新工人的岗位安全教育。

(6)发生因工伤亡及未遂事故,保护好现场并立即上报有关领导。

12.班组安全员

(1)协助班组长做好本班组安全工作,接受公司安全员的业务指导,协助班组长做好班前会安全布置、班中检查、班后总结。

(2)负责组织开展本班组各种安全活动,认真做好班组安全活动记录,提出改进安全工作的意见和建议。

(3)负责新工人岗位安全教育。

(4)严格执行有关安全生产的各项规章制度,及时制止违章行为,并报告领导。

(5)检查督促班组人员遵守劳动纪律、安全技术操作规程,正确使用劳保用品和消防器材。

(6)发生事故要及时了解情况,维护好现场,并及时报告领导。

(7)辨识本班组作业环境、作业场所、作业过程、作业人员的危险源、危险点、危险因素和岗位风险,并监督班组全体成员防范。

预制部品部件生产企业安全组织架构图见图4.1。

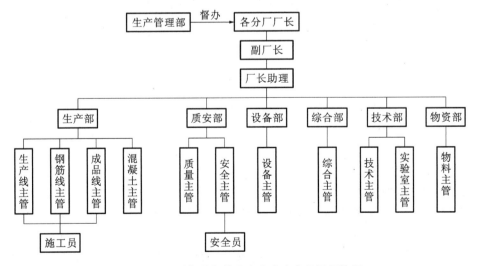

图 4.1　预制部品部件生产企业安全组织架构图

4.3.3 生产企业安全生产管理

4.3.3.1 生产施工安全管理制度

一般来说,预制构件厂生产施工安全管理制度应遵循如下原则:一是安全环保。保障生产工人的操作处于安全的环境,吊装、运输、维修等工作方便易控,杜绝工艺设计安全缺陷及设备安全缺陷。采取无污染和减少污染的工艺措施。二是产能合理。要满足 PC 构件生产要求,有条件的可兼顾桥梁、管廊等市政构件生产。三是保障质量。重点考虑混凝土布料、振捣、养护和脱模工序的合理性。北方地区要考虑在冬季施工情况下,车间内有足够的产品暂存区域,防止温差裂缝。四是技术适用。综合对比国内 PC 构件生产线的特点,尽量采用国内外成熟的技术,同时考虑未来智能化改造空间。

1.安全投入保障制度

安全费用包括:个人安全防护(劳动保护)用品购置费用;施工现场安全防护措施设置费用;临时用电及相关防护费用;机械设备安全管理及防护费用;临时消防系统设置相关费用;安全教育培训费用;工程各类评优、评审、保险等费用;安全、环境应急救援演练费用;安全监管人员薪酬;防暑降温及防寒费用;环境管理措施费用;企业形象设计费用。

工厂主要负责人应对由于安全生产所必需的资金投入不足导致的后果承担责任。

安全生产资金的提取:各工厂安全环保部门每年 1 月份编制本厂年度安全生产费用提取和使用计划,提取比例按前年本厂产值的 1% 执行,由厂长和公司质安部审核后,公司分管领导签字批准;公司财务部应按规定比例提取安全生产费用,建立台账,专款专用。

安全生产费用的使用管理:使用安全生产费用项目完成后应进行总结,并将费用使用情况逐一填写清单报安全环境部存档;安全生产费用的使用主要部分应将发票(复印件)与安全费用汇总表一并存档;如较大的安全项目或安全专户资金不足时,由公司安全生产委员会研究,临时追加安全账户资金,保证安全生产所需费用。

2.安全教育培训制度

(1)工厂级安全教育

新员工(劳务工人)的工厂级安全教育培训由安全环境部组织实施,培训内容包括:公司安全生产形势,安全生产的一般情况和须知;安全生产法律法规;工厂特殊危险因素介绍;一般电器机械及起重安全知识,伤亡事故发生主要原因;职业卫生及职业病预防知识;典型事故案例、事故教训及预防事故的基本知识。

(2)部门级安全教育

新员工(劳务工人)的部门级安全教育培训由所在部门组织实施,培训内容包括:工厂安全生产工作状况;安全生产组织、人员概况及规章制度;工艺流程及特点,危险部位、危险设备及安全事项,安全文明生产的具体做法及要求;告知主要危害因素及预防措施;典型事故案例及事故应急处理措施等。

(3)班组级安全教育

新员工(劳务工人)的班组级安全教育培训由所在班组组织实施,培训内容包括:班组生产状况和本工种安全操作规程;告知本岗位主要危害因素及预防措施;个人防护用品的使用和管理,岗位安全要求等;本岗位易发生事故的不安全因素及其防范对策;班组安全活动制度及纪律。

（4）特种作业人员安全教育培训

特种作业人员必须经过有关部门培训取得《特种作业人员操作资格证》后方可上岗。特种作业人员必须具备以下基本条件：年龄满18周岁且不超过国家法定退休年龄；初中以上文化程度；身体健康，无妨碍从事相应工种作业的疾病和生理缺陷。特种作业人员的安全教育实行属地管理，工厂负责联系当地具有特种作业人员培训资质的单位组织培训，被培训人员须经过考核，取得《特种作业人员操作资格证》后方可上岗。特种作业人员安全培训情况使用"安全教育培训记录表"、"特种作业人员培训台账"记录。

（5）全员安全教育

各工厂每年应组织所有员工进行一次全员安全教育，形式可以为安全知识培训、比赛、考试或其他形式，培训具体安排列入年度安全教育培训计划，并保证培训资金的落实。

（6）经常性安全教育

各工厂应结合日常生产、季节特点、危害因素分布特征进行不同类型的、有针对性的、形式多样的经常性安全教育，如安全知识竞赛、应急预案的演练、事故案例教育等。各工厂应经常利用墙报、简报、标语、橱窗等宣传媒介，广泛地宣传安全生产知识和单位安全动态，宣传企业安全文化。

（7）设备设施变更的安全教育培训

使用新工艺、新技术或新设备、新材料时，工厂安全环境部应组织对相关的操作人员和管理人员进行有针对性的安全培训，被培训人员经考试合格后方能上岗，并保存教育培训记录。

（8）转岗、复工安全教育培训

职工调整工作岗位（包括调换工种）或离岗半年以上重新上岗时，应进行相应的三级安全教育，经考核合格后方可上岗。

（9）外来学习人员的安全教育

对外来的、在工厂停留时间较长的参观、学习等人员，必须进行必要的安全规定及安全注意事项的培训，培训由工厂安全环境部配合接待人员进行。主要内容包括：参观或学习厂区的安全通道、疏散示意图；参观或学习厂区存在的危险有害因素；安全注意事项；紧急情况的处理措施；其他相关内容。

（10）事故人员的安全教育

发生工伤事故后，工厂须对责任人员进行脱岗安全教育和学习。

3.安全技术交底制度

交底内容：本厂的安全组织机构和人员责任分工；生产规模、范围及其主要内容，内部生产范围划分；安全文明施工、职业健康的主要目标和保证措施；危险源特点、危害性质、存在部位、预防措施、应急救援方法及危险源分布情况；主要生产工序、主要安全生产技术措施方案；本厂安全检查、考核、奖惩的实施标准、办法；安全操作规章制度、标准规程、工艺程序等。

工厂安全环境部应将经过审批的各类安全技术交底及实际安全技术交底的签字原始记录全部填入"××工种安全技术交底表"中，以备检查与核对。

安全技术交底编制要求：安全技术交底要依据相应的安全措施，结合具体生产工艺，根据现场的作业条件及环境，以书面形式编制出具有可操作性的、针对性的、全面的安全技术交底材料。

安全技术交底原则要求:各级安全技术交底工作由相关的安全技术负责人组织,重大和关键工序必要时可请上级安全技术负责人参加。

必须严格按照制度,在生产前进行交底,安全技术交底的过程也是安全技术培训的过程。进行各级安全技术交底时,应组织参加人员认真讨论,消化交底内容,必要时对内容作补充修改。涉及已经批准的方案、措施的变动,应重新进行交底。

4. 安全检查制度

日常安全巡检是及时发现并消除事故隐患、防止事故发生、改善劳动条件的重要手段,是工厂安全管理的一项重要内容。通过安全检查可以发现工厂在生产过程中存在的危险因素,以便有计划地采取措施,保证安全生产。日常安全巡检一般包括检查设备安全情况、消防安全情况、用电安全情况、违章违纪情况、劳保保护情况及安全文明生产情况。

专项安全检查是基于事故风险大小开展的检查。例如,对于压力容器、电气设备、防雷设施、机械设备、安全装备、监测仪器、危险物品及运输车辆等系统,工厂安全环境部、设备部应经常进行专业检查;新改扩建项目投入运行前应按照"国家三同时"制度的相关规定实施检查。

季节性安全检查是针对季节变化对设备造成的影响进行的专项检查,是保证设备设施安全、稳定、长久、满负荷、优质运行的重要手段。季节性安全检查是根据气候特点及季节变化进行的,包括对防暑降温、防雨防洪、防雷防电、防风、防冻、保温等工作进行的预防性检查。

(1)春季安全检查以防雷、防解冻跑漏、防建筑物倒塌为重点。

(2)夏季安全检查以防暑降温、防食物中毒、防洪防汛为重点。

(3)秋季安全检查以防火、防强风、防冻保温为重点。

(4)冬季安全检查以防火、防爆、防冻、防凝、防滑为重点。

节假日前,各生产线应配合工厂安全环境部组织安全检查,检查内容主要针对防火、防盗。节假日期间,不使用的电器设备应当关闭电源,应做好应急准备,安排好值班,并将值班安排告知所有员工。

定期对厂区所有覆盖面和所有隐患进行的检查称为综合安全检查,综合安全检查主要包含安全现场检查和安全管理资料检查。

5. 安全作业管理制度

(1)各项作业必须办理安全作业许可证

①申办厂内安全作业许可证的程序:由作业或被作业部门派出指定专人向安全环境部提出申请;安全作业许可证由安全环境部签发并进行监督。

②安全作业许可证的内容:作业内容和作业的起止时间;具体的防范措施和作业区域;需通知的相关部门和具体的防护要求;作业负责人和作业监护人。

③安全作业许可证的使用要求:严格遵守作业的起止时间,如超时应及时补办相应手续;对作业区域应有明确的警戒标识;防范措施应告知所有作业人员,并按规定穿戴和使用防护用品;作业监护人应坚守岗位,不得擅离职守或做其他工作;作业完成后应及时按防范标准清理作业现场,通知相关部门撤除警戒标识,并及时向安全环境部汇报作业完毕。

④作业涉及工厂关键装置和重点部位时应进行风险评价和制定相应的控制措施。

(2)有限空间作业

①必须保证要进入的设备与生产系统可靠隔绝,作业单位要做好严密的劳动组织工作,分工明确,责任到人;由设备部对将进入设备的人员进行必要的技术交底和安全教育。

②进入设备作业前,由设备部进行可靠的置换冲洗,确保清除干净;由实验室取样进行分析,符合安全要求后由安全环境部办理安全作业许可证。

③特殊情况需在不置换的情况下进入设备短时间作业时,必须由设备所属单位第一负责人在安全作业许可证上签字并亲临现场加强监护。

④禁止用氧气吹风,进入有腐蚀性、窒息、易燃、易爆、有毒物料的设备内作业时,必须穿戴适用的个人劳动防护用品及防毒面具。

⑤设备内作业必须设作业监护人,监护人应由有经验的人员担任,监护人必须认真负责、坚守岗位,并与作业人员保持有效的联络。

⑥设备内应有足够的照明,照明电源必须是 36V 以下的安全电压;如在潮湿场所内,照明灯具的电压不得超过 12V。

⑦严禁在作业设备内向外投掷工具及器材。

⑧在设备内动火作业,除执行工厂有关安全动火的规定外,动焊人员离开时,须认真检查,防止将焊炬等物件留在设备内。

⑨作业完工后,经检修人、监护人及使用部门负责人共同检查,确认设备内无人、工器具等,方可封闭设备孔。

(3)破土作业

①破土作业的范围:挖土、打桩、埋设接地极或铺桩等,入地深度 0.4m 以上的;挖土面积在 2m² 以上的;利用推土机、压路机等施工机械进行填土或平整场地。

②动土作业必须办理破土安全作业许可证,不准以口头形式传达,否则按违章作业处罚。

③破土安全作业许可证须由生产线负责人办理,经厂长审查批准。

④办理破土安全作业许可证,应标明破土地点、范围、深度,并画上简图,附文字说明。

⑤如破土作业可能影响到管线等,必须召集相关部门共同确定动土安全方案。

(4)临时用电作业

①非电工严禁进行如拉接、拆除电焊机及其他电气设备的电源线等的用电操作,用电作业必须由电工操作。

②检修(大修)时,电工班组要安排专人负责拉接、拆除临时用电线,保证用电安全;由安全环境部办理安全作业许可证。

③工期较长、需要多台临时用电器的作业项目,应由电工班组安排专人到施工现场拉接、拆除电线。

④除临时用电接线盘外,其他配电盘禁止拉接临时用电;如特殊情况确实需要在工艺配电拉接临时用电的,应经电工班班长同意,否则不准接线。

⑤临时电源线不得搭靠工艺设备、管道等。

⑥使用手电钻、砂轮等手持电动工具,必须绝缘良好,并配上触电保安器,以防止触电事故。

(5)高处作业

①从事高处作业的单位必须经安全环境部办理登高安全作业许可证,落实安全防护措施后方可施工。

②登高安全作业许可证审批人员应赴高处作业现场检查确认安全措施后,方可批准高处作业。

③高处作业人员必须经安全教育,熟悉现场环境和施工安全要求,对患有职业禁忌证和年老体弱、疲劳过度、视力不佳及酒后人员等,不准进行高处作业。

④高处作业前,作业人员应查验登高安全作业许可证,检查确认安全措施落实后方可施工,否则有权拒绝施工作业。

⑤高处作业人员应按照规定穿戴劳动保护用品,作业前要检查,作业中应正确使用防坠落用品与登高器具、设备。

⑥高处作业应设监护人对高处作业人员进行监护,监护人应坚守岗位。

(6)起重吊装作业

①各种起重吊装作业前,应办理安全作业许可证;应预先在吊装现场设置安全警戒标志并设专人监护,非施工人员及车辆禁止入内。

②吊装中,夜间应有足够的照明,室外作业遇到大雪、暴雪、大雾及六级以上大风时,应停止作业。

③起重吊装作业人员必须佩戴安全帽,高处作业时遵守高处作业安全规定。

④吊装作业前必须对各种起重吊装机械的运行部位、安全装置及吊具、索具进行详细的安全检查,吊装设备的安全装置要灵敏可靠,吊装前必须试吊,确认无误后方可作业。

⑤作业中,必须分工明确,坚守岗位,并按起重吊装指挥信号统一指挥。

⑥严禁利用管道、管架、电杆、机电设备等作吊装点,未经安全环境部审查批准,不得将建筑物、构筑物作为锚点。

⑦任何人不得随同吊装重物或吊装机械升降;在特殊情况下,必须随之升降的,应采取可靠的安全措施,并经过现场指挥人员批准。

⑧起重吊装作业现场如须动火,严格执行动火安全规定。

⑨起重吊装作业时,起重机具包括被吊物与线路导线之间应保持安全距离;1t 以下的距离不小于 1.5m,5t 的距离应不小于 2m,大于 5t 的必须分批次吊装。

⑩起重吊装作业时,必须按规定负荷进行吊装,严禁超负荷运行;所吊重物接近或达到额定起重吊装能力时,应检查制动器,用低高度、短行程试吊后,再平稳吊起。

⑪悬吊重物下方及吊臂下严禁站人、通行和工作。

6.消防安全管理制度

(1)消防安全教育培训

①新员工入厂前,须进行消防安全的职前培训,培训内容包括:消防安全基本常识、灭火器及消火栓的操作使用等。

②工厂员工每年至少进行一次消防安全培训教育,培训情况记录存档。

③电焊工、气焊工、锅炉工等在火灾危险区域作业的人员和自动消防系统的操作人员,必须经过消防培训,持证上岗。

④各生产线、班组等部门开展消防安全教育、培训工作时应根据实际情况进行针对性的教育。

⑤工厂应通过多种形式开展经常性的消防安全宣传教育。

(2)防火巡查检查

①工厂应建立逐级消防安全责任制和岗位消防安全责任制,明确各自职责,落实巡查检查制度。

②工厂安全环境部人员每日应进行防火巡查;巡查中若发现火灾隐患,应填写记录,并按照规定,要求有关人员在记录上签名。

③安全环境部应将巡查情况以书面形式及时通知受检部门,受检部门负责人应按通知要求及时整改火灾隐患。

④对巡查中发现的火灾隐患未按规定时间及时整改的,根据公司规定给予处罚。

(3)消防设施器材的维护保养

①工厂由专人对消防器材和消防设施建立档案管理。

②消防设施、消防器材应定点存放、定人保养、定期检查,并将检查情况记录存档。

③工厂安全环境部应对工厂职工进行教育,要求员工爱护消防设施器材,对故意破坏损坏消防设施、器材的行为,将要求赔偿,并提出惩处意见。

④工厂按照有关要求,设置符合国家规定的消防安全疏散标志,配备应急照明等消防器材、设施,并保持消防设施处于正常状态。

(4)用火用电安全

①工厂应严格实行用火用电的消防安全管理规定。

②用电安全管理,严禁随意拉设电线,严禁超负荷用电,电气线路设置、设备安装应由设备部的持证电工负责。

③各生产线下班后,该关闭的电源应予以关闭,否则安全环境部可对责任人提出处罚。

④禁止私用电热棒、电炉等大功率电器。

(5)用火安全管理

①严格执行动火审批制度,确须动火作业时,作业单位应按规定向安全环境部申请"动火许可证"。

②作业前应清除动火点附近 4.5m 区域范围内的易燃易爆危险物品或做适当的安全隔离,并配备灭火器。

③离地面 2m 以上的高架动火作业,必须保证一人在下方专职负责扑灭可能引燃其他物品的火花。

(6)易燃易爆危险物品和场所防火防爆

①易燃易爆危险物品应有专用的库房,配备必要的消防器材设施,仓库人员必须由消防安全培训合格的人员担任。

②易燃易爆危险物品应分类、分项储存;化学性质相抵触或灭火方法不同的易燃易爆化学物品,应分隔存放。

③易燃易爆危险物品入库前应经检验部门检验,出入库应进行登记。

④库存物品应分类、分垛储存,每垛占地面积不宜大于 $100m^2$,垛与垛之间距离不小于 1m,垛与墙间距不小于 0.5m,垛与梁、柱的间距不小于 0.3m,主要通道的宽度不小于 2m。

⑤易燃易爆危险物品存取应按安全操作规程执行,仓库工作人员应坚守岗位,非工作人员禁止随意入内。

⑥易燃易爆场所应根据消防规范要求采取防火防爆措施并做好防火防爆设施的维护保养工作。

(7)锅炉房防火防爆

①锅炉房重地闲人勿进,禁止吸烟,并应设有明显标志牌。

②锅炉房必须制定相关的操作规程和管理制度,并严格执行,逐项落实。

③锅炉工必须经过培训,持有锅炉证方可上岗,严禁非锅炉工操作锅炉。

④各种锅炉体安全阀、水位表、气压表必须灵敏有效,定期外送检修;锅炉房内不得设置和堆放可燃、易燃易爆物品。

⑤锅炉的炉体、灯具、各种管道、阀门、安全阀、水位表等要定期进行检查,发现有裂缝、空隙或隔热不良等情况,要立即进行检修。

(8)高低压配电室防火

①高低压配电室应保持清洁干燥,要有良好的通风,禁止吸烟及明火作业。

②高低压配电室电气设备的各种接地安全保护装置必须经常保持完整、准确、灵敏、有效。

③变压器、电缆等带油设备不得满油,要经常检查各部件的功能和运转情况,发现问题立即采取有效措施,并及时修复。

④每年在雨季之前要对避雷器进行检查、检测;对各种电气设备的接地零线,每年要检测一次。

⑤要经常巡查检查,发现火灾隐患应及时报告和整改。

⑥要采取措施防止老鼠、蛇类、鸟类入侵,避免产生短路。

(9)仓库防火

①仓库内严禁吸烟及使用明火,并应设有明显标志牌。

②仓库内部照明用灯,应使用 60W 以下白炽灯或大于 60W 具有防爆功能的灯具,禁止乱拉乱设临时电源线。

③应根据货物的不同性质分类存放。

④严禁使用电热器。

⑤各类灭火器材、消防设施不得擅自动用。

⑥仓库管理员下班前要进行一次防火检查,在确认无问题后关闭电源,锁门离开。

⑦仓库管理员应知道仓库灭火器材的位置并会使用各种灭火器,能熟练地掌握其性能、作用和使用方法。

⑧未经许可,无关人员不准进入仓库。

(10)电、气焊防火

①焊工应经过专门培训,掌握焊割安全技术,并经过考试合格后,方准独立操作。

②焊割前按规定进行动火作业申请,核准后方可进行。

③焊割作业要选择安全地点,焊割前要仔细检查上下左右情况,周围的可燃物必须清除,如不能清除,应采取浇湿、遮隔等安全可靠措施加以保护。

④在有可燃性气体或粉尘的易爆场所焊割时,应按有关规定,保持一定距离。

⑤焊割操作不准与油漆、喷漆、木工等易燃操作同部位、同时间、上下交叉作业。

⑥电焊机地线不准接在建筑物、机器设备、各种管道、金属道、金属架上,必须设立专用地线,不得借路。

⑦不得使用有故障的焊接工具。电焊的导线不要与装有气体的气瓶接触。

⑧焊割工作点火前要遵守操作规程,焊割结束或离开现场时,必须切断电源、气源,并仔细清查现场,清除火灾隐患。

⑨焊割现场必须配备灭火器材,并有专人现场监护。

(11)灭火和应急疏散预案演练

①工厂应加强灭火、应急疏散预案的制定工作,每年应对工厂有关变更情况进行全面修订。

②工厂应按照灭火和应急疏散预案进行演练,每年演练不少于一次。

③进行消防演练时,应当设置明显标识并事先告知演练范围内人员。

④灭火和应急疏散预案内容包括:组织机构(灭火行动组、通信联络组、疏散引导组、安全防护救护组);报警和接警处置程序;应急疏散的组织程序和措施;扑救火灾的程序和措施。

4.3.3.2　质量安全管理

在装配式建筑工程中,预制构件是很重要的组成部分,其质量的好坏决定了工程结构的整体安全性能,加强构件生产企业在生产过程中的质量控制,可以提高构件的质量,保证建设工程结构安全。

(1)施工材料质量控制

预制构件生产使用的钢筋、水泥、砂、石、外加剂等,应建立材料进场台账,向供货单位索要合格证,然后按国家规范规定的批量送试验室进行复检。需注意的是送检批量,普通钢筋 60t 一批,水泥 200t 一批,砂石可按 200m³ 一批,而作为预应力主筋的低碳冷拔丝、冷轧带肋钢筋等需逐盘检验。检验合格后方可使用。

(2)施工过程控制

预应力值控制:预应力构件抗裂性能的关键在于能否建立起设计所需的预压应力值,故施工时必须控制张拉力值和被张钢丝的伸长变形值。由于锚具变形、夹具磨损、钢丝应力松弛等原因,张拉应力值与实际建立起来的预应力值相差很大,易产生预应力不足的情况,所以张拉控制应力应比设计应力稍有提高,但不得超过 0.056con。检验人员应在张拉完毕 1h 后对钢丝应力进行检验,检验数量按构件条数的 10%,不少于 1 件抽检。钢丝的张拉力用钢丝应力测定仪分三次量测,取其平均值为一根钢丝的张拉力值。

混凝土质量控制:搅拌前,对混凝土各原材料进行计量抽查,并做好记录,水泥、水的允许偏差为 ±2%,砂石的允许偏差为 ±3%,尤其水的计量更为重要,因为水灰比的大小对混凝土的坍落度和强度有很大的影响。搅拌中要控制搅拌时间,按规范要求进行。搅拌后应对混凝土的稠度进行检验,一般干硬性混凝土检验维勃稠度,无条件时可检查坍落度。混凝土浇捣过程中应做混凝土施工记录,内容包括搅拌、振捣、运输和养护的方式,及混凝土试件留置情况。

构件放张控制:预制构件成型后经过一定时间的养护,就应出池、放张,养护时间应按养护方式、温度、外加剂掺量的不同根据经验确定,并检查同条件养护的混凝土试件,如能达到混凝土设计强度等级的 75% 以上,可以签发构件出池(放张)通知单。放张时宜缓慢进行,板类构件应按对称的原则从两边同时向中间放松,采用剪丝钳剪断钢筋时,不得采用扭折的办法。预制构件施工过程的控制还有混凝土的运输、构件的养护、构件的堆放等控制环节,也都十分重要。

(3)构件质量的控制

外观质量检验:在成品堆置场地随机抽样 5%,且不少于 3 件的构件进行外观检查,通过检查控制构件的外观质量保证构件的使用性能,经常产生的外现缺陷有外伸钢筋松动、外形缺陷、外表缺陷、露筋等。

尺寸偏差检验:构件尺寸偏差的多是长度、宽度、主筋保护层厚度及外露长度,构件外观质量和尺寸偏差合格点率小于 60％的,该批构件不合格,大于 60％而小于 70％的,可以重复抽检,抽取同样数量的构件,对检验中不合格点率超过 30％的项目进行第二次检验,并以两次检验的结果重新计算合格点率。

（4）构件结构性能检验

结构性能的检验比较费时、费力,所以规范规定的频率比较小,要求三个月且不超过 1000件做一次抽检,这是要求生产厂家检的,加上质量监督部门、建设管理部门的抽检,每年有六次左右的结构性能检验,基本能够反映一个厂的构件结构性能状况。检验指标一般有三项,对预应力构件,正常使用状态下不允许开裂,检验指标有抗裂度、挠度和承载力三项;对于非预应力构件,正常使用状态下可以有裂缝出现,但对裂缝宽度有要求,则检验裂缝宽度、挠度和承载力三项。

（5）技术资料

技术资料是预制构件生产过程中质量控制工作的客观反映,是质量管理的文字记录。

按国家有关规范要求,进场同一种钢筋按 60t 为一验收批,作为预应力主筋的各种冷拔丝、冷轧带肋钢筋则每盘必检,水泥 200t 为一验收批,超过三个月复验一次,进场不足此数量时也应进行检验。

混凝土成型留置试块应按验收批数量每批留置两组试块,一组用于 28 天强度检验,一组用于出池或放张强度检验。每工作班不超过 100m³ 混凝土为一验收批,而大部分生产厂无放张混凝土强度检验,仅凭经验确定放张时间,有时因放张时间早,造成起拱过大或上层开裂现象,影响构件质量。

构件施工过程的记录应包括:①预应力筋张拉记录;②混凝土施工记录。都有专用表格,应填写齐全,记录真实。

施工过程的检查记录有:①钢筋（丝）应力检查记录;②混凝土强度评定表;③构件外观检查记录;④构件尺寸偏差记录;⑤构件结构性能检验报告。

（6）质量保证体系的建立健全

构件生产厂质量保证体系的建立健全,直接关系到构件生产质量的好坏。质量保证体系的内容有:①负责质量检查和技术资料整理应有专门的人员,并且有一定技术知识和相应技术职称;②有严格细致的检查制度及资料管理制度;③有齐全的技术文件,包括预制构件验评标准,构件施工规程,构件标准图集等;④有相应的检查工具,如检查尺、直尺、预应力检测仪等。

4.4　预制部品部件运输企业

预制构件如果在存储、运输、吊装等环节发生损坏将会很难修补,既耽误工期又造成经济损失。因此,大型预制构件的存储工具与物流组织非常重要。

目前,虽有个别企业在积极研发预制构件的运输设备,但总体看还处于发展初期,标准化程度低,存储和运输方式较为落后。同时受到道路、运输政策及市场环境的限制和影响,运输效率不高,构件专用运输车还比较缺乏,且价格较高。

4.4.1　主要问题

(1)前期准备不足。运输吊装前缺乏科学系统的组织方案,对装运工具、运输方案、相关设备材料认识不足,对运输路线的实际状况不清楚,导致运输途中经常出现突发问题,效率偏低。

(2)运输质量难保障。构件放置不合理,保护措施不力导致构件很容易发生碰撞损坏。同时构件装运不合理引发的重复倒运容易造成构件损坏。

(3)运输安全问题较多。我国目前仍以重型半挂牵引车和散装运输方式为主,且基本都不带"厢",车速过快时很可能导致预制构件甩翻。对构件的固定和绑扎不牢靠也可导致构件吊装过程中的坠落。目前发达国家构件运输多采用甩挂运输车和存储运输一体化方式,能有效保证运输安全。

(4)运输政策制约多。构件运输在超高、超宽、超载、车辆改装等方面都受到交管政策的制约,使得综合成本大幅提高,影响运输效率和工程进度。

(5)缺乏信息化管理。目前我国构件物流运输业信息化程度低,物流运输管理主要依靠手工操作,造成了差错率高、信息传输慢、管理效率低等问题。

(6)第三方物流系统不成熟。目前我国物流系统不能达到装配式建筑构件运输的要求。运输车多以燃油为主,新能源运输车较少。

4.4.2　安全责任体系

1.安全生产委员会

安全生产委员会是公司安全管理的最高组织机构和决策机构,对安全生产负有齐抓共管、综合治理的责任,其主要职责有:

(1)认真贯彻执行国家安全生产有关法律、法规、规章、条例,对年度安全目标、管理方案及重大安全事宜进行审议决策。

(2)负责对年度安全管理计划进行研究,制定安全管理指导方针、工作原则并策划相关的主题活动。

(3)根据制定的安全目标,定期组织安全生产会议,组织学习国家安全生产法规,分析安全生产形势,针对安全管理实际提出相应对策,布置和督促相关部门贯彻落实。

(4)根据演练情况审议修订应急救援预案,确保落实应急组织、人员、物资。

(5)执行事故责任追究制,对提交安委会处理的事故,遵循"四不放过"原则,召开事故分析会,调查事故原因,总结经验教训,落实整改措施,追究直接责任人、间接责任人、分管领导、上层领导的责任。

(6)每月定期召开安委会会议,总结分析上阶段安全生产动态,研究布置下阶段安全工作,及时解决存在安全问题,落实各项防范措施,增强预防控制能力。

(7)企业出现事关安全的重大事宜,应立即召开安委会会议,研究决策,分配任务,确保迅速、高效、顺利实施。

(8)对各部门执行安全生产管理各项规章制度的情况进行考核、检查和督促。并实行安全职责"一票否决制"。

2.总经理

总经理是公司安全生产的第一负责人,也是安全生产委员会主任,对公司安全生产全面负

责,其主要职责为:

(1)认真贯彻执行国家安全生产方针、政策、法律、法规,把安全工作列入公司管理的重要议事日程,亲自主持重要的安全生产工作会议,签发有关安全工作的重大决定。

(2)保证安全生产投入的有效实施,自觉接受国家劳动安全监察和行业管理部门的监督。

(3)负责落实各级安全生产责任制,督促检查同级副职和公司各部门正职抓好安全生产工作,及时消除生产安全事故隐患。在计划、布置、检查、总结、评比生产工作的时候,同时计划、布置、检查、总结、评比安全工作。

(4)建立健全安全管理机构,充实专职安全生产管理人员,定期听取安全生产管理部门的工作汇报,及时研究解决或审批有关安全生产中的重大问题。

(5)审批重大安全技术措施,组织安委会对重大事故进行调查和处理。

(6)及时研究、分析、解决企业安全生产中存在的重大问题,并监督整改。

3. 安全副总经理

在总经理的领导下,分管全公司安全生产工作,其主要职责为:

(1)定期听取安全部门安全工作的汇报,及时协调解决安全生产中的重大问题,负责特殊作业的安全技术措施的审批。负责组织建立、健全安全生产责任制。

(2)根据公司年度安全工作方针、目标,审批公司年、季、月安全工作计划,分解各部门、办事处安全工作目标,组织签订部门年度安全责任状,并负责监督考核。

(3)组织编制修订企业内部安全管理规章制度和安全防范措施并监督考核各部门、办事处执行情况。

(4)审批各级安管人员的培训计划和驾驶员、押运员复训计划。

(5)指导督促安全部门开展安全生产大检查,对重大事故隐患的整改工作进行督导。

(6)负责对企业各部门安全生产情况进行监督考核,对部门及部门负责人提出奖惩处理建议。

(7)组织各类重特大事故的调查处理,并督促相关人员及时上报主管部门。

(8)组织审议、修订安全事故应急救援预案。

(9)主持召开公司日常安全例会,总结分析上阶段安全生产动态,协调解决存在的安全问题,布置各部门下阶段安全工作。

4. 营运副总

营运副总是营运部门安全生产的重要负责人,对安全生产负重要管理责任,其具体职责是:

(1)监督指导分管范围内各部门的安全生产工作,切实加强营运安全工作的领导,促使营运人员安全教育经常化、安全活动制度化、安全管理标准化,确保安全生产、优质服务。

(2)定期检查分管部门对安全生产各项制度的执行情况,及时纠正失职和违章行为,负责处理分管部门安全工作中存在的重大问题。

(3)负责组织分管范围内的定期和不定期的安全工作检查,对查出的问题落实整改。

(4)总结推广交流安全营运的先进经验,树立典型,提出表彰或奖励的意见。

(5)在编制生产计划、布置任务时,要考虑安全、交代安全。

(6) 在开辟新的经营路线时,指导运输部门配合安全部门对沿线进行考察,并提出安全防范措施,制定线路安全操作规程,确保运行安全。

5.安全部长

(1)认真贯彻国家及上级管理部门安全生产方针政策、法律、法规、指示精神,在总经理、副总和安委会的领导下负责公司的安全生产监督管理工作。

(2)建立安全生产管理责任制,检查督促本部门员工在各自职责范围内认真做好安全工作。

(3)组织本部门的安全生产检查工作,对查出的问题,要认真研究,定人、定期、定措施落实隐患整改工作,保证生产设备、安全装备、消防设施等处于完好状态,并教育员工加强维护,正确使用。

(4)负责组织对全体员工进行安全思想教育和安全技术知识教育,组织对新入公司的员工进行三级安全教育,督促部门做好特殊工种人员的培训工作;组织公司安全管理人员的培训工作,不断提高全体员工的安全技术素质。

(5)及时、如实报告生产安全事故。

(6)参加各类重特大事故调查处理,采取有效措施防止事故重演。

(7)教育职工反"三违"(违章操作、违章指挥、违反劳动纪律),创"三无"(无交通事故、无人员伤害、无环境污染)。

(8)积极参加上级部门安排的安全教育培训活动,不断积累现代安全管理知识,提高安全管理水平,指导安全工作的开展。

6.运输管理部长

运输管理部长是调度及车队的主要行政领导,对营运安全负第一责任,其主要职责是:

(1)认真贯彻"安全第一、预防为主"的方针,制定安全运输方案,组织实施,确保安全运输。

(2)认真执行公司安全生产、劳动保护、环境保护的相关制度,对本部门的安全生产负责。

(3)认真贯彻执行上级管理部门有关安全生产的法令、法规和规章制度,在计划、布置、检查、总结生产的同时,计划、布置、检查、总结安全工作。

(4)在公司年度安全目标的要求下,做好本部门安全管理工作。

(5)指导并监督调度员合理安排车辆和人员,在"安全第一"的前提下确保运输任务和计划的高效达成。

(6)指导和监督调度及监控人员合理派单,合理指挥,杜绝下达错误指令和出现违章指挥的现象。

(7)定期组织调度员、监控人员进行学习,掌握承运介质特性,车辆、罐体知识,限载吨位、安全容积、交通法律法规等业务知识并进行考核。

(8)负责指导并监督车队进行班组建设,健全车队的组织建设,整理好驾押人员档案;对驾驶员技术状态、思想情绪有深入的了解,做好驾押人员协调管理和沟通工作;督促驾押人员定期参加安全培训、证照审验;查实驾驶员违章扣分情况;监督驾押人员认真履行岗位职责,并严格考核奖惩;定期对营运车辆进行检查、抽查。

(9)指导并监督车队定期组织安全活动,对公司新制度、新规定、新流程进行传达并监督实施。

(10)坚持原则,把好驾驶员的选用关,配合相关部门组织有经验的人员对其进行场地考试,对处于试岗期的新进驾驶员的技术状态、操作水平进行考核,推荐正式上岗。

(11)对违章违纪驾押人员严厉查处,对事故驾驶员进行谈话,坚持"四不放过"的原则,做好当事人及其他驾驶员的教育工作,总结教训,惩前毖后。

(12)定期组织部门、车队安全生产会,解决好安全运行中的问题,并做定期总结。在总结安全经验教训的基础上,树立安全行车先进典型。

(13)建立健全本部门安全管理组织,指导和督促本部门兼职安全员工作。充分发挥兼职安全员在生产过程中的安全监督和管理作用。

7.设备管理部长

(1)监督和检查维修车间安全管理工作和日常维修工作。

(2)制定维修和采购方案,保证车辆易损易耗部件、保养用品,以及机械设备和常用维修工具的安全库存量及品质。

(3)组织维修人员定期交流、学习和培训专业知识。

(4)监督和指导维修人员规范操作,遵守公司安全管理规定和标准作业规程,定期培训,持证上岗。

(5)采取有效措施,防止车间工伤事故发生。

(6)及时、如实报告车间安全生产事故。对发生的工伤事故召开车间内部分析讨论会。

(7)协同配合安全部门对特种设备进行定期检验和年审。

(8)监督维修人员对报修车辆应修必修,修必修好,保证车辆无带病行驶现象。

8.车队长

(1)认真贯彻"安全第一、预防为主"的方针,在车辆运输部长的指导下,结合车队实际制定安全管理方案,组织实施,确保安全运输。

(2)在运输部长的指导下,整理好驾押人员档案,对驾驶员技术状态、从业经历、思想情绪等详细情况有深入的了解;做好驾驶员协调管理和沟通工作;督促驾押人员定期参加安全培训、证照审验;定期对驾驶员违章扣分情况进行查实;监督驾押人员认真履行岗位职责,并严格考核奖惩。

(3)贯彻车辆技术管理制度,掌握车辆使用、保养、报修情况,督促驾驶员做好例行保养,监督车辆证照的审验、报停、保险等工作,确保公司顺利营运。

(4)定期组织安全活动,对公司新制度、新规定、新流程进行传达并监督实施。

(5)负责组织落实定人、定车、班组建设工作,健全车队的组织建制。

(6)统计驾驶员连续作业时间、休息时间,制定驾驶员作息时间表,掌握人员身体、精神状态。

(7)配合相关部门把好驾驶员的聘用关,对处于试岗期的新进驾驶员的技术状态、操作水平进行考核,推荐正式上岗。

(8)对违章违纪驾押人员严肃查处,对发生各类事故或违章违规的驾驶员进行安全教育谈话,了解情况经过、思想状况、反省情况,坚持"四不放过"的原则,做好当事人及其他驾驶员的教育工作,总结教训,惩前毖后。

(9)按公司要求每月对营运车辆及在场车辆进行随机抽检工作,对发现的隐患及时整改,并制定预防措施。

(10)定期组织驾驶员进行技术练兵、比武,考核驾驶员技术状态,掌握驾驶员违章记录情况,把好人员关。

(11)配合运输部长开好安全生产会,解决好安全运行中的问题,并做定期总结。在总结安全经验教训的基础上,推广安全行车先进典型。

9.专职安全员

(1)在安全部长领导下开展工作,贯彻公司安全管理制度和安全操作规程,接受上级职能部门和本单位领导的检查和指导。

(2)组织开展安全教育,交流安全生产经验,经常检查安全生产状况,定期编写安全生产形势分析报告,采取积极措施防范事故。

(3)提供安全生产相关资料,并组织相关部门人员进行学习。

(4)协助参与公司有关安全生产管理制度和安全技术操作规程的制定,负责编制公司安全技术措施计划和隐患整改方案,并检查执行情况;按期填报事故报表,定期分析安全生产动向、特点、性质,提出改进措施,供领导决策。

(5)负责驾驶员、押运员的安全技术档案的建立、管理工作。

(6)负责新招驾驶员、押运员上岗前的安全教育培训工作。

(7)参与事故的分析处理和保险理赔工作。

(8)在实施运输纪律检查时,对车辆的安全状况,有权进行检查并对驾驶员进行安全教育,对驾驶员的违章违纪行为进行制止、教育、处罚。

(9)负责对工具、员工个人劳动防护用品正确使用情况及工作场所环境安全情况进行检查,及时发现隐患,制止违章指挥和违章作业,对屡教不改者应实施经济处罚,并与考核挂钩。

(10)负责公司安全设施、灭火器材、防护器材和急救器具的管理,掌握公司的安全工作情况,提出改进建议。

(11)监督公司内部环境安全工作,有效控制公司内部各项危险源。

(12)参与制定防止事故和职业危害的措施以及公司特种设备、罐箱的安全操作规程并负责督促实施。

10.兼职安全员

(1)配合安全部及本部门、本班组开展安全教育,组织本部门或班组交流安全生产经验,传达公司安全生产目标或近期安全文件精神,对近期安全生产事故情况进行通报。

(2)对部门、班组内的事故及时上报安全部,对发现的安全隐患及时通报并督促进行整改。

(3)对本部门、本班组内"三违"情况有权阻止并对当事人进行安全教育。

(4)负责对本部门、本班组设备、工具、员工个人劳动防护用品的正确使用情况及工作场所环境的安全情况进行检查。

(5)及时了解和掌握公司及本部门、本班组的安全工作情况,并提出改进建议。

(6)参与制定防止事故和职业危害的措施以及公司特种设备、罐箱的安全操作规程。

(7)接受安全部的安全工作指导和布置,并根据要求定期书面汇报本部门或班组近期的安全生产情况。

11.员工

(1)自觉遵守安全工作规定,主动学习安全工作方法。

(2)积极参加安全培训,自觉提高自身安全素质、安全操作技能。

(3)时刻保持警惕,维护作业场所安全,严格按照安全规程使用各种设备、工具。

(4)支持公司的安全计划,并协助推行各项安全工作。

(5)报告事故隐患,并促使改善。

（6）提供安全建议，请上级采纳改善。

（7）报告所有事故。

（8）协助新进人员了解安全工作方法。

（9）严格遵守安全自检规定，依规定执行自我检查。

（10）严格遵守公司个人防护规定，合理使用个人防护用品。

4.4.3　运输企业安全运输管理

4.4.3.1　安全培训教育制度

为贯彻落实国家关于安全生产的法律、法规，提高从业人员安全技术水平和处理事故的能力，增强安全生产意识和责任心，减少、杜绝交通事故、货物装卸及运输事故的发生，应制定安全培训教育管理体系。

1. 培训管理

（1）公司严格执行安全培训教育制度，依据国家、地方及行业规定和岗位需要，制定适宜的安全培训教育目标和要求。根据不断变化的实际情况和培训目标，识别安全培训教育需求，制订并实施安全培训教育计划。

（2）质控安全部负责拟订安全培训教育计划并负责实施及检查考核；各相关部门应根据培训计划，合理调配和组织人员参加培训；公司财务部门应负责保证安全培训所需相关资金；公司行政部门负责落实有关安全培训的奖惩措施。

（3）参加安全培训教育的人员，不得无故缺席、迟到、早退，应认真听讲，保证培训效果。有特殊情况，事先请假，事后补课。

（4）公司确立终身教育的观念和全员培训的目标，对在岗的从业人员进行经常性安全培训教育。

（5）开展事故案例教育，为了吸取教训，减少、杜绝各类事故的发生，针对发生的事故，分析其原因、教训、危害及后果，本着四不放过的原则，对职工进行安全教育，避免类似事故的发生。

（6）公司按照安全工作计划，结合实际情况，开展安全活动和培训。安全培训教育每月不少于一次，应有负责人、有计划、有内容、有记录，达到计划性、针对性和及时性的要求。

（7）安全培训教育计划变更时，应记录变更情况。

（8）质控安全部每半年对培训教育效果进行一次评价。

2. 在职人员安全培训教育

（1）在职管理人员安全培训教育

①公司主要负责人和安全生产管理人员应接受国家安全生产监管部门的安全培训教育及考核，并按规定参加复训。

②公司主要负责人的安全知识主要包括：国家安全生产方针、政策和有关安全生产的法律、法规、规章及标准；安全生产管理基本知识、安全生产技术、安全生产专业知识；重大危险源管理、重大事故防范、应急管理和救援组织以及事故调查处理的有关规定；职业危害及其预防措施；国内外先进的安全生产管理经验；典型事故和应急救援案例分析；其他需要的内容。

③安全生产管理人员的安全知识主要包括：国家安全生产方针、政策和有关安全生产的法律、法规、规章及标准；安全生产管理、安全生产技术、职业卫生等知识；伤亡事故统计、报告及

职业危害的调查处理方法;应急管理、应急预案编制以及应急处置的内容和要求;国内外先进的安全生产管理经验;典型事故和应急救援案例分析;其他需要的内容。

④公司其他管理人员和专业工程技术人员的安全培训教育由质控安全部根据国家相关规定来组织、实施、检查、考核。

⑤公司管理人员无故不参加培训的予以辞退。

(2)在职生产人员安全培训教育

①质控安全部对公司本部所有驾押人员每月(分四批)开展一次安全培训教育,培训时间不低于2个学时,驾押人员每年还应接受国家有关部门组织的再培训,复训时间不少于20学时。

②质控安全部对特种作业人员每月开展一次安全培训教育,培训时间不得低于2个学时,特种作业人员每年还应接受国家有关部门组织的再培训。

③质控安全部对除驾押人员、特种作业人员以外的普通生产人员每2个月开展一次安全培训,培训时间不得少于2个学时。

④各驻外办事处主任对所属驾押人员每月至少开展一次安全培训,安全培训内容要贴合办事处安全生产实际,每月底将培训记录回传给公司。

⑤在职生产人员无故不参加培训的,第一次给予罚款100元;连续2次给予罚款400元;连续3次或者一年内参加安全培训次数不足应培训次数60%的给予罚款1000元并处停岗整顿3个月,连续4次或者一年内参加安全培训次数不足应培训次数50%的给予罚款2000元并停岗整顿6个月,给予行政记过处分;停岗整顿期间受处罚人须到维修车间帮工,且只发基本工资,停岗整顿期满须经质控安全部复训合格方可重新上岗。

(3)新从业人员岗前安全培训教育及新技术、新装置使用前的安全培训教育

①特种作业人员参加岗前培训前,应按国家有关规定合法取得特种作业操作证,从事危险化学品运输的驾驶员、押运人员参加岗前培训前,应按国家有关规定合法取得从业资格证;其他工种参加岗前培训前不做特别要求。

②新进从业人员必须经过公司、部门、班组的三级安全教育并经考核合格方可入职,新进从业人员培训项目及培训计划由行政部负责编制,并负责组织相关人员实施,部门及班组级的岗前培训由各部门及班组自行负责实施。

③公司级岗前培训教育主要包括:本单位安全生产情况及安全生产基本知识;本单位安全生产规章制度和劳动纪律;从业人员安全生产权利和义务;有关事故案例;事故应急救援、事故应急预案演练及防范措施等。

④部门、班组级岗前培训教育主要包括:工作环境及危险因素;所从事工种可能遭受的职业伤害和伤亡事故;所从事工种的安全职责、操作技能及强制性标准;自救互救、急救方法、疏散和现场紧急情况的处理;安全设备设施、个人防护用品的使用和维护;部门安全生产状况及规章制度;预防事故和职业危害的措施及应注意的安全事项;有关事故案例;岗位安全操作规程;岗位之间工作衔接配合的安全与职业卫生事项;有关事故案例;其他需要培训的内容。

⑤在新技术、新装置使用前,由该装置的所属部门对有关人员进行专门培训,经考核合格后,方可上岗。

(4)其他人员培训教育

①从业人员转岗、脱离岗位1年以上者,应重新进行安全培训教育,经考核合格后,方可

上岗。

②公司对外来参观、学习等人员进行有关安全规定及安全注意事项的培训教育。

③对承包商的作业人员进行入厂安全培训教育,经考核合格发放入厂证,保存安全培训教育记录。进入作业现场前,作业现场所在基层单位应对施工单位的作业人员进行进入现场前安全培训教育,保存安全培训教育记录。

新客户、新路线、新介质、新门点的培训由各相关部门自行组织实施,有必要联合培训的,或需要其他部门配合的,相关部门给予配合,不得推诿。

4.4.3.2　安全检查制度

安全生产检查是指根据企业生产经营活动的特点,车辆技术状况,特殊设备、容器,对装卸、运输操作规程,对安全管理制度落实,进行定期或不定期的检查,以消除隐患,确保安全生产。

(1)公司定期或不定期对所有车辆进行安全技术检查,检查内容包括:

①车辆安全部件是否完好;

②灯光信号是否齐全完好;

③消防器材是否全部有效;

④危险标志标识是否齐全完好;

⑤罐式集装箱的安全装置是否完好。

检查中如发现隐患,立即进行整改、修复,复检合格后,恢复营运。

(2)驾驶员每天对车辆进行出车前、途中、回厂后的检查,主要内容是:检查油水是否缺少,电瓶是否完好,轮胎气压是否正常,货物捆绑是否牢固,阀门有无泄漏,营运证件是否齐全。驾驶员每周对全车进行一次全面技术检查,发现隐患及时报修,保证车辆技术状况良好。

(3)公司安全检查以自查、普查为主,并适当与互查、抽查、路查结合起来。

(4)每半个月由安全监督小组对本公司进行全面安全检查。检查内容包括:各部门领导、职工安全意识;各项安全制度的执行情况;有关安全组织机构功能;车辆设备、消防器材是否完好;安全措施落实情况等。

(5)安全职能部门采用"事故隐患整改通知单"的形式,通知整改单位。根据隐患性质,分别作出"立即整改"、"限期整改"等要求,并负责跟踪检查。

(6)严重危及人民生命财产及国家财产安全的隐患,应立即整改,必要时停产整改。

(7)对有些限于物质、资金、技术条件不能彻底整改的隐患,应采取有效的防范措施,明确整改计划,限期整改。

(8)对事故隐患的整改按照相应的职责实行"三定"(定措施、定时间、定责任人)、"三不推"(职工个人能解决的,不推到班组;班组能解决的不推到车队;车队能解决的不推到公司)的原则。各级领导和有关部门对隐患整改必须认真负责,组织好人力、物力、财力及时整改,并建立隐患整改记录,做到件件有着落,条条有交代。

(9)存在隐患的单位应按隐患整改通知的要求及时向安全职能部门反馈整改情况和整改结果,并在隐患整改通知单和本部门安全记录本上记载好整改情况。

(10)营运机务、劳动安全、消防治安方面的隐患整改由公司安全部负责检查和签发隐患整改通知单,负责跟踪检查,被整改单位将消防治安隐患整改情况向公司安全部反馈。特大的事故隐患整改应提交公司安全生产委员会。

4.4.3.3　重大危险源、场所、设备、设施安全管理

(1)建立重大危险源、场所、设施、设备档案。

(2)定期对设施、设备进行检测、检验。压力容器和常压容器,按照规定定期检验,并建立台账。

(3)定期或不定期检查危险源、设施、设备的安全状态,发现隐患及时排除。

(4)针对危险源的危害特性,编制应急预案,并定期组织应急演练。

(5)每半年向地市(区)安监部门书面报告一次危险源的监控措施、实施情况。

4.4.3.4　危险作业管理制度

为了认真贯彻执行汽车运输、装卸危险货物作业规程,确保国家和人民的生命财产安全,以及参与危险作业人员的安全,特制定危险作业管理制度。

(1)持证上岗,加强对直接从事道路危险货物的运输、装卸、保管、押运、维修作业和业务管理人员,定期进行危险货物运输的有关法律、法规安全知识的培训、考核。

(2)严格把关、提高安全意识,对托运人的货物要认真审查,对货物的性质或灭火方法相抵触的货物,必须分别运输,对不符合要求的货物不得装运。

(3)对从事危险货物运输的车辆和安全设备进行定期安全检查,车辆必须悬挂规定的标志牌和标志灯等。安全设备严禁任何人私自拆卸。

(4)严禁无关人员搭乘运输危险化学物品的车辆,一经发现将追究有关当事人的责任。

(5)装卸危险品时,要严格按照操作程序执行,对遇热、遇潮容易引起燃烧、爆炸的化学危险品,在装卸时应当采取隔热防潮的措施。

(6)加强劳动保护与防范意识,树立"安全第一"的思想。对货物运输的驾驶员、押运员配备必要的劳动防护用品、用具、医疗急救用品等。

(7)本规定由各部门具体负责贯彻执行。违反者将根据有关规定视情节轻重加以批评教育、罚款直至开除或追究法律责任。

4.4.3.5　安全事故应急通报制度

根据《中华人民共和国安全生产法》,结合本公司预制构件运输的特点,特制定安全事故应急通报制度。本制度适用于公司生产营运过程中发生的交通安全生产事故。

(1)在事故性质被确认后,事故现场人员在3min内应立即向公司监控中心报告,内容包括:事故发生的时间、地点、性质、任务情况及所承运危险化学品的品名、特性等等,如发生重特大事故时,需同时向当地公安、交通、安监、消防等部门报告,当事人应在确保其人身安全的前提下保护现场,等候救援;如危及当事人生命安全,当事人可撤离至附近安全区域内,等待救援。

(2)监控中心人员接到事故报告后,应根据事故性质、危急程度进行分类,一般事故10min内通知至安全、运输、市场及设备部门负责人,一般以上事故15min内必须通报至分管副总及总经理。

(3)部门负责人接到事故报告,应立即采取有效措施,积极组织抢救,防止事故扩大,减少人员伤亡和财产损失。

(4)事故报告应及时、真实,不得隐瞒不报、误报、谎报或拖延不报,不得随意破坏事故现场,毁灭有关证据,如有以上情况,延误应急救援时间而造成更大事故的,将追究相关人员责任,并由相关人员承担相关事故经济损失。

（5）事故应急处理过程中，如因通信联络等原因造成延误应急救援的，给予责任人一定的经济处罚。

（6）发现事故隐患，及时采取措施，避免了事故的发生或扩大，及时报备给相关部门及领导，且事后被公司证实情况属实者，一次性给予相应的奖励。

（7）公司安委会根据事故性质，委派相关人员组成调查小组进行现场调查，根据事故性质在1～5日内形成详细事故调查报告，报告内容包括：

①事故发生的经过和事故抢救情况；

②事故造成的人员伤亡和直接经济损失情况；

③事故发生原因和事故性质；

④事故责任的划分以及对责任者的处理建议；

⑤事故教训和应当采取的防范措施建议；

⑥其他应当报告的事项。

事故调查组成员应当在事故调查报告上签名。

（8）事故调查应遵守实事求是、科学合理的原则，及时准确地查清事故性质、原因、损失，追究责任，总结经验教训，提出整改措施，并给予责任人相应的处理决定。

（9）发生重特大事故，公安、运管、安监等国家机关及上级主管部门对事故进行调查需要公司配合的，应积极主动配合，任何人不得阻挠、干涉事故调查，否则依法追究当事人法律责任。

（10）事故处理应遵循"四不放过"原则。即：事故原因没有查清不放过；事故责任者没有严肃处理不放过；公司职工没有受到教育不放过；防范措施没有落实不放过。

（11）事故相关责任人违反公司相关安全生产管理制度的，按规定给予相应的行政处分和经济处罚；触犯国家法律的，递交公安机关或安全机构，承担相应法律责任。

4.4.3.6　事故责任追究制度

为了加强安全生产管理，明确领导和管理人员对安全生产应负的责任，进一步强化安全生产责任制考核，特制定事故责任追究制度。

（1）凡发生重特大交通事故，重特大工伤死亡、火灾、爆炸事故，化学危险品装卸运输事故，经查实，领导干部或管理人员负有管理责任的适用本规定。

（2）第一领导负第一责任，分管领导负重要责任，其他领导负综合治理责任。

（3）安全管理责任认定的依据是国家安全生产方针、法律、法规、条例以及安全生产责任制，国家相关文件，当地交通局和公司安全管理制度、规定等。

（4）发生重特大事故（案）或者虽未达到重特大事故（案件）等级以上，但事故（案件）性质严重、影响恶劣，造成重大损失的，由公司安委会组成安全管理责任认定小组，对事故原因进行调查和取证，分析事故发生的原因，作出安全责任认定，并追究负有失职行为的领导干部或管理人员的责任。

（5）行政主要领导是安全生产第一责任人，对单位安全生产负全面组织领导和管理责任，单位发生事故，经查实有下列情形之一并与事故有直接因果关系的，即可认定其负有安全管理责任：

①未认真履行本岗位安全职责。

②生产经营中违反国家安全生产方针、政策、法律、法规，违反公司安全管理制度和规定。

③不按规定主持或召开安委会分会研究、总结、部署安全工作，单位年度安全工作无计划、

无布置。

④不能及时传达、贯彻上级和公司安全生产会议、文件、规定而贻误工作。

⑤违章指挥,授意或强令下属违反上级和公司安全管理规定,强令职工违章操作或明知事故隐患而隐瞒不报,酿成事故。

⑥安全生产管理组织、网络、机构不健全。

⑦专职安全管理人员及关键岗位人员缺编。

⑧未督促分管领导定期组织开展安全生产检查,对查出的重大隐患不及时整改。

⑨对下级汇报的事故隐患未提出明确处理意见,有失职行为,给国家、企业和人民生命财产造成严重损失。

⑩重生产、轻安全,重使用、轻保养。

(6)分管安全工作领导是安全生产的重要负责人,对单位安全生产工作负重要管理责任。单位发生事故经查实,有下列情况之一并与事故有直接因果关系的,即可认定其负有管理责任:

①未认真履行本岗位安全职责。

②不按规定建议召开和召集安委会研究、总结、部署安全工作。

③对于年度和日常工作以及各项安全管理实施细则,无方案、未布置、无措施、未落实。

④无健全的安全管理网络和配套的安全管理实施细则,安全基础管理台账、资料、记录不健全、不规范。

⑤职工日常安全教育、安全活动不正常或对违章违纪、违章操作的职工不制止、不教育、不处理,听之任之。

⑥未定期组织安全大检查或未对隐患及时整改,对发现的重大事故隐患未及时向主要领导汇报而酿成事故。

⑦违章指挥而导致事故,或事故隐患明显而隐瞒不报。

⑧不坚持原则,未正确行使"安全否决权"而导致发生事故。

⑨未按"四不放过"原则,认真严肃查处各类大、小责任事故。

⑩违反公司安全管理制度。

⑪未按驾驶员录(聘)用、资质审查、鉴定程序规定使用驾驶员而造成事故。

⑫事故汇报不及时,并给企业造成不良影响和严重后果。

(7)领导和管理人员违本规定而造成事故的,依据事故责任大小、情节轻重、性质以及影响程度,给予责任人政纪处分。

(8)凡因违章指挥、野蛮作业给国家、企业和人民生命财产造成严重损失的,给予责任人政纪处分,触犯法律的按法律程序处理。

(9)实施责任追究应分清集体和个人责任,主要领导责任、分管领导责任和管理人员责任。

(10)凡发生重特大交通事故、重特大火灾、爆炸、工伤死亡,依据责任、情节、性质、影响等,给予负有管理责任的领导干部和管理人员如下处分。

具有下列情况之一的,将按法律程序追究有失职行为的公司领导和管理者的法律责任。如法律不予追究刑事责任,企业对负有责任的主要领导和直接领导给予撤销行政职务处分,对负有管理责任者给予留企察看处分。

①发生特大工伤死亡事故;

②发生特大火灾（爆炸）事故。

具有下列情况之一的，对负有责任的主要领导给予行政记大过处分，对负有责任的直接领导给予撤销行政职务处分；依据责任大小，对负有管理责任者给予留企察看、行政记大过、记过、警告处分。

①发生主要责任以上（含主责）特大交通事故；

②发生因机务事故而导致的特大交通事故或发生直接经济损失在6万元以上的责任机务设备事故；

③发生重大工伤死亡事故；

④发生重大火灾（爆炸）事故。

具有下列情况之一的，对负有责任的主要领导给予行政记过处分，对负有责任的直接领导给予行政记大过处分，对负有管理责任者依责任大小给予行政记大过、记过、警告处分。

①发生同等责任特大交通事故；

②发生因机务事故而导致的重大交通事故或发生直接经济损失在3万元以上的责任机务设备事故；

③发生较严重的一般火灾（爆炸）事故。

具有下列情况之一的，对负有责任的主要领导给予行政警告处分，对负有责任的直接领导给予行政记过处分，对负有管理责任者依据责任大小给予行政记过、警告处分。

①发生次要责任重大交通事故；

②发生直接经济损失在1万元以上的责任机务事故；

③发生工伤重伤事故；

④发生一般火灾事故。

4.4.3.7　职业安全卫生制度

根据《中华人民共和国劳动法》《安全生产法》有关职业安全卫生的规定，结合实际情况，特制定职业安全卫生制度：

（1）把加强职业安全卫生工作列入企业发展管理的目标中去，本着"以人为本，健康第一，安全第一，预防为主"的原则，实施管理。

（2）执行国家有关职业安全卫生和劳动防护有关安全技术标准和行业标准，并结合行业特点加强防范。

（3）强化生产经营场所的环境卫生、安全设备的管理，实施专人负责。

（4）贯彻执行国家规定的工作时间、法定的休息和休假制度。并执行劳动法有关加班付酬的规定。

①合理安排工作时间，防止疲劳开车，轮换驾驶，安排休息；夏天注意避高温，安排白天休息、晚间驾驶。

②节假日安排休息，如因工作需要加班，应合理安排，并按规定发给报酬。

③因驾驶员工作条件特殊，公司按出勤日补贴误餐费，夏季发给防暑降温费。

（5）做好伤亡事故的预防工作，以及伤亡事故发生后的调查处理等善后工作，并执行有关国家工伤处理的规定。

4.4.3.8　车辆停放、清洗制度

为了预防和杜绝预制构件运输车辆因停放不当发生各类事故，根据有关法律法规，结合所

承运的不同预制构件类型,特制定车辆停放、清洗制度:

(1)车辆集中停放,完成任务后的车辆(空载)原则上一律停放在公司停车场内,停放时服从指挥,依次停好,严禁乱停乱放,影响其他车辆通行,严禁满载预制构件的车辆停放在停车场内。

(2)为企业定点承运的车辆一律停放在该厂规定的厂区停车场内,严格遵守该厂安全生产的有关规定。

(3)途中临时停车,要远离居民生活区、机关、学校、集市等繁华地段,押运员不得离开车辆。

(4)下列地段严禁停放车辆。

①严禁夜间将车辆停放在居民生活区。

②严禁将满载预制构件的车辆停放在非危险品货物专用停车场。

③严禁将车乱停乱放在道路上。

④严禁将车停放在法律禁止停车的地域和地段。

(5)违反车辆停放规定的处罚:公司经常对车辆停放进行检查,驾驶员若违反停车规定,造成不良后果,一是要承担经济责任,二是若违反法律规定,由司法部门处理。

(6)车辆到指定的场所清洗,严禁在非指定场所清洗,杜绝污染环境。

(7)公司定期或不定期对车辆的清洗、消毒情况进行检查,并建立清洗台账。若违反本规定,轻者教育、批评,重者按规定处罚。

4.4.3.9 消防管理制度

(1)为了预防和减少火灾危害,保护员工人身、公司集体财产的安全,维护公共安全,保障生产经营工作的顺利进行,结合公司实际,制定本规定。

(2)消防工作贯彻预防为主、防治结合的方针,实行各级领导消防安全责任制和员工岗位消防安全责任制。

(3)各部门、外来工程队负责人是本部门、本工程队消防安全责任人,对本部门、本工程队的消防安全工作全面负责。

(4)公司各部门、全体员工在工作中必须认真贯彻执行《中华人民共和国消防法》等相关规定,认真履行消防职责,自觉遵守各项安全操作规程,做好安全工作。

(5)各部门应根据各自工作性质、特点,结合实际,广泛开展消防安全宣传活动,对员工进行消防安全教育,普及消防知识,提高全员消防安全意识。

(6)各部门生产场所的消防通道应保持畅通,合理配备消防器材,建立消防安全组织,配备义务消防人员,做好日常消防管理工作。

(7)消防重点部门应有严格的消防安全管理制度,制订应急预案;凡消防重点部门人员,必须严格执行各项消防安全管理制度和岗位安全操作规程,达到相关要求。

(8)建设部门在工程建设时的劳动安全卫生设施必须符合国家相关标准的规定,必须按照要求,与主体工程同时设计、同时施工、同时投入生产和使用;其建筑构件和建筑材料的防火性能必须符合国家标准或者行业标准。

(9)建筑工程及项目在竣工验收合格投入使用后,使用部门应及时制定相应的消防安全管理规章制度,对消防设施、器材定期维护和保养,确保正常运行。

(10)办公室等场所,必须设置事故应急照明灯,照明时间不得少于20min;安全出口、疏散通道、楼梯口必须有灯光标志,并保持畅通,严禁将安全出口上锁、堵塞。

(11)冬季使用取暖器等设备取暖的,必须经有关部门同意后方可使用,使用时要明确防火负责人和责任人,按防火要求严格管理。

(12)各部门配置的消防器材由各部门负责维护和保管。各部门须明确消防器材管理人员,并将消防器材管理纳入安全生产管理范围。

(13)配置的消防器材及设施,应放置稳妥、取用方便,其周围严禁堆放各种物件,不准堵塞通道,不准将消防器材挪作他用;各部门应定期对消防设施、器材进行检查。

4.4.3.10 禁烟禁酒禁毒管理制度

(1)公司禁烟区域内严禁吸烟,其他办公区、公用设施和公共场所,未经公司特许,也禁止吸烟。公司内指定吸烟区域(有吸烟标志)内允许吸烟,但必须注意保护环境和消防安全。

(2)在禁烟区域内,公司所有员工和各岗位、部门都有责任做好禁烟工作,如发现违反本制度的行为,应及时、主动地予以制止,并协助追查责任者。

(3)外来协作人员因故须在公司禁烟区域内停留的,保卫人员及具体的接待人员有责任对其进行禁烟的宣传和教育。

(4)公司内参加实习培训和施工作业的人员,也必须执行本制度。

(5)涉外工作部门确因工作需要增设吸烟区的,应向公司安全委员会提交书面申请,经批准后方可设立。

(6)公司车辆无论停放或行驶,其车厢内严禁吸烟。

(7)严禁酒后上班,工作时间严禁饮酒,严禁酒后驾驶。

(8)本公司员工严禁沾染毒品,违者一律作辞退处理。

(9)驾押人员凡因身体不适需要服用精神抑制类药物(如心血管类药物、感冒药、抗过敏药物等),必须提前向车队提出,服药期间不得从事驾押工作。

4.4.3.11 安全管理违纪违章制度

对违章违纪行为进行举报是对职工群众安全生产进行监督的重要方式,为了规范举报管理工作,特制定本制度。

(1)举报内容:各级领导的违章指挥行为;生产中的各种违章操作行为;干部职工违反劳动纪律行为;其他各种违反企业安全生产规章制度的行为。

(2)举报的范围:全公司干部职工都应以主人翁的态度,对全公司范围内的各种违章违纪行为及时进行制止。制止不听的,可用口头或书面形式向有关部门及时举报。

(3)举报的送达与管理:举报的受理部门是各级安全监督机构(安全职能部门),发现违章违纪行为或屡教不改的违章违纪行为可越级向上级举报,必要时可直接向总经理举报。

(4)举报的处理:收到举报后,各级安全监督部门应尽快予以调查核实处理,对于情况属实的要根据有关规定进行处罚,并督促有关单位整改。

(5)对举报人员,要给予一定的奖励;各级安全监督部门对举报人要予以保密,进行保护,严禁打击举报人员,对打击报复者,要加重处罚。

4.4.3.12 驾驶员管理制度

为了规范对机动车驾驶员的管理,维护公司形象,保证正常营运,确保安全行车,根据公安、交通管理部门有关规定,特制定本制度。

(1)聘用驾驶员的标准及程序

①公司聘用驾驶员必须填写登记表,满足一定的要求。身体素质和思想素质好,无不良社会行为的驾驶员,公司方可聘用,试用期后符合聘用标准,签订聘用劳动协议。

②聘用合同签订后,必须把会籍转在本公司所属驾协,以便管理。如系外籍驾照,必须办理转籍手续,方可驾驶危险品运输车辆。

(2)聘用驾驶员的管理

①每月进行一次安全教育,开展交通法规和有关安全管理的教育,学习安全知识和安全措施。确保安全行车,并进行安全考核。

②加强思想教育和法纪教育,培养良好的职业道德,做到爱岗敬业、遵纪守法、遵守公司规章制度。

(3)聘用驾驶员的职责

①服从调度安排,按时完成运输任务。

②安全行车,确保无交通事故,无机械责任事故。

③爱护车辆、设施,勤检查,勤保养,勤清洗。

④做好消防工作,确保危险品运输正常运转。

⑤不酒后驾驶,不疲劳驾驶(长途驾驶员严禁连续驾驶 4h 以上,必须按照规定换班)。

(4)聘用驾驶员的辞退、续用、解聘

①聘用合同到期,如驾驶员素质好,公司又需要,双方愿意可续签聘用合同。

②合同到期,如不续聘,则自然解聘。

③在合同期内,如受聘方违反聘用合同有关规定,公司有权提出辞退。

4.5 施 工 企 业

现阶段部分施工龙头企业经过多年研发、探索和实践积累,形成了与装配式建筑相匹配的施工工艺工法。装配式混凝土结构主要采取的连接技术包括灌浆套筒连接和浆锚搭接连接,部分施工企业对装配式建筑施工现场组织管理、生产施工效率、工程质量的重视程度不断提升,越来越多的企业开始重视对项目经理和施工人员的培训,一些企业探索成立专业的施工队伍,承接装配式建筑项目。在装配式建筑发展过程中,一些施工企业注重延伸产业链条,正在由单一施工主体发展成含有设计、生产、施工等板块的集团型企业。一些企业探索出施工与装修同步实施、穿插进行的生产组织方式,可有效缩短工期,降低造价。

4.5.1 主要问题

1.人才短缺问题严重

施工单位作业人员大部分是农民工,没有经过系统的培训,对新知识、新事物不易接受,也缺乏娴熟的技能。由于劳动力缺乏,造成一些操作者的以次充好,未经过系统学习,边干边学,埋下安全隐患。领导者的组织决策能力、职业道德都会直接或间接地对工程质量产生影响。如果出现决策失误,专业能力不足,破坏施工都会给工程质量带来不好的影响。

大部分地区装配式建筑的体量还很小,缺少专业的施工队伍和人员。在对精细化有一定要求的装配式建筑项目中,传统施工与预制装配施工配合存在问题,其作业精细程度不能满足装配式建筑的要求,经常导致安装作业及整体施工效率低下,工期相对较慢。

2.设计不合理导致施工安装存在问题

由于各地方政策不一,有些地方为了追求高预制率,盲目地把一些不宜做预制的部位也做成了预制构件,使得每层的构件数量过多,安装时间较长,安装难度大,空间小,支撑体系难以固定,比如外凸的楼梯间、设备管井等部位。而对于一些预制率较低的项目,施工现场的传统工种作业量大,多种工种交叉作业,垂直运输机械往往不能满足要求,施工难度增加,效率低下。

同时,预制装配式混凝土结构设计中的重要环节是连接设计,而很多设计院对于施工现场的要求和特性不是很了解,盲目设计,导致很多连接在现场无法实现或者很难实现,现场安装效率低下,影响整体进度。另外,目前国内装配式建筑体系较多,构件设计不统一,标准化程度低,形式复杂多样,也增加了施工难度。

3.构件与材料质量存在问题

原材料、成品、半成品、构配件、灌浆料、连接件等材料质量不符合要求,工程质量就不可能符合标准,加强材料质量控制是保证装配式建筑施工质量的重要基础。

建筑工程中材料费用一般占总投资的70%左右,一些承包商在拿到工程后,为谋取更多利益,不按工程技术规范要求的品种、规格、技术参数采购符合质量的建材产品;或因采购人员素质低下,对原材料的质量不进行有效控制,放任自流,从中收取回扣和好处费。另外,有的企业缺乏完善的管理机制,无法杜绝不合格的假冒、伪劣产品及原材料进入施工过程中,给工程留下质量隐患。这些问题已在部分装配式建筑项目中出现,比如构件本身强度不达标,出现开裂现象;灌浆料在检测机制缺乏的情况下鱼目混珠;保温连接件材料性能不达标影响安全性;密封胶的耐久性出问题等。

4.施工方案的随意性埋下质量和安全隐患

预制装配式混凝土结构的特点使其施工工艺有别于传统现浇方式,其局部模板工程、支撑体系等都需要进行有效的计算和论证;而相关的参考表格和数据的缺失使得有些施工单位在处理这些方案时过多依靠经验,存在随意性,比如如何确定拉螺杆的间距,如何确定叠合楼板支撑体系中立杆和梁的间距,如何做好雨天时三明治墙板的保温层渗水保护,等等。这些方案的随意性或计算缺失的后果就是影响质量安全。以叠合楼板开裂为例,有些是因为产品质量控制问题,有些是因为现场作业中缺乏工况考虑,支撑设计不合理造成。

5.缺乏系统完善的工具体系,也是装配式建筑精细化施工的瓶颈

相比于国外装配式建筑施工较为成熟的地区,我们在预制装配式建筑的施工过程中,缺乏能有效控制、调节施工精度,防水性能良好,有利于成品保护的系统完善的工具体系。如果还是依靠传统方法进行施工安装,其难度会大大增加,精度无法保证,优势无法体现。

6.缺乏作业标准书和有效的施工管控流程

工艺指导书、标准工序指引、生产图纸、生产计划表、产品作业标准、检控标准、各种操作规程等是指导施工安装的重要依据。施工过程中的方法包含整个建设周期内所采取的技术方案、工艺流程、组织措施、检测手段、施工组织设计等,施工方案的正确与否直接影响工程质量控制能否顺利实现。多数情况是由于施工方案考虑不周而拖延进度,影响质量,增加投资。

7.BIM技术未能对施工安装形成有效支撑

BIM技术目前应用于施工方面的技术并不成熟,大多数只应用于理论层面,实际施工过

程中,BIM应用较少。已施工完成的项目中,真正能够做到BIM应用的还非常少。既有前后端数据传递的壁垒,也受到人员素质、管理水平、管理模式的影响。即使在一些很重视BIM技术的城市,也很少能见到实实在在应用BIM技术的工程项目。

8.缺乏有效的监督机制和检验检测办法

主要体现在两个方面,一是如何从施工控制、监督和检测方面来保证套筒灌浆连接技术的可靠性和稳定性;叠合楼板因为多环节运输可能会导致其出现开裂现象,如何对其进行评估是关键问题。

4.5.2 安全责任体系

建立和健全以安全生产责任制为中心的各项安全管理制度,是保障安全生产的重要组织手段,也是贯彻安全生产方针、实现安全管理目标的有效载体。安全生产责任制是公司安全生产管理中最基本的一项制度。安全生产责任制是根据"管生产必须管安全"、"安全生产人人有责"的原则,明确规定各级领导、各职能部门和各类人员在生产活动中应负的安全职责,增强了各级管理人员的安全责任心,使安全管理做到责任明确,协调配合,共同努力,真正把安全生产工作落到实处,实现公司安全管理目标。

目前装配式建筑施工的安全管理由施工单位、建设单位以及监理单位共同负责。由项目经理对施工项目的安全生产负总责,下设技术负责人和安全负责人。由技术负责人和安全负责人直接领导安全部经理、物资设备部经理、技术部经理、财务部经理进行项目的安全管理工作,其中由安全部经理负责成立安全生产小组,由若干安全员组成。此外,各班组长以及班组安全员对组内的安全工作负责。设计单位派遣设计师进行施工指导。建设单位以及监理单位派遣专人进行安全监督。

安全管理目标层层分解落实,安全管理目标分解到部门及项目部,项目部分解到管理人员,并对管理目标分解的责任与安全生产责任制予以落实和考核。

1.项目经理

(1)工程项目经理是项目工程安全生产的第一责任人,对项目工程经营生产全过程中的安全负全面领导责任。

(2)工程项目经理必须经过专门的安全培训考核,取得项目管理人员安全生产资格证书,方可上岗。

(3)贯彻落实各项安全生产规章制度,结合工程项目特点及施工性质,制定有针对性的安全生产管理办法和实施细则,并落实实施。

(4)在组织项目施工、聘用业务人员时,要根据工程特点、施工人数、施工专业等情况,按规定配备专职安全员,确定安全管理体系;明确各级人员和分承包方的安全责任和考核指标,并制定考核办法。

(5)健全和完善用工管理手续,录用外协施工队伍必须及时向人事劳务部门、安全部门申报;必须事先审核注册、持证情况,对工人进行三级安全教育后,方准入场上岗。

(6)负责施工组织设计、施工方案、安全技术措施的组织落实工作,组织并督促工程项目安全技术交底制度、设施设备验收制度的实施。

(7)领导、组织施工现场每一次的定期安全生产检查,发现施工中的不安全问题,组织制定整改措施。对上级提出的安全生产与管理方面的问题,要在限期内定时、定人、定措施予以解决;接到政府部门安全监察指令书和重大安全隐患通知单,应立即停止施工,组织力量进行整改。隐患消除后,必须报请上级部门验收合格,才能恢复施工。

(8)在工程项目中采用新设备、新技术、新工艺、新材料,必须制定科学的施工方案,配备安全可靠的劳动保护装置和劳动防护用品,否则不准施工。

(9)发生因工伤亡事故时,必须做好事故现场保护与伤员的抢救工作,按规定及时上报,不得隐瞒、虚报和故意拖延不报。积极组织事故的调查,认真制定并落实防范措施,吸取事故教训,防止发生重复事故。

2.工程项目生产副经理

(1)对工程项目的安全生产负直接领导责任,协助工程项目经理认真贯彻执行国家安全生产方针、政策、法规,落实各项安全生产规范、标准和工程项目的各项安全生产管理制度。

(2)组织实施工程项目总体和施工各阶段安全生产工作规划以及各项安全技术措施、方案,组织落实工程项目各级人员中的安全生产责任制。

(3)组织领导工程项目安全生产的宣传教育工作,并制定工程项目安全培训实施办法,确定安全生产考核指标,制定实施措施和方案,并负责组织实施,负责外协施工队伍各类人员的安全教育培训、考核审查的组织领导工作。

(4)配合工程项目经理组织定期安全生产检查,负责工程项目各种形式的安全生产检查的组织、督促工作和安全生产隐患整改"三落实"的实施工作,及时解决施工中的安全生产问题。

(5)负责工程项目安全生产管理机构的领导工作,认真听取并采纳安全生产的合理化建议,支持安全生产管理人员的业务工作,保证工程项目安全生产,保证体系正常运转。

(6)工地发生伤亡事故时,负责事故现场保护、职工教育、防范措施落实,并协助做好事故调查分析的具体组织工作。

3.项目安全总监

(1)在现场经理的直接领导下履行项目安全生产工作的监督管理职责。

(2)宣传贯彻安全生产方针政策、规章制度,推动项目安全组织保证体系的运行。

(3)督促实施施工组织设计、安全技术措施,实现安全管理目标,对项目各项安全生产管理制度的贯彻落实情况进行检查与具体指导。

(4)组织分承包商安全专职人员开展安全监督与检查工作。

(5)查处违章指挥、违章操作与违反劳动纪律的行为和人员,对重大事故隐患采取有效的控制措施,必要时要采取局部直至全部停产的非常措施。

(6)督促开展周一安全活动和项目安全计评活动。

(7)负责办理与发放各级管理人员的安全资格证书和操作人员安全上岗证。

(8)参与事故的调查与处理。

4.工程项目负责人

(1)对工程项目生产经营中的安全生产技术负责任。

(2)贯彻落实国家安全生产方针、政策,严格执行安全技术规程、规范、标准;结合工程特点,进行项目整体安全交底。

(3)参加或组织编制施工组织设计,在编制、审查施工方案时,必须制定、审查安全技术措施,保证其可行性和针对性,并认真监督实施情况,发现问题及时解决。

(4)主持制定季节性施工方案的同时,必须制定相应的安全技术措施并监督执行,及时解决执行中出现的问题。

(5)应用新材料、新技术、新工艺,要及时上报,经批准后方可执行相应的安全技术措施与安全操作工艺要求,预防施工中因化学药品引起的火灾、中毒或在新工艺实施中可能造成的事故。

(6)主持安全防护设施和设备的验收。严格控制不符合标准要求的防护设备、设施投入使用;使用中的设施、设备,要组织定期检查,发现问题时及时处理。

(7)参加安全生产定期检查,对施工中存在的事故隐患和不安全因素,从技术上提出整改意见和消除办法。

(8)参加或配合工伤及重大未遂事故的调查,从技术上分析事故发生的原因,提出防范措施和整改意见。

5. 工长、施工员

(1)工长、施工员是所管辖区域范围内安全生产的第一责任人,对所管辖范围内的安全生产负直接领导责任。

(2)认真贯彻落实上级有关规定,监督执行安全技术措施,制止违反安全操作规程的行为,针对生产任务特点,向班组(外协施工队伍)进行全面安全技术交底,履行签字手续,并对规程、技术措施、交底要求的执行情况经常检查,随时纠正违章作业。

(3)负责组织落实所管辖施工队伍的三级安全教育、常规安全教育及针对施工各阶段特点等进行的各种形式的安全教育,负责组织落实所管辖工人队伍特种作业人员的安全培训工作和持证上岗的管理工作。

(4)经常检查所管辖区域的作业环境、设备的安全防护设施的安全状况,发现问题时及时解决。对重点特殊部位的施工,必须检查作业人员及各种设备和安全防护设施的技术状况是否符合安全标准要求,认真做好书面安全技术交底,落实安全技术措施,并监督执行,做到不违章指挥。

(5)负责组织落实所管辖班组(外协施工队伍)开展各项安全活动,学习安全操作规程,接受安全管理机构或人员的安全监督检查,及时解决其提出的安全问题。

(6)对工程项目中应用的新材料、新工艺、新技术严格执行申报、审批制度,发现不安全问题,及时停止施工,并上报领导或有关部门。

(7)发生因工伤亡及未遂事故必须停止施工,保护现场,立即上报,对重大事故隐患和重大未遂事故,必须查明事故发生原因,落实整改措施,经上级有关部门验收合格后方准恢复施工,不得擅自撤除现场保护设施,强行复工。

6. 外协施工队负责人

(1)外协施工队负责人是本队安全生产的第一责任人,对本队安全生产负全面领导责任。

(2)认真执行安全生产的各项法规、规定、规章制度及安全操作规程,合理安排组织施工班组人员上岗作业,对本队人员在施工中的安全和健康负责。

(3)严格履行各项劳务用工手续,做到证件齐全,特种作业持证上岗,做好本队人员的岗位安全培训、教育工作,经常组织学习安全操作规程,监督本队人员遵守劳动安全纪律,做到不违章指挥,制止违章作业。

(4)必须保持本队人员的相对稳定,人员变更须事先向用工单位有关部门报批,新进场人员必须按规定办理各种手续,并经入场和上岗安全教育后,方准上岗。

（5）组织本队人员开展各项安全生产活动，根据上级的交底向本队各施工班组进行详细的书面安全交底，针对当天施工任务、作业环境等情况，做好班前安全讲话，施工中发现安全问题，应及时解决。

（6）定期和不定期组织检查本队施工的作业现场安全生产状况，发现不安全因素，及时整改，发现重大事故隐患应立即停止施工，并上报有关领导，严禁冒险蛮干。

（7）发生因工伤亡或重大未遂事故，保护好事故现场，做好伤者抢救工作，采取相应防范措施，并立即上报，不准隐瞒、拖延不报。

7.班组长

（1）班组长是本班组安全生产的第一责任人，应认真执行安全生产规章制度及安全技术操作规程，合理安排班组人员的工作，对本班组人员在施工生产中的安全和健康负直接责任。

（2）经常组织班组人员开展各项安全检查生产活动和学习安全技术操作规程，监督班组人员正确使用个人劳动防护用品和安全设施、设备，不断提高安全自保能力。

（3）认真落实安全技术交底，做好班前交底，严格执行安全防护标准，不违章指挥，不冒险蛮干。

（4）经常检查班组作业现场的安全生产状况和加强工人的安全意识、安全行为，发现问题及时解决，并上报有关领导。

（5）发生因工伤亡及未遂事故，保护好事故现场，并立即上报有关领导。

8.工人

（1）工人是本岗位安全生产的第一责任人，在本岗位作业中对自己、对环境、对他人的安全负责。

（2）认真学习，严格执行安全操作规程，遵守安全生产规章制度。

（3）积极参加各项安全生产活动，认真执行安全技术交底，不违章作业，不违反劳动纪律，虚心接受安全生产管理人员的监督、指导。

（4）发扬团结友爱精神，在安全生产方面做到互相帮助，互相监督，维护一切安全设施、设备，做到正确使用，不准随意拆改，对新工人有带、帮的责任。

（5）对不安全的作业要求提出意见，有权拒绝违章指挥。

（6）发生因工伤亡事故，要保护好事故现场并立即上报。

（7）在作业时要严格做到"眼观六面、安全定位；措施得当、安全操作"。

4.5.3　施工企业安全施工管理

4.5.3.1　安全管理机构

公司及项目经理部均应成立安全生产委员会或安全生产领导小组，由公司负责人及项目经理担任安全生产委员会主任或安全生产领导小组组长，并在各自的范围内分别履行下列职责：

（1）贯彻落实国家有关安全生产法律法规和标准。

（2）组织制定项目安全生产管理制度并监督实施。

（3）编制项目生产安全事故应急救援预案并组织演练。

（4）保证项目安全生产费用的有效使用。

（5）组织编制危险性较大工程安全专项施工方案。

(6)开展项目安全教育培训。

(7)组织实施项目安全检查和隐患排查。

(8)建立项目安全生产管理档案。

(9)及时、如实报告安全生产事故。

公司按照《建筑施工企业安全生产管理机构设置及专职安全生产管理人员配备办法》设置安全管理部门并配备专职安全管理人员;项目经理部应设置安全管理部门或专(兼)职安全管理人员,并应根据工程规模、设备管理和生产需要予以增加或减少。

公司与项目负责人、安全生产管理人员应当具备与本单位从事的生产经营活动相适应的安全生产管理能力,具备较丰富的实际工作经验、较强的独立工作能力、认真负责的工作态度;必须通过有关主管部门安全生产考核合格并取得合格证书后方可以上岗。

公司安全生产管理机构具有以下职责:

(1)宣传和贯彻国家有关安全生产法律法规和标准。

(2)编制并适时更新安全生产管理制度并监督实施。

(3)组织或参与企业生产安全事故应急救援预案的编制及演练。

(4)组织开展安全教育培训与交流。

(5)协调配备项目专职安全生产管理人员。

(6)制订企业安全生产检查计划并组织实施。

(7)监督在建项目安全生产费用的使用。

(8)参与危险性较大工程安全专项施工方案专家论证会。

(9)通报在建项目违规违章查处情况。

(10)组织开展安全生产评优评先表彰工作。

(11)建立企业在建项目安全生产管理档案。

(12)考核评价分包企业安全生产业绩及项目安全生产管理情况。

(13)参加生产安全事故的调查和处理工作。

(14)其他安全生产管理职责。

公司专职安全生产管理人员在施工现场检查过程中具有以下职责:

(1)查阅在建项目安全生产有关资料,核实有关情况。

(2)检查危险性较大工程安全专项施工方案落实情况。

(3)监督项目专职安全生产管理人员履责情况。

(4)监督作业人员安全防护用品的配备及使用情况。

(5)对发现的安全生产违章违规行为或安全隐患,有权当场予以纠正或作出处理决定。

(6)对不符合安全生产条件的设施、设备、器材,有权当场作出查封的处理决定。

(7)对施工现场存在的重大安全隐患有权越级报告或直接向建设主管部门报告。

(8)其他安全生产管理职责。

公司各在建项目专职安全生产管理人员具有以下主要职责:

(1)负责施工现场安全生产日常检查并做好检查记录。

(2)现场监督危险性较大工程安全专项施工方案实施情况。

(3)对作业人员违规违章行为有权予以纠正或查处。

(4)对施工现场存在的安全隐患有权责令立即整改。

（5）对于发现的重大安全隐患，有权向公司安全生产管理机构报告。

（6）依法报告生产安全事故情况。

（7）其他安全管理职责。

4.5.3.2　安全生产资金保障制度

为了加强安全生产管理工作，提高公司施工安全管理水平，维护人身和财产安全，确保公司对安全技术措施经费使用及时到位，根据《中华人民共和国安全生产法》《建筑法》《建设工程安全生产管理条例》等相关规定，确定安全生产资金保障制度。

公司应确保工程项目需所必需的资金投入，由项目经理确保资金的及时到位，正确使用，并对由于安全生产所必需的资金投入不足导致的后果承担责任。

安全教育专项培训的保障资金用于公司安全管理培训和购置关于安全技术、劳动保护、安全知识的参考书、刊物、宣传画、标语及教育光盘等；制定与贯彻有关安全生产规章制度。

安全劳动防护用品的保障资金用于购买、管理劳动保护用品。采购活动按照公司制定的采购程序进行。劳保产品必须严格控制使用年限和使用范围，对安全性能不能满足工作需要的应及时向安全监督部提出报废处理。

加强对施工现场使用的安全防护用具及机械设备的监督管理，对安全劳保用品、机械设备、施工机具及配件进行定期的维护和保养，或对其进行定期不定期的检查和抽查，发现不合格的用具或技术指标、安全性能不能满足施工安全需要的设备等应立即停止使用。

为了确保施工安全生产必要投入须单独设立专项费用。安全生产措施费专用于保障工程项目安全生产，实行专款专用，不得挪作他用。

项目安全生产措施费按相关规定列入项目成本，统一由公司管理。安全生产措施费的使用必须立项，原则上由公司具体掌握。工程项目开工初期，项目部必须按照轻、重、缓、急和实用的原则制定出安全生产措施、方案，以及措施费的支出计划，报所属安全部门审核，再经公司综合管理部复审，送公司总经理审批后，由财务部安排资金支付，所列费用方可计入安全生产措施费。各种安全技术设备，由专业人员购买、验收、管理，用于改善施工作业环境和机械设备的安全状况等。安全生产措施费用如下：

（1）安全资料的编印、安全施工标志的购置及宣传栏的设置（包括报刊、宣传书籍、标语的购置）费用。

（2）"三宝""四口"及临边防护的费用。

（3）施工安全用电的费用，包括标准化电箱、电器保护装置设置，电源线路的敷设等费用。

（4）起重机、塔吊等起重设备（含井架、龙门架）及外用电梯的安全防护设施（含警示标志）费用及卸料平台的临边防护、层间安全门、防护棚等设施费用。

（5）施工机具防护棚及其围栏的安全保护设施费用。

（6）水上、水下作业的救生设备、器材及临边防护、警示设施费用。

（7）抢险应急措施费用；

（8）交通疏导、警示设施费用。

（9）消防设施与消防器材的配置及保健急救措施费用。

（10）安全网、安全帽、安全带的购置费用。

（11）其他安全生产措施所涉及的费用。

安全费用每月的申报：公司、项目部有关负责人要做好此项专用资金提取、使用的监督检查,这将作为公司安全考核的重要依据之一;对不按规定使用措施费或安全措施落实不到位的项目部,公司依照有关规章制度给予处分处罚,发生伤亡事故,危害职工身体健康的,应首先追究有关人员的责任。

4.5.3.3 安全生产管理技术保障制度

这里主要讲解 BIM、RFID、物联网三大应用较为广泛的技术。

(1)BIM 技术

BIM 技术可以运用 3D 立体成像的原理,综合建筑设计数据构造建筑模型,以更加清晰可见的方式,辅助设计师进行设计修改和安全布置。BIM 技术可智能地生成防护方案,有效地提升建筑施工的安全性,可以自动生成危险模拟方案,并对建筑施工过程中所存在的各种危险活动,进行有效评定,帮助施工人员规避施工风险。相对于西方发达国家,我国 BIM 技术应用效果不佳,一方面,是因为我国 BIM 技术在建筑施工管理中应用起步较晚。另一方面,是因为我国建筑团队缺乏相关的管理设备。我国应改变管理层 BIM 技术运用意识,引进国外先进的 BIM 技术管理设备,推广我国整个建筑行业 BIM 技术的应用。主要任务如下:

建立施工管理安全制度和方案。对于建筑施工的管理,最重要的是安全管理。要发挥 BIM 技术的优势,就必须准确地掌握建筑施工的所有数据和信息,运用工程管理系统进行计算,并且得出最科学的安全数据。BIM 技术具有可视性、模拟性等优点。在建筑施工前期,施工团队就可以根据 BIM 技术所得出的数据,制定详细的安全管理制度和安全管理方案,提升整个建筑周期的安全指数。施工安全方案,主要是规范工人施工过程中的安全操作,而防护方案,主要是针对施工过程中可能存在风险的防护措施。BIM 技术可以有效地根据实际情况,分析各方面因素,智能地生成施工管理建议,工程管理者可以根据建议,制订当天的施工计划,在确保工程施工安全的基础上,追赶工程进度。

对建筑施工全方位监察。BIM 技术可以运用在建筑施工管理的各个方面和各个时期。首先,BIM 系统会实时接收施工现场的各项数据和指标,形成记录和档案。管理员可以通过登录 BIM 系统,对建筑工程实施监察。建筑监管部门也可以通过监察工程团队的 BIM 系统,明确建筑工程团队是否存在违规现象和违规操作。最后,在建筑工程审核阶段,建筑监管部门也可以通过分析建筑团队 BIM 系统的各项数据,判定建筑工程是否合格。

(2)RFID 技术

RFID 技术是一种非接触式、可远程读取的无线电波通信技术,这种技术在最近几年逐渐被应用到建筑领域。伴随着技术的不断进步以及装配式建筑应用范围不断增大,RFID 技术已经逐渐被应用到了装配式建筑构建识别以及施工数据采集等多个方面。

在应用 RFID 技术的过程中通过横纵坐标,能够准确对施工人员位置进行定位,还可以对工人类别进行合理的区分,并对施工区域的安全性进行分析。例如,在装配式建筑日常施工的过程中需要在一些危险性比较高的施工区域进行检修,在检修的过程中应当保证所有的其他工作人员撤出目标区域,而此时就可以通过 RFID 技术判断施工人员是否撤出了该区域。同时,RFID 系统还具有预警功能,当工作人员进入危险区域之后,整个系统就会发出信号,信息中心接收到信号之后就能够对工作人员的位置进行定位,将警报信息传递给管理人员,而其离开危险区域之后,警报会自动解除。如果系统一直发出警报,施工管理者就需要安排人员去现场判断是否存在危险。

(3)物联网

物联网技术基于自身特点可以对建筑工程施工现场的信息进行有效处理。物联网技术通过使用网络技术,可以对施工现场的各项信息进行收集和模拟,物联网技术的应用突破了建筑安全管理上的时空限制,该技术可以将施工现场实际情况同安全管理空间进行结合,使安全管理的效率大大提高,从而使建筑工程安全管理实现数字化、信息化和智能化的转变,进而推动建筑施工现场安全管理能力得到显著提升。

应用物联网技术构建的射频识别系统可以对以下方面进行重点观测:

①对高危区域和施工人员的位置进行准确定位,一旦施工人员已经身处高危区域,面临着较大的风险,射频设别系统会发出撤离警报,提醒施工人员远离高危区域,防止安全风险发生。

②对施工材料进行大规模的检查,以此来保证施工材料的质量。物联网技术的应用,可以帮助建筑工程安全管理人员对施工材料整个供应体系进行及时准确的监控。

③对施工材料和构件上的标签进行扫描,以此来收集施工构件受损的数值信息,对受损数值较高的构件进行精准定位,安全管理人员则要修复这些受损构件,以此来避免施工过程中发生的安全风险。

④建筑施工企业可以在实际施工过程中,将感应装置安装到施工设备上,对施工设备的各项运行参数进行监控,以便于施工人员及时掌握设备的运行状态,确保施工设备始终保持最佳性能,从而保证施工人员的安全等。

4.5.3.4　施工质量安全管理

目前装配式建筑工程施工质量安全方面的管理工作中存在很多问题,直接影响到整个工程的质量状况和施工的安全性,所以需要施工管理人员积极面对出现的问题和隐患,运用合理的管理方法,做好工程施工的各项准备、调度工作,切实提升工程的质量标准。

(1)施工企业要完善工程管理的制度,紧抓质量和安全两个方面的管理要点,对于自身存在的制度性漏洞,要开展严格的内部机制评估和分析,找出体系不健全的原因所在,不断提升管理效率和质量。

(2)施工材料的质量直接关系到工程质量,因此在材料的采购上要选择有资质的供应商。还要在施工现场开展试验检测方面的工作,对每个批次的材料进行科学的抽样检查,根据规定的指标参数,针对材料的质量和性能进行检验和测试。

(3)加强我国建筑工程管理,而加强建筑工程管理要从提高管理人员专业素质入手,严格进行管理人员的选拔,而且要对管理人员进行定期培训,确保管理人员管理素质过硬。

4.5.3.5　项目安全教育培训制度

安全是生产赖以正常进行的前提,安全教育又是安全管理工作的重要环节,是提高全员安全素质、安全管理水平和防止事故,从而实现安全生产的重要手段。

(1)安全生产思想教育

安全生产思想教育的目的是为安全生产奠定思想基础,通常从加强思想认识、方针政策和劳动纪律教育等方面进行。

①思想认识和方针政策的教育

一是提高各级管理人员和广大职工群众对安全生产重要意义的认识。从思想上、理论上认识社会主义制度下搞好安全生产的重要意义,以增强关心人、保护人的责任感,树立牢固的群众观点。二是通过安全生产方针、政策教育提高各级技术、管理人员和广大职工的政策水平,使他们正确全面地理解党和国家的安全生产方针、政策,严肃认真地执行安全生产方针、政策和法规。

②劳动纪律教育

进行劳动纪律教育主要是使广大职工懂得严格执行劳动纪律对实现安全生产的重要性。企业的劳动纪律是劳动者进行共同劳动时必须遵守的法则和秩序。生产中应反对违章指挥，反对违章作业，严格执行安全操作规程。遵守劳动纪律是贯彻安全生产方针、减少伤害事故、实现安全生产的重要保证。

(2)安全技能教育

安全技能教育就是结合本工种专业特点，实现安全操作、安全防护所必须具备的基本技术知识要求。每个职工都要熟悉本工种、本岗位专业安全技术知识。安全技能知识是比较专业、细致和深入的知识，它包括安全技术、劳动卫生和安全操作规程。国家规定建筑登高架设、起重、焊接、电气、爆破、压力容器、锅炉等特种作业人员必须进行专业的安全技术培训。宣传先进经验，既是教育职工找差距的过程，又是学、赶先进的过程；通过事故教育可以从事故中吸取经验教训，防止今后类似事故的重复发生。

(3)安全培训制度

采用新工艺、新设备和制造新产品时必须由采用新工艺、新设备和制造新产品的有关单位及部门，按照新工艺、新设备、新产品的安全技术规定(程)进行安全教育，考试合格后方能上岗。

施工班组实行班前教育，即由班组长在班前针对班组的施工生产场所、工作内容、工具设备、操作方法等注意事项，对全组职工进行教育，防止事故的发生，并做好书面记录。

雨季、冬季要根据季节的变化，进行雨季防雨、防雷电、防洪，冬季防冻、防滑、防煤气中毒的季节性安全教育。

安全培训教育的实施与管理：

①实行安全培训教育登记制度，由公司劳务部门负责建立职工的安全培训教育档案，没有接受安全培训教育的职工，不得在施工现场从事作业或者管理活动。

②每年年初由公司劳务部门制订公司职工安全培训教育年度计划，并组织实施。

③职工的安全培训，应当使用经建设部、教育主管部门和建筑安全主管部门统一拟定的培训大纲和教材。

④职工的安全培训教育经费从公司职工教育经费中列支。

4.5.3.6　安全检查制度

为了全面提高项目安全生产管理水平，及时消除安全隐患，落实各项安全生产制度和措施，在确保安全的情况下正常地进行施工、生产，施工项目实行逐级安全检查制度。

(1)安全检查的内容

①安全管理；

②机械设备；

③安全设施；

④安全教育；

⑤操作行为；

⑥劳保用品使用；

⑦伤亡事故处理；

⑧文明施工；

⑨消防安全。

（2）安全检查的形式

①定期安全检查。公司每月组织一次安全生产文明施工检查，项目经理部每十天检查一次，每次检查均要留下记录。

②专项安全检查。公司有关部门组织专业人员对某个专项（如施工电梯、脚手架、临时用电、塔吊等）进行检查，项目部根据各种设备的搭拆方案进行安拆，安排相关人员进行检查。

③经常性安全检查。在施工过程中，进行经常性的预防检查，及时发现问题，消除隐患。班组每天要进行班前、班后岗位安全检查，安全员及安全值班人员要每天巡回检查，各级管理人员在检查生产的同时，必须检查安全工作。

④季节性及节假日后的安全检查。防止不良气候给施工带来危害和节假日后职工纪律松懈、思想麻痹而造成安全事故。

⑤施工现场要经常进行自检、互检和交接检查。

（3）安全检查的方法及要求

①根据检查要求配备足够力量。特别是大范围全面性的检查，要明确检查负责人，抽调专业人员参加，并进行分工，明确个人负责检查的内容、标准及要求。

②明确检查的目的和检查项目，重点、关键部位进行重点检查。对现场管理人员和操作工人，不仅要检查是否有违章指挥和违章作业行为，还要进行应知应会知识的抽查。

③认真细致地做好安全检查记录。对事故隐患的记录必须具体。

④认真全面地进行系统分析，定性、定量做出评价。

⑤认真做好安全隐患整改工作，对事故隐患要按"三定一落实"原则，即定时间、定人员、定措施进行整改，有关部门及时复查，直至隐患消除。

⑥对安全事故的处理要坚持"四不放过"的原则，即原因不清不放过，事故责任者与群众不受到教育不放过，没有防范措施不放过，事故责任者未受到处理不放过。

安全检查评分标准严格按照强制性行业标准《建筑施工安全检查标准》（JGJ 59）和其他安全检查规定要求执行。

4.5.3.7 安全事故处理制度

为加强公司安全生产管理，保证安全生产事故及时报告和处理，维护国家和公司、人民生命财产安全，根据《生产安全事故报告和调查处理条例》等法律、法规，制定本制度。

1. 事故报告

（1）企业发生轻伤事故后，负伤者或事故现场有关人员，应当立即向其直接领导汇报，由其直接领导报告公司负责人。工地发生伤亡事故后，负伤者或者事故现场有关人员应立即以最快的方式向项目部报告，再由项目部向公司负责人报告。

（2）公司负责人接到重伤、死亡、重大死亡事故报告后应当立即向市安监站及工程所在地建设行政主管部门、劳动局、公安局、人民检察院、工会等相关部门报告，最迟不得超过24h，并在24h内写出书面报告，按规定逐级上报。企业主管部门和劳动部门接到死亡、重大死亡事故报告后，应当立即按系统逐级上报。死亡事故报至省、自治区、直辖市企业主管部门和劳动部门；重大死亡事故报至国务院有关主管部门、劳动部。

（3）报告内容应详细，报告要迅速。书面报告（初报表）应当包括以下内容：

①事故发生单位概况；

②事故发生的时间、地点以及事故现场情况；

③事故的简要经过；

④事故已经造成或者可能造成的伤亡人数（包括下落不明的人数）和初步估计的直接经济损失；

⑤已经采取的措施；

⑥其他应当报告的情况。

（4）发生死亡、重大伤亡事故后应当保护事故现场，并迅速采取必要措施，抢救人员和财产，防止事故扩大。

（5）公司在建项目应按规定在每月终填写相关表格及其文字说明报送公司安全管理部门备查。

（6）在伤亡事故发生30日内，如果有负伤人死亡，企业应立即向主管部门、当地安全生产管理部门和工会组织补报。

事故发生后，应当立即采取有效措施，首先抢救伤员和排除险情，防止事故蔓延扩大，稳定施工人员情绪，要做到有组织、有指挥，同时要严格保护现场，绘制现场简图并做好书面记录，妥善保存现场重要痕迹、物证，有条件的可以拍照、录像。清理事故现场应经调查组同意，方能进行，任何人不得借口恢复生产，擅自清理现场，掩盖事故真相。

2.事故的调查

特别重大事故由国务院或者国务院授权有关部门组织事故调查组进行调查。重大事故、较大事故、一般事故分别由事故发生地省级人民政府、设区的市级人民政府、县级人民政府负责调查。省级人民政府、设区的市级人民政府、县级人民政府可以直接组织事故调查组进行调查，也可以授权或者委托有关部门组织事故调查组进行调查。

未造成人员伤亡的一般事故，县级人民政府也可以委托事故发生单位组织事故调查组进行调查。

在事故调查组进入事故现场前，派专人看护现场，任何人不得擅自移动或取走现场任何对象。因抢救人员和国家财产，防止事故扩大而须移走现场部分对象时，必须做出标志，绘制事故现场图，摄影或录像并详细说明。清理事故现场要经事故调查组同意后方可进行。对可能涉及追究责任者刑事责任的事故，清理现场要征得公安机关的同意。

3.事故调查组

（1）事故调查组成员应符合下列条件

①具有事故调查所需的某一方面的专长；

②与所发生的事故没有直接利害关系。

（2）事故调查组的职责

①查明事故发生原因、过程和人员伤亡、经济损失情况；

②确定事故责任者；

③提出事故处理意见和防范措施的建议；

④写出事故调查报告。

事故调查组有权向发生事故的企业和有关单位、有关人员了解情况和索取有关资料，任何单位和个人不得拒绝；任何部门和个人不得阻碍、干扰事故调查组的正常工作。

4.事故调查工作程序

事故发生后,调查组必须立即赶到事故现场进行勘查。

(1)现场勘查的主要内容

①查看事故现场的设备,作业环境状况;

②拍摄有关的痕迹和对象,绘制有关事故的示意图;

③收集并妥善处理与事故有关的物证;

④收集其他与事故有关的情况。

(2)收集资料

①向有关人员调查事故经过和原因,并做好记录;

②有关规章制度及执行情况,设计和工艺技术等资料;

③事故受害人或肇事者过去的事故记录和事故前健康状况;

④伤亡人员所受伤害程度的医疗诊断证明;

⑤对设备、设施、原材料所作的技术鉴定材料和试验报告;

⑥经济损失情况及其他资料。

(3)事故责任分析

①确定事故的直接原因和间接原因。

②凡属责任事故应确定事故的直接责任、主要责任、领导责任以及其他责任。

③提出事故处理意见和防范措施的建议。

④写出事故调查报告。

5.事故处理和责任追究

事故发生后,通过充分的调查,查明事故经过,弄清造成事故的各种因素,包括人、物、生产管理和技术管理等方面的问题,经过认真、客观、全面、细致、准确的分析,确定事故的性质和责任。根据对事故原因的分析,对已确定的事故直接责任者和领导责任者,根据事故后果和事故责任人应负的责任提出处理意见。同时,应制定防范措施并加以落实,防止类似事故重复发生,切实做到"四不放过"。即:事故原因分析不清不放过,事故责任者和群众没有受到教育不放过,没有防范措施不放过,事故的责任者没有受到处罚不放过。调查组应着重把事故的经过、原因、责任分析和处理意见以及本次事故教训和改进工作的建议等写成文字报告,经调查组全体人员签字后报批。如调查组内部意见有分歧,应在弄清事实的基础上,对照政策法规反复研究,统一认识。对于个别成员仍持有不同意见的,允许保留,并在签字时写明自己的意见。在事故处理工作的时限内上报上级有关部门处理。

4.5.3.8　机械设备安全管理制度

机械设备管理的基本任务是:合理装备、安全使用、服务生产,为保证工程质量、加快施工进度、提高生产效率,及取得良好经济效益创造条件。

机械设备管理的基本原则是:尊重科学、规范管理、安全第一、预防为主。

1.机械设备管理的台账档案

(1)项目经理部机管员负责所在项目经理部的机械设备技术资料的建档设账,其中机械设备登记卡、施工设备组织计划、施工设备维修计划、施工设备购置申请表、施工设备报废申请表一式二份,一份自存,一份报生产科备案。

(2)机械设备台账应包括下列内容:

①设备的名称、类别、数量、统一编号；

②设备的购买日期；

③产品合格证及生产许可证（复印件及其他证明材料）；

④使用说明书等技术资料；

⑤操作人员当班记录，维修、保养、自检记录；

⑥大、中型设备安装、拆卸方案，施工设备验收单及安装验收报告；

⑦各设备操作人员资格证明材料；

⑧机械设备登记卡、施工设备购置申请表、施工设备报废申请表、机械设备检查评定表、施工设备验收单、设备运转当班记录、施工设备配置计划、施工设备检修计划、设备维修记录、早期购置机械设备技术档案补办表、租赁合同。

凡是设备技术资料丢失或不全，由生产科组织对设备状况进行鉴定、评定，填写相关表格，作为设备技术档案存档。

2.机械设备标识

(1)设备应制作统一的标识牌，分为"大、中型施工设备"、"小型施工设备"及"施工机具"三类。

(2)标识牌应按要求填写。项目经理部设备员应将由生产科施工设备技术监督员组织的每三个月对设备进行一次检查的检查结果填入设备标识牌的"检验状态"一栏中，检查结果分为"合格"、"不合格"、"停用"，同时施工设备技术监督员将检查情况填入机械设备检查评定表中。

(3)标识牌应固定在设备较明显的部位。

3.机械设备的组织

(1)凡属新开工工程，项目经理部应先根据该工程实际情况编写施工设备组织计划，并报生产科施工设备技术监督员审批、备案。

(2)项目经理部设备来源可分为新购、调配、自有、租赁。

(3)项目经理部需购置新的大、中型设备时，生产科施工设备技术监督员配合项目经理部机管员填写设备购置申请表，报项目经理部审批。项目经理部可根据施工生产需要自行购置小型施工设备。

(4)凡由项目经理部自行制作、改制的设备均要由生产科施工设备技术监督员组织进行评定，评定合格才可投入使用，并由生产科施工设备技术监督员填写相关表格。

4.机械设备租赁

(1)项目经理部租赁大、中型设备时，要签订租赁合同，并将租赁合同复印一份报生产科备案；

(2)租赁设备进场使用前，由生产科施工设备监督员组织对其性能进行评定、验收，验收合格后，方可投入安装使用，并将验收结果填入施工设备验收单中。

(3)租赁设备的管理应纳入项目经理部设备的统一管理中。

5.机械设备的使用管理

(1)机械设备使用的日常管理由项目经理部负责，贯彻"谁使用，谁管理"的原则。生产科负责技术指导和监督检查工作。

(2)各项目经理部应聘用机管员，该机管员应具备机械设备基础知识和一定的设备管理经验。

（3）机械设备使用应按规定配备足够的工作人员（操作人员、指挥人员及维修人员），操作人员必须按规定持证上岗。

（4）使用机械设备的工作人员应能胜任工作，熟悉所使用的设备的性能特点和维护、保养要求。

（5）所有机械设备的使用应按照使用说明书的规定要求进行，严禁超负荷运转。

（6）所有机械设备在使用期间要按《设备保养规程》的规定做好日常保养、小修、中修等维护保养工作，严禁带病运转。

（7）机械设备的操作、维修人员应认真做好设备运转当班记录及设备维修记录，各项目经理部的机管员应经常检查设备运转当班记录的填写情况，并做好收集归档工作。

6. 施工设备的保养、维修

（1）施工设备的保养由项目经理部机管员组织操作人员、维修人员按各类《机械设备保养规程》进行，并由操作人员和机管员分别填入设备运转当班记录和设备维修记录中。

（2）施工设备检修计划由项目经理部机管员根据各类《机械设备保养规程》编制，并报备生产科施工设备技术监督员审核、备案。

（3）施工设备的检修，由工地结合实际情况，按施工设备检修计划进行，日常维修工作由机管员组织进行，所有维修工作，机管员均要填写设备维修记录表。

7. 设备的安装、拆卸、运输

（1）小型施工设备的安装、拆卸、运输，由项目经理部按设备使用说明书的要求标明，项目经理部机管员应做好相应记录。

（2）大中型设备进场后由生产科施工设备技术监督员组织验收，验收合格后，方可投入安装、使用，并由施工设备技术监督员将验收结果填入施工设备验收单中。

（3）大中型施工设备、工程设备的安装、拆卸工作应由专业队伍来完成，并事先由选定的专业队伍制定安装、拆卸方案，报备生产科设备技术负责人审批。若拆装工作由非本公司队伍来完成，应先由生产科进行评审，评审通过后，方可开始相关工作。

（4）大中型施工设备的运输，按物资搬运操作规程执行。

（5）大中型施工设备、工程设备安装完毕后，应由生产科施工设备技术监督员按有关标准对安装质量进行验收，并由施工设备技术监督员填写相应的安装验收记录表，验收合格后方可投入使用。

8. 机械设备的停用管理

（1）中途停工的工程使用的机械设备应做好保护工作，小型设备应清洁、维修好进仓，大型设备应定期（一般一个月一次）做维护保养工作。

（2）工程结束后，所有机械设备应尽快组织进仓，进仓后根据设备状况做好维修保养工作。

（3）因工程停工停止使用半年以上的大型机械设备，恢复使用之前应按照国家有关标准进行试验。

9. 机械设备的报废

（1）机械设备凡属下列情况之一，应予以报废：

①主要机构部件已严重损坏，即使修理了，其工作能力仍然达不到技术要求和不能保证安全生产的；

②修理费用过高,在经济上不如更新合算的。

③因意外灾害或事故,机械设备受到严重损坏,已无法修复的。

④技术性能落后、能耗高、没有改造价值的。

⑤国家规定淘汰机型或超过使用年限,且无配件来源的。

(2)应予以报废的机械设备,项目经理部应填写机械设备报废申请表,送生产科施工设备技术监督员审查、备案。大中机械设备要送主管生产副经理审批。

(3)报废了的机械设备不得再次投入使用。

4.5.4 装配式建筑工程施工的安全隐患与管理措施

4.5.4.1 装配式建筑工程施工中存在的安全隐患分析

在施工现场运用先前制作好的构配件进行组合装配,这样的建筑结构就被称作装配式建筑。其主要特点是建造的速度非常快,基本不会因为天气的影响而停止施工,是对人力成本的节约,还能在很大程度上提升整个建筑工程的质量。在跟普通建筑相比的情况下可以看出装配式建筑的特殊性所在,比如施工多以高空作业以及吊装作业为主要方式,这样的施工方式就比普通施工多了一些安全隐患。具体如下:

(1)吊装中存在的安全风险

首先,连接部位失效。在对装配式建筑进行施工的时候,要对预制构配件进行吊装,需要运用塔吊来进行。在塔吊工作过程中,其吊钩直接连接的是预留的钢筋,也有的连接的是构配件上预留的起吊点。事实上,在具体施工时我们会发现,经常会出现构件脱钩问题,问题出现的原因有以下几个方面:比如由于钢筋的长度不够、混凝土的强度没有达到标准等导致的吊点的钢筋被拔出来一些,还有吊点的位置不是特别合理等。这些因素都可能威胁到塔吊下方的施工人员的人身安全。如果出现塔吊构件不慎下落的情况,就可能会出现人员伤亡,还会连带损坏其他物品,后果不堪设想。其次是吊装设备方面存在的问题。如前文所述,塔吊主要负责预制构件的运输,假如吊装设备的性能存在问题,就可能会在吊起构件的时候停留在半空中,造成巨大的安全隐患。而且假如塔吊在长时间内超负荷工作,出现被预制构件压垮的情况,产生的后果也是极其严重的。再次,设备操作问题。在装配式建筑施工过程中,大多数的构件都需要经过塔吊作业。如此繁重的作业量可能会让操作人员产生疲惫,一旦出现操作失误的状况,也会产生安全问题。除此之外,塔吊地面的指挥者和操作者之间如果配合不到位的话,也会出现施工过程中引发安全事故的状况。

(2)高空坠物隐患

首先,临边坠落问题。在我国,很多的装配式建筑是高层建筑,高层建筑外墙的施工一般是采取预制构件拼装进行的,施工人员在高空中进行临边作业的状况不可避免,临边坠落的风险是存在的。根据建筑行业的一项调查数据可以看出,在进行装配式建筑作业的时候,发生高空临边坠落的风险为25%~30%。在装配式建筑施工的时候,由于没有搭设相应的脚手架,那么施工者进行外挂板吊装的时候,其身上所系的安全绳索找不到有力的着力点,以致无法系牢,这样就大大增加了高空坠落的风险,对施工人员的人身安全产生了很大的威胁。其次,重物坠落问题。在进行施工的时候,装配式建筑施工比较常见的一种安全事故就是重物的坠落。比如在进行预制构配件吊装作业的时候,假如混凝土的强度不能达到相关要求,就可能会被碰坏,碰坏之后的混凝土可能出现从高空坠落的状况,一旦底下的人员躲避不及就可能会被砸伤。

（3）触电风险

在装配式建筑施工的时候，触电风险是经常被忽视的一种风险，但是触电事故又是经常发生的安全事故。在完成了相应的预制构件的拼接工作之后，要对其中外挂板的相应部位的拼接缝进行焊接作业，这个时候需要进行电气焊，而其他的钢筋焊接作业也需要用电，为了施工的方便，很多时候会在楼面上设置临时用电箱，旁边搁置电线，假如操作不当出现电线短路的现象，引发触电事故的概率将非常大。

4.5.4.2　装配式建筑工程施工的安全管理措施

在装配式建筑施工过程中，为了减小安全事故的发生概率，需要把安全管理理念贯穿整个施工过程，针对每一个环节都制定出相应的安全管理措施。具体如下：

（1）吊装施工的安全管理

在装配式建筑施工过程中，其中一个重要工序就是预制构件吊装，这个环节容易出现安全事故。因此，要在这个环节上加强安全管理，要根据具体的施工状况，严格设计吊点的布置方案，检查吊具的安全性能，吊点的强度要严格按照设计要求来设计，吊具也要符合规格。针对塔吊作业人员，要求持证上岗，还要有塔吊作业的操作经验。塔吊作业影响的范围必须要跟其他作业区进行严格的临时隔离，非作业人员坚决不能进入作业区域，进入塔吊作业区域的工作人员要按照规定佩戴安全防护用品。在对构件进行吊装的时候，要根据现场的状况编制可行的方案，在作业的时候严格按照具体的操作规程来进行，找出作业中可能存在的危险点。

（2）大小梁吊装的安全措施

首先，在安装大小梁的时候，施工人员要先用安全带把柱头的钢筋勾住，而且要按照图纸设计的要求来对支撑架进行搭建，这是在安装之前就需要完成的工作。在吊装主梁的时候，需要先安装安全母索，在边梁部位安装相应的护栏。其次，在吊装墙板以及阳台板等构件之前，要把准备工作做充分。要检查钢索是不是完整，若发现表面出现破损的状况应及时进行修整。检查吊具以及吊点等，一旦发现吊点内部存在异物要尽快清除干净。在吊装墙板的时候，要按照相关标准进行，在吊点位置务必保持其清洁度，假如板片的体积相对比较大，在起吊的时候要配置重式的平衡杆，这样一来，可以减少因为风力问题引发的翻转。

（3）做好临边防护

为了进一步减少临边坠物的发生，可以在施工过程中使用脚手管在临边口的位置搭建相应的护栏，围挡安全网。还要用颜色比较亮的油漆来涂刷，起到警示的作用，让作业人员更清晰地看到。在进行基坑工程作业的时候，也要用脚手管搭设相应的临边围护结构，具体围护结构所预防的外力冲击要符合相关标准，搭建完成之后可以用黑色与黄色两种颜色的油漆来涂刷。在围护栏的底部，可以用混凝土来浇筑挡土墙，浇筑完成之后把围护栏杆固定在这个挡土墙上面。在施工作业过程中，登高的通道两侧要设置相应的安全防护栏，严格按照标准搭建，楼梯的防护也是如此，可以用脚手管搭建，选择合适的坡度，不能过于陡峭。

（4）加强用电安全管理

安全电箱的管理工作要安排专业人员进行，针对可能出现的用电安全事故应做好相应的保护接地工作。在装配式建筑施工现场，要保证所有的电缆线路按要求进行铺设。要加大对作业人员的安全用电培训力度，对电工以及电焊工等人员进行一定的用电安全技术培训，强化其安全用电意识。管理人员要对作业现场的所有工作人员进行电力知识普及，让他们认识到安全用电的重要性，减少因为操作问题带来的安全用电事故。

参 考 文 献

[1] 中共中央国务院关于进一步加强城市规划建设管理工作的若干意见:中发〔2016〕6 号 [A].2016.

[2] 国务院办公厅关于促进建筑业持续健康发展的意见:国办发〔2017〕19 号 [A].2017.

[3] 国务院办公厅关于大力发展装配式建筑的指导意见:国办发〔2016〕71 号[A].2016.

[4] 中华人民共和国住房和城乡建设部."十三五"装配式建筑行动方案:建科〔2017〕77 号 [A].2017.

[5] 建设工程质量管理条例:国务院令第 279 号[A].2017.

[6] 建筑业发展"十三五"规划:建市〔2017〕98 号[A].2017.

[7] 工程质量安全提升行动方案:建质〔2017〕57 号[A].2017.

[8] 湖北省人民政府关于加快推进建筑产业现代化发展的意见:鄂政发〔2016〕7 号[A].2016.

[9] 湖北省人民政府办公厅关于大力发展装配式建筑的实施意见:鄂政办发〔2017〕17 号 [A].2017.

[10] 湖北省装配式建筑施工质量安全控制要点(试行):鄂建办〔2018〕56 号[A].2018.

[11] 武汉市人民政府关于加快推进建筑产业现代化发展的意见:武政规〔2015〕2 号 [A].2015.

[12] 武汉市人民政府关于进一步加快发展装配式建筑的通知:武政规〔2017〕8 号[A].2017.

[13] 关于加快发展装配式建筑的实施意见:京政办发〔2017〕8 号[A].2017.

[14] 关于加强装配式混凝土建筑工程设计施工质量全过程管控的通知:京建法〔2018〕6 号 [A].2018.

[15] 关于推进上海装配式建筑发展的实施意见:沪建管联〔2014〕901 号[A].2014.

[16] 装配整体式混凝土结构工程施工安全管理规定:沪建质安〔2017〕129 号[A].2017.

[17] 深圳市住房和建设局关于加快推进装配式建筑的通知:深建规〔2017〕1 号[A].2017.

[18] 中华人民共和国住房和城乡建设部.装配式混凝土建筑技术标准:GB/T 51231—2016 [S].北京:中国建筑工业出版社,2017.

[19] 中华人民共和国住房和城乡建设部.装配式钢结构建筑技术标准:GB/T 51232—2016 [S].北京:中国建筑工业出版社,2017.

[20] 中华人民共和国住房和城乡建设部.装配式木结构建筑技术标准:GB/T 51233—2016 [S].北京:中国建筑工业出版社,2017.

[21] 中华人民共和国住房和城乡建设部.工程建设施工企业质量管理规范:GB/T 50430— 2017[S].北京:中国建筑工业出版社,2017.

[22] 中华人民共和国住房和城乡建设部.建设工程项目管理规范:GB/T 50326—2017[S].北京:中国建筑工业出版社,2017.

[23] 中华人民共和国住房和城乡建设部.建设项目工程总承包管理规范:GB/T 50358—2017[S].北京:中国建筑工业出版社,2017.

[24] 中华人民共和国住房和城乡建设部.建筑施工易发事故防治安全标准:JGJ/T 429—2018[S].北京:中国建筑工业出版社,2018.

[25] 中华人民共和国住房和城乡建设部.装配式劲性柱混合梁框架结构技术规程:JGJ/T 400—2017[S].北京:中国建筑工业出版社,2017.

[26] 中华人民共和国住房和城乡建设部.装配式混凝土结构技术规程:JGJ 1—2014[S].北京:中国建筑工业出版社,2014.

[27] 中华人民共和国住房和城乡建设部.建筑施工安全检查标准:JGJ 59—2011[S].北京:中国建筑工业出版社,2012.

[28] 装配式住宅建筑检测技术标准(征求意见稿):建标工征[2018] 17 号[A].2018.

[29] 湖北省装配式混凝土结构工程施工与质量验收规程:DB42/T 1225—2016[S].湖北省住房和城乡建设厅,2016.

[30] 湖北省装配式建筑施工质量安全控制要点(试行):鄂建办[2018] 56 号[A].2018.

[31] 湖北省装配式建筑施工质量安全监管要点(试行):鄂建办[2018]335 号[A].2018.

[32] 湖北省住房和城乡建设厅.预制装配式混凝土构件生产和质量检验规程(征求意见稿):鄂建函[2016]82 号[A].2016.

[33] 关于加强装配式混凝土建筑工程设计施工质量全过程管控的通知:京建法[2018]6 号[A].2018.

[34] 关于在本市装配式建筑工程中实行工程总承包招投标的若干规定(试行):京建法[2017] 29 号[A].2017.

[35] 装配整体式混凝土结构工程施工安全管理规定:沪建质安[2017]129 号[A].2017.

[36] 关于进一步加强本市装配整体式混凝土结构工程质量管理的若干规定:沪建质安[2017] 241 号[A].2017.

[37] 关于进一步加强本市新建全装修住宅建设管理的通知:沪建建材[2016]688 号[A].2016.